Digitales Video
in interaktiven Medien

W0258534

Springer

Berlin
Heidelberg
New York
Barcelona
Budapest
Hong Kong
London
Milan
Paris
Tokyo

Roland Riempp
Arno Schlotterbeck

Digitales Video in interaktiven Medien

Einführung und Anwendung für PC, Macintosh und CD-I

Mit 85 Abbildungen und 33 Tabellen

Springer

Dipl.-Ing. (FH) Roland Riempp
Wollmarshofen 10
88285 Bodnegg
e-mail: riempp@fhd-stuttgart.de

Dipl.-Ing. (FH) Arno Schlotterbeck
Seestraße 11
71287 Weissach-Flacht

ISBN-13: 978-3-540-59355-3   e-ISBN-13: 978-3-642-79806-1
DOI: 10.1007/ 978-3-642-79806-1

Die Deutsche Bibliothek – CIP Einheitsaufnahme
Riempp, Roland:
Digitales Video in interaktiven Medien : Einführung und
Anwendung für PC, Macintosh und CD-I ; mit 33 Tabellen /
Roland Riempp ; Arno Schlotterbeck. – Berlin ; Heidelberg ;
New York ; Barcelona ; Budapest ; Hong Kong ; London ;
Milan ; Paris ; Tokyo : Springer, 1995
NE: Schlotterbeck, Arno:

Dieses Werk ist urheberrechtlich geschützt. Die dadurch begründeten Rechte, insbesondere die der Übersetzung, des Nachdrucks, des Vortrags, der Entnahme von
Abbildungen und Tabellen, der Funksendung, der Mikroverfilmung und der Vervielfältigung auf anderen Wegen und der Speicherung in Datenverarbeitungsanlagen,
bleiben, auch bei nur auszugsweiser Verwertung, vorbehalten. Eine Vervielfältigung
dieses Werkes oder von Teilen dieses Werkes ist auch im Einzelfall nur in den Grenzen der gesetzlichen Bestimmungen des Urheberrechtsgesetzes der Bundesrepublik
Deutschland vom 9. September 1965 in der jeweils geltenden Fassung zulässig. Sie ist
grundsätzlich vergütungspflichtig. Zuwiderhandlungen unterliegen den Strafbestim-
mungen des Urheberrechtsgesetzes.

© Springer-Verlag Berlin Heidelberg 1995

Die Wiedergabe von Gebrauchsnamen, Handelsnamen, Warenbezeichnungen usw. in
diesem Werk berechtigt auch ohne besondere Kennzeichnung nicht zu der Annahme,
daß solche Namen im Sinne der Waren- und Markenschutz-Gesetzgebung als frei zu
betrachten wären und daher von jedermann benutzt werden dürften.

Sollte in diesem Werk direkt oder indirekt auf Gesetze, Vorschriften oder Richtlinien
(z.B. DIN, VDI, VDE) Bezug genommen oder aus ihnen zitiert worden sein, so kann
der Verlag keine Gewähr für die Richtigkeit, Vollständigkeit oder Aktualität über-
nehmen. Es empfiehlt sich, gegebenenfalls für die eigenen Arbeiten die vollständigen
Vorschriften oder Richtlinien in der jeweils gültigen Fassung hinzuzuziehen.

Satz: Reproduktionsfertige Vorlage der Autoren
SPIN 10500743   62/3020 - 5 4 3 2 1 0 - Gedruckt auf säurefreiem Papier

Vorwort der Autoren

Die Idee zu diesem Buch entstand zum Ende unseres Studiums an der Fachhochschule für Druck und Medien in Stuttgart. Während der Ausbildung zum Diplomingenieur der Medientechnik stieg unser Interesse an Multimedia mehr und mehr.

In einem Studiopraktikum im letzten Semester produzierten wir ein eigenes interaktives Multimedia-Programm über das Navigationssystem GPS. Bei dieser Arbeit stellte sich für uns die Aufgabe, digitales Video in unser Programm einzubinden. Trotz intensiver Bemühungen waren die Ergebnisse eher bescheiden. Wir hatten gute Rechner zur Verfügung, der Wille und das Interesse waren groß, die Kenntnisse jedoch klein. Kurz, wir hatten Ideen, die wir verwirklichen wollten, aber nicht konnten. Auf der Suche nach Literatur schüttelten die Buchhändler mitleidig mit dem Kopf. Die Fachpresse prahlte, mit dem, was "demnächst" möglich sein würde und wir waren bald genauso klug wie zu Beginn unserer Recherchen. Eins wußten wir jedoch genau: mindestens ein Buch über dieses Thema sollte es im Buchhandel geben.

Unser Buch soll nun seinen Beitrag zu diesem interessanten Thema leisten. Wir möchten einen umfassenden Überblick vermitteln, Denkanstöße geben und Lösungsansätze anbieten. Es wird zudem auf Probleme und Grenzen beim Einsatz von digitalem Video auf dem PC hingewiesen. Weiterhin haben wir versucht, Tendenzen zu Neuentwicklungen aufzuzeigen, soweit uns das bei der teilweise rasanten Entwicklung möglich war.

Dieses Buch ist nicht als umfassende Anleitung zur Produktion zu verstehen. Praktische Erfahrung können wir nicht ersetzen, möchten sie aber gern ergänzen. Vielleicht findet unser Buch seinen Platz neben anderer Fachliteratur direkt bei Ihrem PC.

Das Glossar ist dabei als Hilfe-
stellung im Abkürzungswirr-
warr rund um dieses Thema
gedacht.

Anmerkungen, Tips und kon-
struktive Kritik zu diesem Buch
nehmen wir dankbar an.

Unser besonderer Dank gilt
Grit Panckow für ihren wert-
vollen Beitrag zu diesem Buch.

Außerdem danken wir Horst
Wieser, Prof. Dr. Uwe Schlegel,
Herrn Willi Kornher, Herrn Jürgen Redelius, Herrn Dickomeit
von ZF Friedrichshafen AG,
Herrn Richter von Firma Mürner u. Richter und Alexander
Rau von informedia GmbH für
ihre Unterstützung.

Die Autoren,
Juni 1995

Inhaltsverzeichnis

7 Systeme 153

8 Praxis 195

9 Netzwerke für Multimedia 209

1 Einleitung

Die Einleitung zu diesem Buch möchten wir mit einem Zitat beginnen:

"If it moves, they will watch it."
Neil Postman

Digitales Video in interaktiven Medien, ein Thema von hoher Aktualität, eine Schlüsseltechnologie innerhalb von Multimedia. Die qualitativ hochwertige Darstellung von bewegten Bildern war und ist die entscheidende technische Hürde auf dem Weg der interaktiven Medien hin zu breiter Akzeptanz durch die Anwender.

Dieses Buch ist angetreten, endlich Licht in das verwirrende Dunkel um dieses Thema zu bringen. Dargestellt werden allgemeine, technische, physikalische Grundlagen und Hintergründe, die bisherige Entwicklung, der aktuelle Status quo, die Zukunft und allerhand Machbar- und Unmachbarkeiten zu digitalem Video in interaktiven Medien.

Die Gliederung dieser Arbeit orientiert sich lose am Ablauf der Produktion von digitalem Video und seiner Einbindung in interaktive Programme.

Vom Video-Signal über dessen Komprimierung und anschließende Speicherung, vom Transport und von der Verarbeitung der Daten über geeignete Hardware-Plattformen zu ihrer Darstellung und Bearbeitung. Von Autorensystemen zur Einbindung der Video-Sequenzen in interaktive Anwendungen bis hin zu Sinn und Stil, heute absehbaren Zukunftsperspektiven und einem konkreten Fallbeispiel werden wir den Werdegang digitalen Videos genau verfolgen und beschreiben. Zu jedem Gebiet werden ausführliche Informationen, Grundlagen, Anforderungen und Erkenntnisse aufgezeigt, wobei angesichts der rasanten Entwicklung auf diesem Gebiet ein Anspruch auf komplette Aktualität und Vollständigkeit nicht erhoben wird.

Jeden Tag arbeiten weltweit in vielen Labors und Institutionen erfahrene Wissenschaftler an der Weiterentwicklung von digitalem Video und Verfahren zu dessen Handling und man kann gespannt sein, mit welchen bahnbrechenden Neuerungen sie uns in Zukunft noch überraschen werden.

Multimedia, interaktive Medien und digitales Video, was muß man denn darunter genau verstehen? Dieser Fragestellung haben wir mit einem eigenen Kapitel Rechnung getragen, in dem diese Begriffe möglichst allgemein dargestellt und definiert werden.

Angesichts der großen Vielfalt und Breite der Thematik soll an dieser Stelle auch der Blickwinkel unserer Arbeit verdeutlicht werden und eine Abgrenzung gegenüber verwandten Themenbereichen erfolgen.

Spricht man von digitalem Video, so erinnert sich mancher an den Bereich Fernsehen, Broadcast, professionelle Videobearbeitung oder geplante Verbesserungen am bestehenden Fernseh-System, wie HD-MAC oder HDTV. Von diesen Themenkreisen soll hier nur am Rande die Rede sein.

Viele der hier dargestellten Sachverhalte spielen auch für den Bereich der professionellen Videotechnik eine Rolle, dennoch würde es den Rahmen unserer Arbeit bei weitem sprengen, hierauf näher einzugehen.

Ähnliches gilt für die Thematik rund um die aktuellen Schlagworte "Desktop-Video" und "nonlineare Schnittsysteme". In diesen Systemen wird mit Kompressions-Verfahren gearbeitet, die für heutige interaktive Anwendungen nicht geeignet bzw. nicht direkt konvertierbar sind. Die Ausnahmen bilden Systeme, welche Datenformate unterstützen, die auch in interaktiven Programmen genutzt werden.

Multimedia ist ein weites Feld. Um sich einen guten, repräsentativen Überblick über alle Ansätze und Strömungen zu verschaffen, ist selbst dieses Buch vielleicht zu knapp. Wir wollen uns auf die gängigsten und heute am meisten erfolgversprechenden Technologien beschränken und unser Augenmerk dabei ausschließlich auf solche interaktiven Systeme richten, die den Einsatz von digitalem Video erlauben.

Nicht alles, was mit Computern zu tun hat, hat zugleich auch mit Multimedia und interaktiven Medien zu tun. Umgekehrt gesehen, gilt dieser Zusammenhang schon weit eher. Selbst solche Abspielgeräte, die rein äußerlich nicht direkt an Computer erinnern, haben in ihrem Inneren jede Menge moderne Computertechnik. Nun fällt aber unter Computer alles vom Großrechner über die Workstation und dem PC bis hin zu Spielekonsolen und Taschenrechnern.

Wir haben uns entschlossen, uns lediglich mit dem Feld der IBM-kompatiblen PCs und den Macintosh-Rechnern von Apple zu befassen, obwohl auch Commodore mit seinen Amiga-Modellen im Bereich Video einiges zu bieten hat. Dennoch konnte sich der Amiga im Wettstreit der interaktiven Systeme nie richtig durchsetzen, weder im Consumer-Bereich noch im professionellen Feld. Auch gibt es im Kreis der Workstations so manchen Rechner, der alles Zeug zu einer interaktiven Super-Maschine hätte, doch verbietet hier das Preisniveau ganz klar den Einsatz für die meisten Anwendungen.

Interaktive Medien werden heute in aller Regel auf Geräten der, teilweise auch gehobenen Consumer-Klasse abgespielt, wenn auch zum großen Teil auf professionellen Geräten produziert.

Nicht ignorieren kann man allerdings neuartige Abspielgeräte auf CD-Basis. Diese bieten zum jetzigen Zeitpunkt immer noch die am meisten überzeugenden Leistungen im Bereich vollbewegten, digitalen Vollbild-Videos, dem sogenannten *"Full-screen-/Full-motion-Video"*. Hier wird mit dem weltweiten Standard MPEG gearbeitet, der den Einsatz von digitalem Video in der Zukunft entscheidend mitbestimmen wird.

Auf den beiden Computer-Plattformen (IBM/MAC) bestimmen momentan noch die Teilbild-Videos, im Fachjargon *"Partial-screen-Movies"*, das Bild. Der Trend geht jedoch auch hier zu MPEG und Vollbild-Video. Zur Veranschaulichung der wechselseitigen Durchdringungen der Themenkreise zum Gebiet des digitalen Videos in interaktiven Medien dient die Abbildung (Abb. 1).

Eingesetzt wird digitales Video in der ganzen Bandbreite der heutigen interaktiven Medien. Von Bereichen wie computerge-

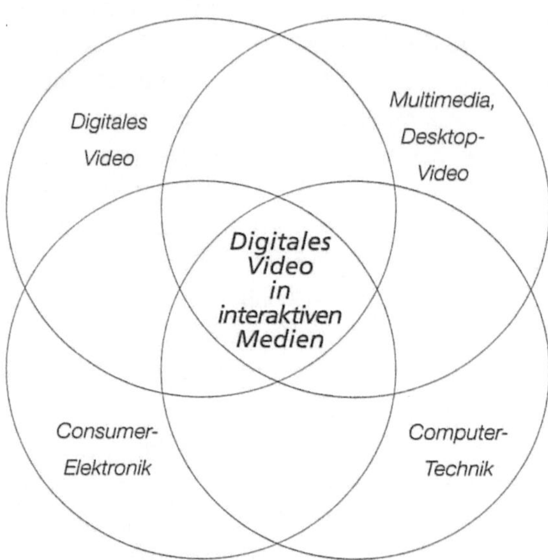

Abb. 1: Digitales Video
in interaktiven Medien
und sein Umfeld

stütztem Lernen, dem Computer-based-Training (CBT), über Spiele und Unterhaltung, das Edutainment und Infotainment hin zu Kiosk-Systemen am POI/POS zur Werbung und Absatzförderung. Für zukünftige Anwendungsbereiche sind der Phantasie kaum Grenzen gesetzt. Interaktive Reise-Kataloge könnten genauso dazugehören wie Immobilien-Angebote oder moderne Fernkurse. Überall hier läßt sich digitales Video gut einsetzen.

Verbreitet wird es meist über Datenträger wie CD-ROM und andere, und in Zukunft zunehmend über schnelle Netze. Daneben werden Lösungen auf Festplatten-Basis weiter bestehen, speziell im Bereich von Kiosk-Lösungen.

So wie heute digitales Video in interaktiven Medien zum Einsatz kommt, wird es morgen wesentlicher Bestandteil des interaktiven TV sein. Die hier dargestellten Sachverhalte und Zusammenhänge werden später auch Verwendung finden können in vollautomatischen Sendeablaufsystemen. TV wird digital werden, so wie auch das kommende neue Heim-Video-Format digital sein wird.

Ein Kunde in einem Fachgeschäft für Unterhaltungs-Elektronik wird möglicherweise danach fragen, ob ein Gerät MPEG unterstützt und ob es interaktives digitales Fernsehen bietet.

Wir werden sehen.

2 Definitionen

Im folgenden werden einige Begriffe, die im Zusammenhang mit dem Thema dieser Arbeit stehen, kurz umrissen und, soweit möglich, geklärt.

2.1 Interaktive Medien

"Interaktion: (lat.), Wechselbeziehung zwischen einander ansprechenden Partnern"
[vgl. Neues Haus-Lexikon]

"Medium: (lat. = das Mittlere), Träger physikalischer oder chemischer Vorgänge oder von Informationen, z. B. Luft als Träger v. Schallwellen"
[vgl. Neues Haus-Lexikon]

Diese beiden Zitate aus einem handelsüblichen Lexikon sollen den Einstieg bilden in ein Thema, das in den letzten Jahren zunehmend an Bedeutung gewonnen hat.

Das erste und wichtigste Medium, das die Menschheit kannte, ist die Sprache. Sie ermöglicht unmittelbare Kommunikation und direkte Interaktion, sowohl zwischen Individuen als auch zwischen Gruppen.

Das erste technische Medium war das Buch. Das geschriebene Wort ermöglichte so eine indirekte Kommunikation, ohne die Chance der direkten Interaktion. Es avancierte zum ersten Massenmedium, mit Hilfe dessen einzelne Personen große Massen von Menschen ansprechen konnten. Heute prägen Druckmedien aller Art unser tägliches Leben in vielfältiger Weise.

Die Einführung elektronischer Medien diente zunächst ebenfalls der intrapersonellen Kommunikation (Telefonie, Telegrafie) zwischen einzelnen Individuen. Mit Entstehung des Hörfunks war das erste große elektronische Massenmedium geboren.

Die inzwischen flächendecken-de Verbreitung des Fernsehens brachte die Welt der bewegten Bilder in jeden Haushalt. Wir haben uns an die ständige Ver-fügbarkeit elektronischer Be-wegtbilder gewöhnt.

Was wir jedoch bei allen Massenmedien vermissen, ist die Möglichkeit direkter Inter-aktion, die uns unsere Sprache ja bietet.

Diverse Ansätze haben ver-sucht, dieses Manko zu beseiti-gen. Ein neuerer Ansatz be-dient sich hierzu moderner Computer-Technologie. Der Mensch als Anwender eines interaktiven Mediums soll in der Lage sein, nach eigenem Ermessen aus einem Angebot von Inhalten frei auszuwählen, jederzeit zu wechseln, Fragen zu stellen und beantwortet zu bekommen und sich dabei zu unterhalten und/oder neues Wissen aufzunehmen.

Die kommunikative Situa-tion soll an die eines direkten Dialoges von Mensch zu Mensch angenähert werden, wobei dem Anwender hier ein intelligentes technisches Gerät als Kommunikationspartner dient.

Der Anwender wird aus seiner passiven Rolle als Rezipient ei-nes Massenmediums befreit und zum selbstbestimmten, aktiven Partner in einer moder-nen Kommunikationswelt. Hierbei sind unterschiedliche Spielarten zwischen gespei-cherten Inhalten, über Netze verfügbaren Informationen und direkter Kommunikation mit dem Anbieter oder ande-ren Anwendern über entspre-chende Kanäle sowohl denkbar als auch bereits realisiert oder gerade in der Entstehung.

Selbstverständlich sind dem Ganzen auf der techni-schen wie auf der inhaltlichen Seite noch Grenzen gesetzt, kann der Anwender doch in der Regel nur auf vorgefertigte Inhalte, wenn auch in großer Vielfalt und Tiefe, zugreifen. Auch muß er sich immer noch zur Interaktion eines techni-schen Eingabegerätes bedie-nen, was die Spontanität ein-schränkt.

Von der direkten Interaktion, wie zwischen zwei Menschen, ist man also noch weit entfernt. Aber durch weitere technische Entwicklung, man denke nur an die Fortschritte bei der Spracherkennung, und durch das Entstehen einer eigenen interaktiven Kultur werden hier interessante neue Möglichkeiten auf uns zukommen.

Der Einsatz von digitalem Video in interaktiven Medien stellt einen weiteren Meilenstein in deren rapiden Entwicklung dar. Fernsehen, und damit auch Video, hat bewiesen, daß es in der Lage ist, Menschen stark zu fesseln. Die Akzeptanz interaktiver Medien wird durch digitales Video deutlich ansteigen, davon sind wir überzeugt.

2.2 Multimedia

Ein Begriff, der wie kein anderer in den letzten Jahren für Begeisterung, Aufregung, Verwirrung und Fehleinschätzung gesorgt hat, weit über die Kreise von Computer-Interessierten hinaus. Einig ist man sich insoweit, daß der Begriff wohl etwas mit "vielen Medien" zu tun hat, was auch der lateinischen Bedeutung (multus = viel) entsprechen würde. Außerdem spielen Computer eine Rolle.

Die Idee des Ganzen ist es, verschiedene Formen klassischer Medien miteinander zu verbinden und an einem Ort zur selben Zeit verfügbar zu machen.

Folgende Aussage macht den Versuch einer, zumindest auf der technischen Seite soweit korrekten, allgemeinen Definition:

*"Integration von verschiedenen Datentypen wie **Text, Grafik, Audio und Video** in einem Gerät, wobei auf die einzelnen Datentypen interaktiv zugegriffen werden kann.* Wenn die unterschiedlichen Datentypen in einer einheitlichen digitalen Form vorliegen, spricht man von integrativem Multimedia. Hybridsysteme, bei denen analoge und digitale Daten gemischt vorliegen, werden als additives Multimedia bezeichnet." [Graf]

Hinzufügen ließe sich dem noch, daß auch Programmdaten für die logische Steuerung und interaktive Benutzerführung vorhanden sein müssen, sowie die Tatsache, daß durch die zunehmende Verbreitung von schnellen Datennetzen nun der Term "... in einem Gerät ..." relativ gesehen werden muß.

Auch können zusätzlich zu Video-Daten, bewegte Bilder in Form von Animationen hinzukommen und zusätzlich zu Grafiken, Real-Bilder in Form von Fotografien.

Innerhalb der Entwicklung von Multimedia lassen sich drei Phasen erkennen, wobei Phase 3 den aktuellen Stand und die nähere Zukunft beschreibt.

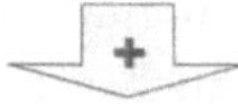

Abb. 2: Drei Phasen in der Entwicklung von Multimedia

Multimedia, eines der am meisten bemühten Schlagworte der letzten Jahre, wird uns wohl noch länger beschäftigen.

2.3 Digitales Video

Als vor dem zweiten Weltkrieg in Deutschland die ersten Versuche für das neue Medium Fernsehen gemacht wurden, ahnte mancher vielleicht noch nicht ganz, welchen Siegeszug um die ganze Welt dieses Medium einmal antreten würde. Später konnte Fernsehen, auch vom Heimanwender, aufgezeichnet werden und trat uns nun in Form von Video gegenüber.

Im Zuge der digitalen Revolution wurde auch Fernsehen schnell digital, ursprünglich wohl, um Qualitäts-Verbesserungen am bestehenden Fernseh-System zu erreichen. Eine flächendeckende Einführung jedoch läßt bis heute auf sich warten. Lediglich im Bereich der heutigen professionellen Video-Produktion konnte sich digitale Technik durchsetzen, allerdings auf sehr hohem Kostenniveau. Der Heimanwender mußte auf digitales Fernsehen wie auf digitales Video zunächst verzichten. Die Kosten für entsprechende Empfangsgeräte, Speichermedien, Wandler und sonstige Technik waren noch zu hoch.

Der Siegeszug der Computer im Geschäftsleben und für den privaten Anwender brachte den Wunsch mit sich, nun auch Video auf dem Computerbildschirm darstellen zu können. Dies gelang zunächst nur in analoger Form mit Hilfe der Overlay-Technik und einer analogen Signalquelle, wie Videorecorder oder Bildplatte. Zu hoch waren noch die Datenraten für das digitale Format, zu verschieden die Systeme.

Unter Berücksichtigung der neuesten Erkenntnisse aus der Forschung zum digitalen Fernsehen und der Entwicklung von leistungsfähigen Kompressionsverfahren sowie der technischen Entwicklung und des Preisverfalls der Computertechnik wurde es möglich, elektronische Bewegtbilder in digitaler Form auch auf den Computer-Monitor zu bringen. Digitales Consumer-Video war geboren.

Digitales Consumer-Video wird in diesem Sinne als eine Technik verstanden, die es breiten Schichten der Bevölkerung ermöglichen soll, Bewegtbilder in digitaler Form an Geräten der Consumer-Klasse zu betrachten und, mit diversen Einschränkungen, auch selbst zu erstellen und zu bearbeiten. In diesem Zusammenhang ist das Schlagwort *Desktop-Video* zu nennen.

Als Abspielplattform kommen sowohl PCs als auch spezialisierte Abspielgeräte auf CD-Basis in Frage. Auch die Übertragung auf Netzen sowie ein künftig wohl digitaler Standard für Videobänder im Consumer-Segment sind hier zu erwähnen. Darüber hinaus ist digitales Consumer-Video auch für semiprofessionelle und sogar für professionelle Anwender im Bereich von Präsentation und Public-Relations sowie Fortbildung und Schulung immer interessanter geworden. Dies liegt mit daran, daß es gelang, digitales Video in interaktive Medien einzubinden.

3 AV-Signale

Computer verarbeiten ausschließlich digitale Daten. Um die analog vorliegenden Audio- und Video-Signale für den Personal Computer greifbar zu machen, müssen diese digitalisiert werden.

Analog: Ein analoges Signal wird durch kontinuierliche Größen im Zeit- und Spannungsbereich beschrieben. Zeit- und Spannungswerte können hierbei beliebige reale Zahlen annehmen (siehe Abb. 3).

tragungsform. Das analoge Quellsignal muß dazu in ein digitales Signal umgewandelt werden. Dieses binär codierte Signal weist hierbei die geringste Störanfälligkeit auf.

Die direkte Codierung der Abtastwerte führt zur Pulscodemodulation (PCM), während eine Bezugnahme auf vorangegangene Signalwerte (Vorhersagewert) den Verfahren der Deltamodulation (DM) und Differenz-Pulscodemodulation (DPCM) zugrunde liegt [vgl. Mäusl].

3.1 Digitalisierung

Analog-zu-Digital-Wandlung, Bild- und Tonsignale entstehen heute in der Regel noch in analoger Form durch Licht- bzw. Schallwandler.

Um den Einfluß von Störsignalen sowie die linearen und nichtlinearen Verzerrungen weitgehend zu eliminieren, entwickelte man die digitale Über-

Sampling (dt.: Abtastung)

In festen Zeitabständen werden nun Signalwerte des analogen Signals ermittelt. Der Analogwert wird in den Abständen der Abtastfrequenz ermittelt. Nach dem Abtasttheorem von Shannon muß diese Abtastfrequenz (f_A) mindestens gleich der doppelten Bandbreite des Signals bzw. bei tiefpaßbandbegrenztem Signal ($B_S = f_{Smax}$) mindestens gleich der doppelten maximalen Signal-Frequenz sein [vgl. Mäusl].

$$f_A = 2 \times B_S \geq 2 \times f_{Smax}$$

Das Video-Signal wird also durch einen Tiefpaßfilter sorgfältig begrenzt, um mögliche Aliasstörungen durch hohe Frequenzanteile zu minimieren. Diese Filterung stellt jedoch auch eine Begrenzung für wiederholte A/D- bzw. D/A-Wandlungen dar. Denn bei jeder Wandlung wird gefiltert, so daß sich die Filterverläufe akkumulieren und dadurch den Frequenzgang verschlechtern [vgl. Ziemer].

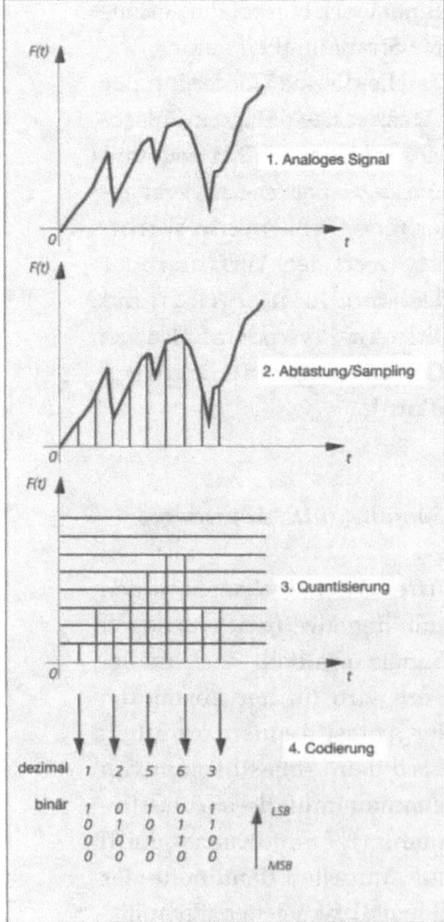

Abb. 3:
Analog/Digital-
Wandlung, A/D

Quantisierung und Codierung

Den abgetasteten, analogen Amplitudenwerten wird ein digitaler Wert zugeordnet. Dazu wird der gesamte Wertebereich des Quellsignals in endliche Quantisierungsintervalle unterteilt. Alle Abtastwerte, die innerhalb eines Quantisierungsintervalls liegen, werden dann einem Codewort zugeordnet. Der zurückgewonnene Signalwert entspricht dann dem Mittelwert des Quantisierungsintervalls. Die Größe dieses Quantisierungsfehlers ist abhängig von der Anzahl der Intervalle im Aussteuerbereich. Dieser *Quantisierungsfehler* verringert sich also mit dem Auflösevermögen des Quantisierers.

Digital: Ein digitales Signal wird durch diskrete Zahlen oder Symbole für Zeit- und Amplitudenwerte beschrieben. In der heutigen Digitaltechnik findet fast nur das binäre System Anwendung (0 und 1).

3.2 Composite-Signal, analog

Das Composite-Signal wird nicht nur auf dem Übertragungskanal von Sender zum Empfänger, sondern auch noch sehr oft in der Signalbearbeitung im Studio verwendet. Dem Luminanzkanal (Y) wird durch Frequenzmultiplextechnik die Chromainformation ($C = R - Y, B - Y$) trägerfrequent überlagert. Das Composite-Signal besteht somit aus den Elementen Farbinformation (F), Bildsignal in Schwarzweiß (B), Austastsignal (A) und dem Synchronsignal (S) (Abb. 4).

Dieses FBAS-Signal ist jedoch aufgrund der Störeinflüsse, die sich aus der Überlagerung ergaben, für den Studioeinsatz nicht optimal. Die Signalanteile müssen für die Bearbeitung getrennt werden. Die einfachste und kostengünstigste Methode hierzu stellt der Notch-Filter dar, der auch in Consumer-Endgeräten Verwendung findet. Großer Nachteil dieses Filters ist jedoch, daß mit der Filterung die hochfrequenten Anteile der Luminanz-Information (Details) verlorengehen. Zudem mindert ein Übersprechen der Signale die Qualität. Wesentliche Verbesserung erreicht man durch sogenannte Kammfilter, die zwar die Bandbreite des Luminanzsignals nicht einschränken, jedoch auch ein Übersprechen nicht vollständig verhindern können.

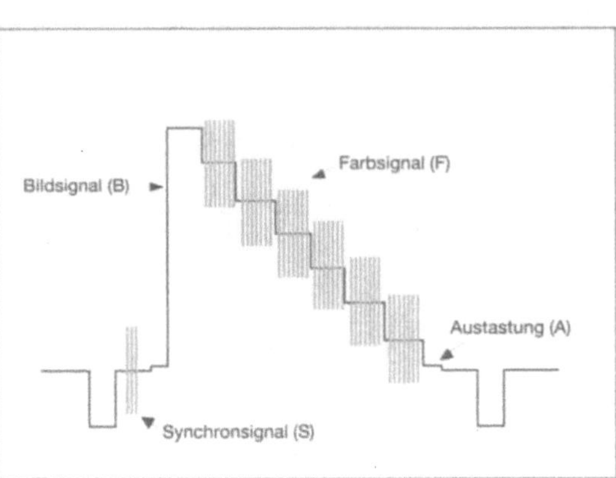

Abb. 4: FBAS-Signal

3.3 Standard CCIR 601

In der Studiotechnik wurde eine Qualitätsverbesserung des Video-Signals angestrebt. Das Composite-Signal war an seine technischen Grenzen gestoßen.

Da die Einschränkungen mit der Modulation der Luminanz- und Chrominanzanteile und deren Demodulation verbunden waren, galt es, diese Schritte zu vermeiden. Es wurde vorgeschlagen, die komplette Video-Signalbearbeitung im Studio in digitaler Komponentenform vorzunehmen.

Mit der CCIR 601 wurde schon 1986 der *Standard für digitale Komponententechnik* festgelegt.

Luminanzsignal

$$(Y) = 0{,}3R + 0{,}59G + 0{,}11B$$

Farbdifferenzsignal

$$(C_B) = U = (B\text{-}Y) \times 0{,}713$$

Farbdifferenzsignal

$$(C_R) = V = (R\text{-}Y) \times 0{,}564$$

Die Abtastfrequenz resultiert aus einem gemeinsamen Vielfachen der Raster 625/50 und 525/60, so daß die Norm zur Anwendung auf PAL und NTSC offen ist.

Die maximale PAL-Auflösung (625 Zeilen bei 50 Hz) beträgt 864 Linien pro Zeile. 768 Linien (576 Zeilen) liegen davon im aktiven Bildbereich. Das Bildseitenverhältnis beträgt hierbei 4:3.

Nach CCIR 601 wird von Zeile 11 bis 310 und von Zeile 324 bis 623 (300 Zeilen pro Halbbild) mit einer Auflösung von 720 Linien generiert.

Abb. 5: Y-Signal

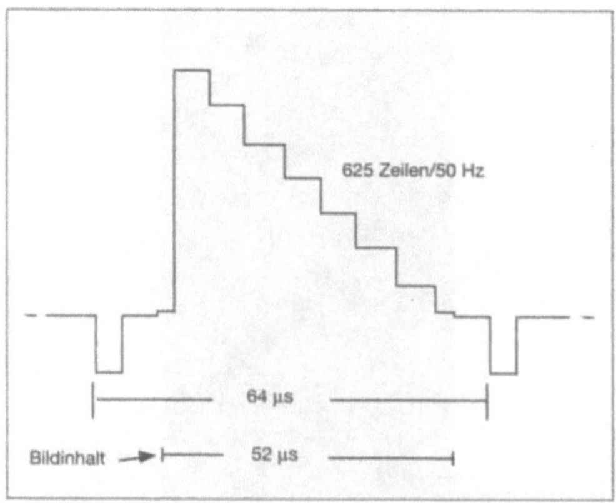

Sampling

Da ein Schwingungsverlauf jeweils durch einen Schwarz-
Weiß-Wechsel beschrieben werden kann, resultieren hieraus
432 Schwingungen pro Zeile.
432 Schwingungen in 64 µs ergeben eine horizontale Gesamt-
Auflösung von 6,75 MHz. Dieses Signal wird, um Aliasstörungen zu minimieren, durch
ein Tiefpaßfilter bandbegrenzt.

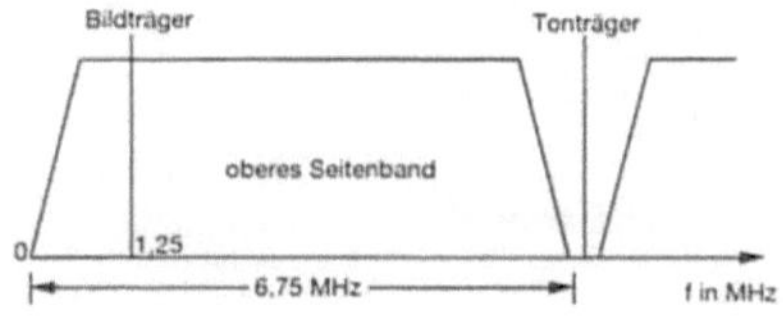

Nach dem Abtasttheorem von
Shannon wird bei bandbe-
grenzten Signalen mit der doppelten Signalfrequenz abgetastet (Sampling).

Shannon: $f_A = 2 \times f_S$

Es folgt eine Samplingfrequenz
für das Luminanz-Signal von
13,5 MHz. Die beiden Chroma-
anteile, C_R und C_B werden mit
jeweils 6,75 MHz gesampelt.
Da das menschliche Auge den
Schärfeeindruck hauptsächlich
aus dem Schwarz-Weiß-Kon-
trast bezieht, wird auch bei reduzierter Farbauflösung ein de-
tailgenaues Bild erreicht.

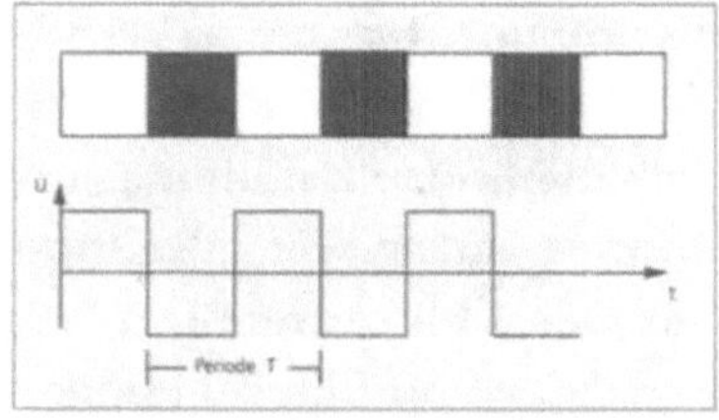

Abb. 7: Auflösung

4:2:2 steht für das Verhältnis der
Abtastungen der Signalanteile
Y, C_R und C_B, also   13,5 : 6,75 :
6,75 [MHz].

Alle YUV-Videoformate profitieren von dieser Eigenschaft
des Auges, indem sie die Farbinformation mit geringerer
Bandbreite und damit geringerer Detailschärfe übertragen.
Beim CCIR 601 (4:2:2) wird dadurch eine Reduktion des Datenstroms um 30 % erreicht.
Zur Übertragung des RGB-Si-
gnals (3 x 8 = 24 bit) müßten,
um den gleichen Schärfeeindruck zu erhalten, alle drei Signalanteile voll aufgelöst übertragen werden.

Abb. 6 links:

PAL-Spektrum

4 : 4 : 4 (8 bit)
15000(1) x 2160(2)
= 34 MByte/s

4 : 2 : 2 (8 bit)
15000(1) x 1440(3)
= 22,6 MByte/s

(1) 600 Zeilen pro Bild bei 25 Bildern

(2) 720 Abtastungen pro Farbe, RGB

(3) 720 Abtastungen Y, je 360 Abt. $C_R C_B$

Synchronisation

Für die horizontale Initialisierung des Analog-Signals (Rücklauf des Elektronenstrahls) werden zwölf Mikrosekunden benötigt. In dieser Lücke befindet sich der Synchronimpuls und die Austastung.

Da das Sampling-Signal selbst die Synchronität bestimmt, ist es nicht nötig, das Synchron-Signal zu digitalisieren. Alle notwendigen Informationen können im aktiven Bereich (720 Samples) untergebracht werden, weswegen die komplette H-Austastlücke nicht digitalisiert wird.

Zur Übertragung muß lediglich die Position des aktiven Bereichs standardisiert werden.

864 Samples pro Zeile (64 µs)

144 H-Lücke (12 µs)

720 Samples werden quantisiert (52 µs)

Quantisierung

Jeder abgetastete Wert wird quantisiert, d. h.: jedem Signalwert zur Zeit t wird ein diskreter, binärer Amplitudenwert zugeordnet. Dieser wurde durch die CCIR 601 auf ein 8-Bit-Datenwort festgelegt (8 bit = 256 Stufen). Später erweiterte die CCIR diesen Wert auf 10 bit (1024 Stufen).

Diese *Quantisierung* bedeutet gleichzeitig auch eine Festlegung des Dynamikbereichs.

Farbe

Die *Farbdarstellung* erfolgt in 24 bit (16,7 Millionen Farben). Die Berechnung der RGB-Farben erfolgt aus:

vereinfacht:

$$Y = 0{,}3R + 0{,}6G + 0{,}1B$$
$$G = 1{,}7Y - 0{,}5B - 0{,}17R$$
$$\text{und } [C_B = B - Y,\ C_R = R - Y]$$
$$R = C_R + Y$$
$$G = Y - 0{,}5C_B - 0{,}17C_R$$
$$B = C_B + Y$$

Bei Verwendung von mittlerweile preisgünstiger 32-Bit-Technologie läßt sich zusätzlich ein Alpha-Kanal speichern und übertragen, welcher eine Überlagerung des Bildsignales durch ein Schwarz-Weiß-Signal ermöglicht. In der Nachbearbeitung kann dies für Key-Funktionen genutzt werden.

*Komponentenschema nach
CCIR 601, Zeitmultiplex*

Es entsteht ein bitparalleler Komponenten-Video-Datenstrom C_B / Y / C_R / Y / ... im Zeitmultiplex (8 x 27 Mbit/s) mit der doppelten Taktfrequenz des Y-Signals (2 x fs = 27 MHz). In einer darauffolgenden Torschaltung werden die notwendigen *Synchroninformationen* und das *digitale Audio-Signal* in den Multiplexrahmen eingeschachtelt. In der darauffolgenden Parallel-Seriell-Wandlung wird mit der achtfachen Taktfrequenz ausgelesen, so daß ein serieller Datenstrom mit 216 Mbit/s entsteht (8 bit).

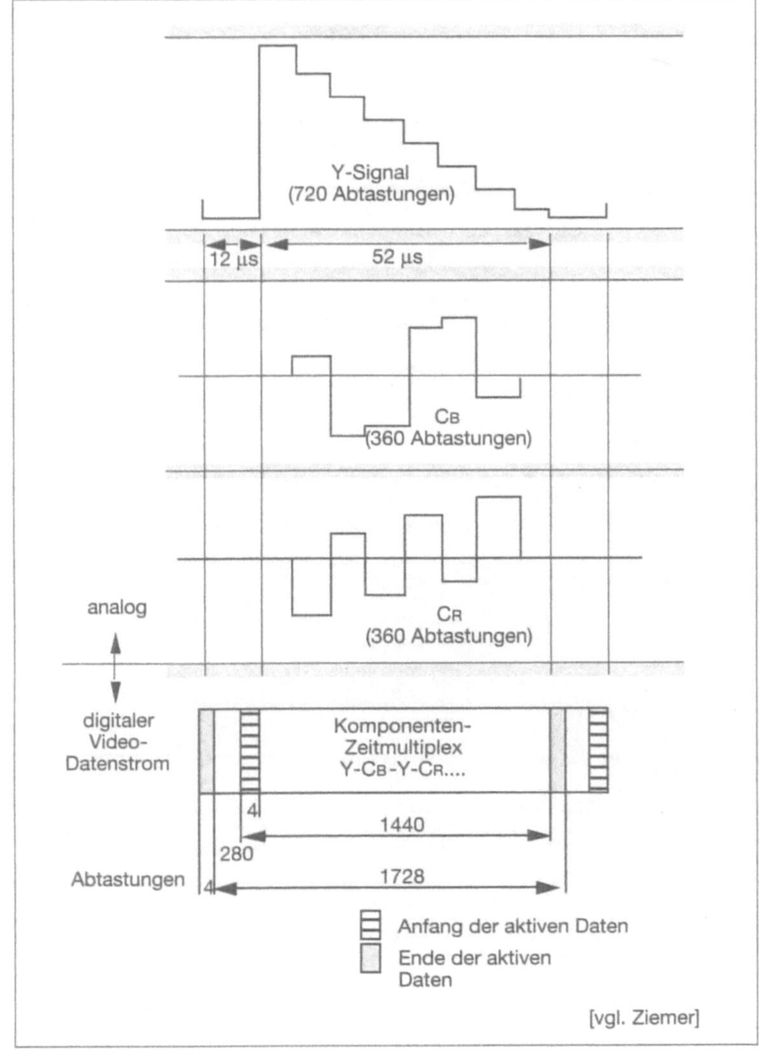

Abb. 8: Komponenten

Grundlage

Diese CCIR-601-Norm bildet heute die Grundlage für die Digitalisierung von Videosignalen in der Broadcast Umgebung sowie auch im semiprofessionellen PC-Bereich. Zukünftige digitale Übertragungseinrichtungen werden dieses DSK-Signal (Digitale Serielle Komponenten) durch Datenreduktion und -kompression (MPEG-2-Vorschlag) verarbeiten.

Tabelle 1:
Substandards CCIR 601

Standard	(13,5 MHz+6,75 MHz+6,75 MHz) = 216 Mbit/s (1) = 180 Mbit/s (2)
Substandard 1	(11,25 MHz+5,625 MHz+5,625 MHz) [5/6 des Standards] = 180 Mbit/s = 150 Mbit/s
Substandard 2	(10,125 MHz+3,375 MHz+3,375 MHz) [Luminanz 3/4, Chrominanz 1/2 des Standards] = 135 Mbit/s = 112,5 Mbit/s
Substandard 3	(9 MHz+2,25 MHz+2,25 MHz) [Luminanz 2/3, Chrominanz 1/3 des Standards] = 108 Mbit/s = 90 Mbit/s

(1) 625 Zeilen, 1728 Abtastungen für komplettes Signal
(2) 600 Zeilen, 1440 Abtastungen für Bildanteil

Tabelle 2:
Parameter CCIR 601

Parameter (4:2:2)	Spezifikationen
Codierte Signale	Y, C_R, C_B
Anzahl der Abtastungen pro Zeile	864 für Y 432 pro Farbdifferenzsignal
Abtaststruktur	Orthogonal Zeilen, Halbbild und Bild-wiederholend. C_R -, C_B-Abtastungen beidseitig mit addierten (1., 3., 5. etc.) Y-Abtastungen in jeder Zeile.
Abtastfrequenz	13,5 MHz 6,75 MHz
Codierungsform	PCM-quantisiert, 8 (optional 10) bit pro codiertes Signal (Y, C_R , C_B)
Anzahl der Abtastungen pro aktive Zeile	720 Y 360 C
Zusammenhang von Signalamplitude zur Quantisierung	220 Schritte gesamt für Y 16 für Schwarz, 235 für Peak-Weiß 225 Schritte gesamt für Chroma 128 für Null
Gebrauch der Code-Wörter	Für Video nur 1 bis 254

3.4 Audio-Signal

In den Videostudios ist die Orientierung hin zu digitalem Video gegenwärtig. Ein Standard zur digitalen Übertragung der Videodaten wird kommen. Im Consumer-Bereich wird es erst in naher Zukunft ein digitales Videoformat geben. Im Audiobereich dagegen ist die digitale Signalform jetzt schon häufiger als die analoge. Ausschlaggebend hierfür war die Compact Disc Digital Audio, die seit ihrem Erscheinen 1982 den Markt zu ihren Gunsten verändert hat. Aus diesem Grund wird auch immer, wenn von digitalem Audio die Rede ist, die CD-DA als Bezug genannt. Damit liegt eine für die meisten nachvollziehbare Referenz vor (CD-Qualität). Analog dazu sind Begriffe wie Schallplatten-, UKW- und Mittelwellen-Qualität üblich, um Audio-Signale über die technischen Angaben hinaus zu beschreiben. Mit den drei letztgenannten Qualitäten werden die ADPCM-, PASC-, ATRAC- u.s.w. Signale, also die Datenreduzierten und Datenkomprimierten, beschrieben. Es handelt sich hierbei jedoch lediglich um eine physiologische Abgrenzung und nicht um eine technische (= Qualitätsambivalenz).

Um Audio-Signale auf dem Personal Computer verarbeiten zu können, gilt prinzipiell das gleiche wie für Video-Signale, sie müssen digitalisiert werden. Die Grundlagen hierfür sind in Kapitel 3.2 beschrieben. Da diese Untersuchung sich in erster Linie mit dem „Neuling" Video beschäftigt, wird nicht näher auf die Audiotechnik als solche eingegangen. Audio wird immer im direkten Zusammenhang zum Videobild untersucht. Auch hier spielt die Datenreduktion und -kompression eine wichtige Schlüsselrolle, da sie ein synchrones Abspielen von Audio und Video ermöglicht.

```
Compact Disc - Digital Audio

Samplingfrequenz.......................................... 44,1 kHz
Quantisierung.................................................. 16 Bit
Geräuschspannungsabstand....................... 98 dB
Kapazität......................................................... 747 MByte
Datentransferrate......................................... 1,35 Mbit/s
Max. Spieldauer............................................. 74 min
```

Tabelle 3:

CD-DA

in Zahlen

```
ADPCM Level A bis C          CD-ROM/XA, CD-i...
PASC                         Philips DCC
ATRAC                        Sony Mini Disc Audio
MUSICAM                      MPEG 1 (definiert)
MACE                         Apple Macintosh
```

Tabelle 4:

Audio-

Kompressions-

verfahren

Man ist heute in der Lage, direkt von einer Compact Disc, die von allen gängigen CD-ROM-Playern gelesen werden kann, Musik auf den AV-fähigen PC zu spielen. Diese kann dann mittels entsprechender Software weiterverarbeitet werden. Die in voller Qualität vorliegenden Audio-Daten können zum Beispiel auf der Festplatte abgelegt werden, um so in eine interaktive Multimedia-Applikation miteinbezogen zu werden. In der Praxis wird jedoch die relativ hohe Datenrate des CD-DA-Signals mittels Datenreduktion und -kompression verkleinert. Eine Auflistung (Tabelle 4) zeigt die gängigen, angewandten Verfahren zur Audiokompression (siehe auch 4.3.8 ff.).

Maximaler Kompressionsfaktor, gegenüber CD-DA, von 8:1 wird von ADPCM Level C erreicht. Die Consumer-Formate komprimieren mit etwa 4:1. MUSICAM, das innerhalb des MPEG-1-Standards eingesetzte Verfahren erreicht etwa 6:1.

Mit denselben mathematischen Prinzipien wie ADPCM arbeitet das von Apple eingesetzte MACE-Verfahren (Macintosh Audio Compression and Expansion). MACE komprimiert und dekomprimiert rein softwaremäßig. Je

nach gewünschter Qualität kann zwischen der Kompressionsfaktoren 3:1 oder 6:1 gewählt werden.

Nach Aussage der Hersteller kann bei den Verfahren, die etwa bis Faktor 4:1 komprimieren, kein Unterschied zum Original-Signal (CD-DA) festgestellt werden. Komprimiert man mehr als mit Faktor 6:1, sind deutliche Abstriche in der Güte zu erwarten. Hier sind es nicht die Hersteller, wenn von Telefon-Qualität die Rede ist.

Eine weitere Möglichkeit, Audio-Daten auf den PC zu bekommen, ist das Digitalisieren mittels Audio-Zusatzhardware. Multimedia-PCs und Apples AV-Rechner verfügen werkseitig über eine entsprechende Erweiterung (siehe 7.3 und 7.4).

Wichtiger Bestandteil für Multimedia ist die mehrkanalige Audioaufzeichnung. Ein Anwendungsfall wäre zum Beispiel ein Videofilm, bei dem man zwischen unterschiedlichen Sprachen wählen kann. Denkbar wäre, daß man zum oben genannten Beispiel zwei unterschiedliche Sprachen stark komprimiert (ADPCM Level C) und eine extra Spur für Atmos und Musik weniger stark komprimiert (ADPCM

Level B). Diese drei Spuren benötigen dann 25 % des gesamten Datenstroms. 75 % bleiben für digitales MPEG-1-Video. Die Wiedergabe auf einem CD-i-Player wäre problemlos.

Extrembeispiel: ADPCM Level C kann sechzehn Audiospuren auf eine Compact Disc packen.

3.5 Ton-Bild-Synchronisation

Synchronisation kann auch als zeitliche Komposition beschrieben werden. Innerhalb einer Multimedia- Präsentation werden die einzelnen Objekte in zeitliche Zusammenhänge gebracht. Die Organisation dieser zeitlichen Abhängigkeit von Objekten untereinander gewährleistet die synchrone Darstellung. Dabei werden zwei Arten von Synchronisation unterschieden: die kontinuierliche und die punktuelle Synchronisation.

Soll zum Beispiel eine Art Dia-Schau gezeigt werden, ist es völlig ausreichend, am Anfang jedes Dias punktuell zu synchronisieren. Videosequenzen, die mit Ton synchron gezeigt werden, müssen dagegen kontinuierlich abgestimmt werden.

Das Thema Synchronisation in Multimedia-Systemen kann in zwei grundlegende Bereiche, die Live-Synchronisation und die synthetische Synchronisation, eingeteilt werden:

Live-Synchronisation befaßt sich mit Multimedia-Systemen, die live miteinander kommunizieren, wie zum Beispiel Videokonferenzsysteme. Auf dieses sehr interessante und komplexe Thema wird in dieser Arbeit nicht weiter eingegangen, da dies den Bearbeitungsrahmen sprengen würde.

Synthetische Synchronisation bezieht sich auf Retrieval-Systeme, die vornehmlich mit gespeicherter Information arbeiten. Die unabhängigen Informationseinheiten werden bei der Präsentation in die geeigneten Zusammenhänge gebracht (= synthetisch). Diese Informationseinheiten können dabei aus verschiedenen Anwendungen sowie von unterschiedlichen Rechnern kommen. Um die logischen Beziehungen zu beschreiben, können die Operatoren "parallel", "sequentiell" und "unabhängig" eingesetzt werden. Systeme wie CD-i und DVI bieten Lösungen dazu als fertige Produkte im lokalen Bereich an. Innerhalb dieser Systeme besteht die Möglichkeit der Komposition multimedialer Daten. Weiter bietet die Autorensoftware zum Erstellen von interaktiven Multimedia-Anwendungen Werkzeuge zur zeitlichen Komposition an.

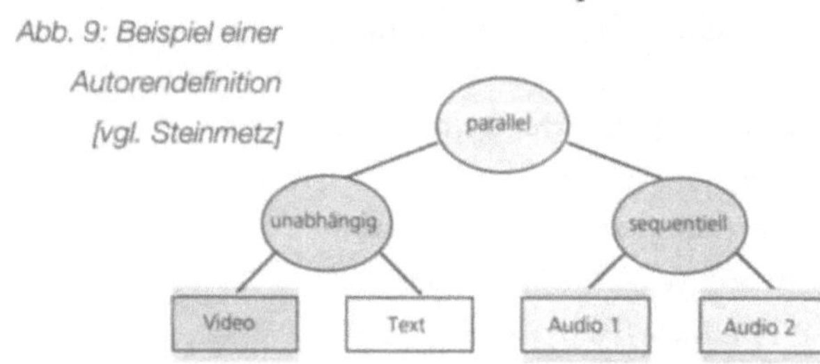

Abb. 9: Beispiel einer Autorendefinition [vgl. Steinmetz]

Synthetisch: Im einfachsten Fall wird eine Sequenz mit einer vorgegebenen zeitlichen Beziehung abgespielt. Die Beziehungen stehen damit fest und können nicht verändert werden.

Bsp.: Bei MPEG-Audio-, Video-Wiedergabe ist eine Lippensynchronität gewährleistet, jedoch besteht keine Möglichkeit, die Audiodaten in Echtzeit zu manipulieren.

Im komplexeren Fall wird eine Veränderung der zeitlichen Bezüge während der Präsentation durch den Benutzer zugelassen.

Vom Autor einer Multimedia-Anwendung muß dies berücksichtigt werden. Die anzustrebende Lösung beinhaltet beide Fälle [vgl. Steinmetz].

Innerhalb von CD-ROM/XA und CD-i ist eine Synchronisation durch das Interleaving von Datenblöcken gewährleistet. Die zeitliche Folge wird derart organisiert, daß für die einzelnen Signale entsprechende Datenraten erreicht werden können. Wenn eine minimale Transferrate unterschritten wird, hat immer das Audio-Signal vor dem Video-Signal Priorität. Störungen der Audioinformation haben hörbare Aussetzer zur Folge, während beim Videosignal lediglich die Frame-Rate herabgesetzt wird.

Bei MPEG 1 wird der in Teilbänder aufgeteilte Ton erst beim Decodieren durch eine Synthesefilterbank wieder zusammengesetzt. Übertragungsstörungen werden dadurch nicht als Knackser, sondern durch eine minimale Verschiebung des Verhältnisses der Bänder zueinander als Verfärbung hörbar. Diese Klangverfärbung wirkt weit weniger störend als eine Verzerrung. Sämtliche notwendige Synchroninformationen sind in den MPEG-Streams enthalten.

4 Kompression

4.1 Warum Kompression ?

Bei der Digitalisierung von Video-Signalen fallen, im Vergleich zu Audio-Signalen, sehr hohe Datenmengen an. Dies führt zu verschiedenen Problemen, wenn diese Daten dann transportiert, bearbeitet oder gespeichert werden sollen. Im einzelnen haben wir es hier mit drei verschiedenen Themenbereichen zu tun: Datenrate, Speicherplatz und Speicherdichte.

4.1.1 Datenrate

Sie beschreibt, wieviele Daten pro Zeiteinheit anfallen, transportiert, gelesen oder geschrieben werden müssen. Diese Angaben sind immer im Zusammenhang mit der oberen Leistungsgrenze der verwendeten Hardware zu sehen.

Ein völlig unkomprimiertes PAL-Fernsehsignal in RGB, wie es einer Studio-Kamera entnommen werden kann, hat nach der jeweiligen Digitalisierung seiner drei Farb-Komponenten mit je 8 bit eine Datenrate von 33,75 MByte/s netto, weit mehr, als man mit heutiger Technik und noch vertretbarem Kostenaufwand sinnvoll verarbeiten kann. Auch wenn dasselbe Signal nach CCIR 601 mit 8 bit abgetastet wird, so fallen im Maximalfall immer noch 22,6 MByte/s netto an.

Sehr schnelle Festplatten können durchschnittlich mit Datenraten um 5 MByte/s speichern oder lesen. Normale Festplatten schaffen im Regelfall um 1,5 MByte/s. Noch wesentlich geringere Datenraten haben CD-ROM-Systeme. Nach heutigem Stand kann man von Datenraten um 150 kByte/s bei Single-speed-Laufwerken und von ungefähr 600 kByte/s bei Quadra-speed-Laufwerken ausgehen (Abb. 10).

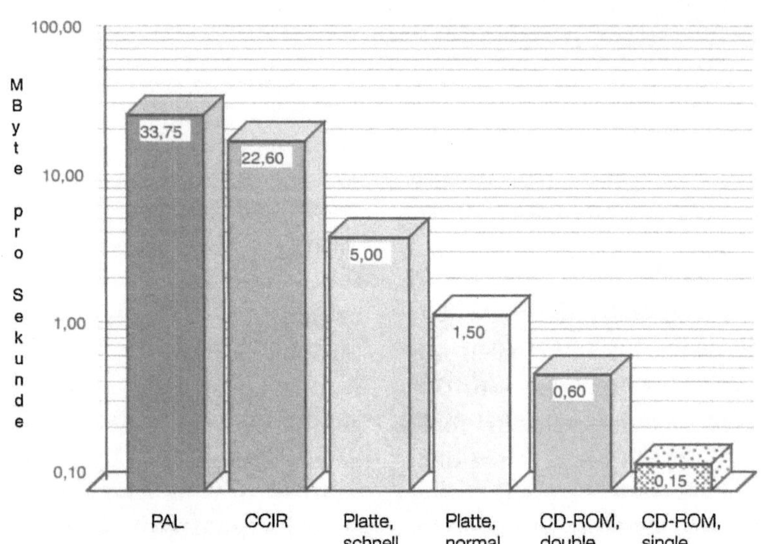

Abb. 10:
Datenraten

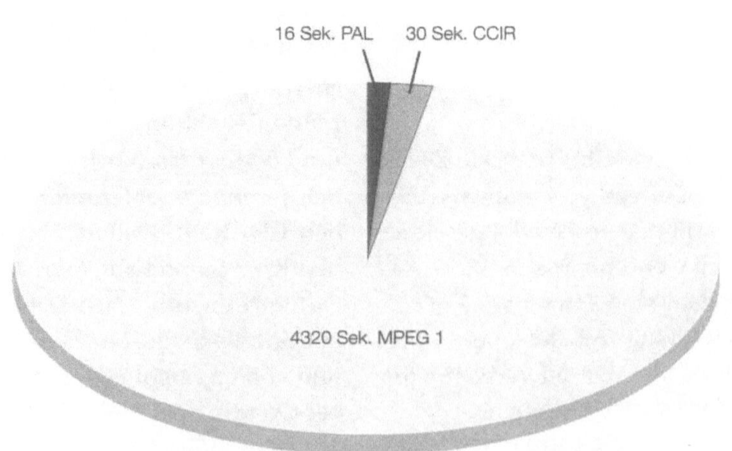

Abb. 11: Sekunden
Digital-Video auf
einer CD-ROM (nicht
voll maßstabsgetreu)

4.1.2 Speicherplatz

Wenn digitale Video-Daten zur späteren Verwendung dienen sollen, so müssen sie gespeichert werden.

Will man die unkomprimierten Video-Daten des abgetasteten PAL/RGB-Signals aus dem vorigen Beispiel auf einer CD-ROM ablegen, so würden ca. 16 Sekunden auf die CD passen, beim CCIR-Signal wären es ca. 30 Sekunden. Von einem Signal aber, das mittels MPEG 1 auf eine Datenrate von 147,5 kByte/s komprimiert wurde, passen mit Ton 72 Minuten auf dieselbe CD-ROM, dies entspricht 4320 Sekunden (Abb. 11).

4.1.3 Speicherdichte

Sie beschreibt Ausnutzung des Speicherplatzes durch Daten, die einem definierten Qualitäts-Anspruch gerecht werden müssen. Die Speicherdichte sollte immer möglichst hoch sein.

Die Aufgabe ist also, den hohen Datenstrom, der bei der Video-Digitalisierung entsteht, auf geeignete Art so zu schrumpfen, daß unter Einhaltung einer fest vorgegebenen Datenrate ein Datenfluß entsteht, der bei möglichst effektiver Ausnutzung des Speicherplatzes eine optimale Speicherdichte erzeugt. *Hierzu ist Kompression absolut unerläßlich.*

Ohne Einsatz von geeigneten Kompressionsverfahren wäre die Verwendung von digitalem Video in interaktiven Medien beim jetzigen Stand der Technik völlig undenkbar.

Erst die Entwicklung und breite Einführung solcher Verfahren Anfang der neunziger Jahre hat den Einsatz digitalen Videos auch auf Geräten der Consumer-Klasse möglich gemacht.

Digitales Video in interaktiven Medien und Kompression sind also untrennbar miteinander verknüpft.

4.2 Grundlagen

War bisher pauschal immer nur von Kompression die Rede, so soll dieser Begriff jetzt näher untersucht und relativiert werden.

Grundsätzlich stellt Kompression eine Möglichkeit dar, große Datenmengen auf eine Art und Weise zu verringern, die die spätere Rekonstruktion des Ausgangszustandes zuläßt. Allgemein läßt sich feststellen, daß digitalisierte Bilder zum Teil aus notwendiger, relevanter Information und zum Teil aus nicht notwendigen, redundanten oder gar irrelevanten Daten bestehen. Dies hängt im Detail vom jeweiligen Anwendungsfall ab.

4.2.1 Kompressionstypen

Man unterscheidet prinzipiell zwischen zwei möglichen Verfahren. Zum einen der verlustfreien Kompression (*lossless compression*) und zum anderen der verlustbehafteten Kompression (*lossy compression*). Letztere wird korrekter auch als Reduktion bezeichnet.

Verlustfreie Kompression

Die verlustfreie Variante ist darauf ausgelegt, die redundanten Daten möglichst klein zu halten. Die relevante Information soll bis an die Grenze des Möglichen gestaucht werden. Stets muß aber der Original-Zustand absolut fehlerfrei wiederhergestellt werden können. Eine Beseitigung von irrelevanten Daten ist hierbei nicht möglich.

Ein Anwendungsbeispiel hierfür wären Texte oder auch Computer-Programme. Es lassen sich nur relativ geringe Kompressionsraten erreichen.

Natürliche Bilder können verlustfrei ungefähr um den Faktor drei komprimiert werden. Bei Computer-Grafiken lassen sich höhere Raten erreichen, da hier häufiger größere Flächen derselben Farbe anzutreffen sind, als in nätürlichen Bildern (somit mehr Redundanz).

Verlustbehaftete Kompression

Mit einer verlustbehafteten Kompression allerdings sieht das schon ganz anders aus. Hier wird ein erträgliches Maß an Verfälschung gegenüber dem Original definiert, stark abhängig von der jeweiligen Anwendung.

Dann werden alle irrelevanten Informationen beseitigt. Der verbliebene Rest an Daten wird nun auf Redundanz untersucht und diese möglichst geschickt gestaucht. Eine perfekte Rekonstruktion der Originaldaten ist nicht mehr möglich, dafür sind aber sehr viel höhere Kompressionsraten erreichbar.

Entscheidend wichtig ist eine optimale, intelligent ausgeklügelte Beseitigung der Irrelevanz innerhalb der Daten. Hierbei werden die Grenzen und Schwächen unseres menschlichen Wahrnehmungsapparates ganz gezielt ausgenutzt.

Genannt seien hier nur der Verdeckungseffekt bei Audio-Signalen, wobei laute Töne andere, leisere zu überdecken scheinen oder die Tatsache, daß unsere Augen ein Rauschen an Kanten innerhalb von Bildern weniger bemerken als in Flächen. Auch enthalten herkömmliche analoge Signale oft viel Redundanz, die digital nicht mit übertragen werden muß, wie Synchronsignale innerhalb des Videosignals oder auch identische Anteile innerhalb von Stereo-Ton-Signalen.

Angesichts der Tatsache, daß eine drastische Verringerung der Datenmenge unabdingbar ist, wie im vorangegangenen Abschnitt gezeigt, läßt sich feststellen, daß im Umgang mit digitalem Video in interaktiven Medien *meist verlustbehaftete Kompressions-Verfahren* zum Einsatz kommen.

Auf eine genaue Rekonstruktion der Originaldaten wird verzichtet, was der Betrachter allerdings oft kaum bemerkt.

Darüber hinaus unterscheidet man auch noch zwischen symmetrischen und asymmetrischen Kompressionsverfahren [vgl. Steinbrink (4)].

Die *symmetrischen* Verfahren arbeiten bei der Kompression und bei der Dekompression exakt spiegelbildlich. Typischerweise ist für beide Vorgänge auch derselbe Zeitaufwand nötig. Im Idealfall ist dies Echtzeit.

Bei *asymmetrischen* Verfahren ist der Vorgang des Komprimierens, auch oft als *Encoding* bezeichnet, meist sehr viel zeitaufwendiger, als die Dekomprimierung, die auch als *Decoding* bezeichnet wird.

Für das Encoding werden daher oft Hochleistungsrechner eingesetzt, wobei für ein einziges Bild durchaus mehrere Sekunden oder gar Minuten an

Rechenzeit gebraucht werden können. Das Decoding muß allerdings für Laufbilder in Echtzeit geschehen. Um die geforderten Zeiten einhalten zu können, werden oft spezialisierte Hardware-Beschleuniger eingesetzt, die mit DSP-Chips arbeiten (siehe 6.1).

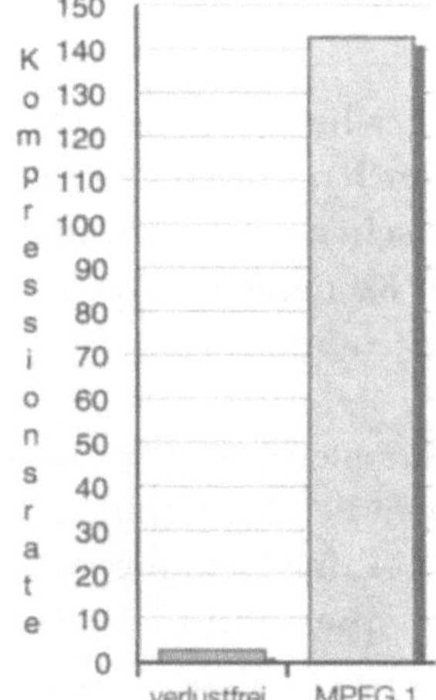

Abb. 12:
Kompressionsraten
im Vergleich

4.2.2 Kompressionsrate

Sie beschreibt das Maß der Verringerung der Datenmengen, die zu übertragen oder zu speichern sind. Hierbei wird das Verhältnis zwischen der ursprünglichen Datenmenge und der Datenmenge nach der Kompression beschrieben.

Mit *verlustfreier* Kompression von realen Bildern erreicht man in den meisten Fällen eine Kompressionsrate von ungefähr 3:1.

Mit *verlustbehafteten* Verfahren lassen sich durchaus Raten von 150:1 und höher erreichen, wobei die Qualität allerdings ab einer gewissen Rate auf ein unerträgliches Maß absinkt.

Das MPEG-1-Verfahren für CD-i und Video-CD erreicht ungefähr 143:1 bei guter Qualität, obwohl es mit Verlusten arbeitet (Abb. 12).

Solche effektiven Verfahren beruhen auf einer ganzen Reihe von Techniken und Vorgehensweisen, von denen hier noch ausführlich die Rede sein wird. Sie stellen gewissermaßen eine ganze "Architektur" dar.

Eine gezielte Verringerung der Ortsauflösung sowie der Farbdaten spielt hierbei eine wichtige Rolle.

Im Laufe der Zeit haben sich im Bereich der Bildkompression gewisse Verfahren und Algorithmen als sehr brauchbar erwiesen und tauchen in den meisten marktüblichen *Codecs*, spezialisierten, praxistauglichen Lösungen, immer wieder auf. Dies gilt für Standbilder genauso wie auch für Bewegtbilder. Im folgenden werden diese Verfahren und Vorgehensweisen ausführlich vor ihrem physikalischen und mathematischen Hintergrund beschrieben, bevor dann auf die wichtigsten Codecs im einzelnen genau eingegangen wird.

Zum besseren Verständnis der Verfahren, die den meisten aller Kompressionstechniken zugrunde liegen, werden hier einige wichtige Erkenntnisse und Grundlagen der Informationstheorie vorgestellt:

- Das digitalisierte Bild gilt als *Quelle* mit *Quellenereignissen* aus einem definierten Vorrat.

- Sämtliche Quellenereignisse treten mit einer ganz bestimmten *Wahrscheinlichkeit* auf.

- Die Anzahl der Bits des jeweiligen Codewortes, mit dem jetzt ein Quellenereignis codiert wird, nennt man *Codewortlänge*.

- Den Mittelwert der Länge aller Codeworte, die diese Quelle beschreiben, bezeichnet man als *mittlere Codewortlänge*. Sie bestimmt die Bitrate und hat somit entscheidenden Einfluß.

- Die *Entropie* beschreibt den Informationsgehalt der Quelle. Sie kann berechnet werden. Je ungleichmäßiger die Wahrscheinlichkeiten verteilt sind, desto kleiner wird die Entropie.

- Ein möglichst *optimaler Code* sorgt dafür, daß die mittlere Codewortlänge kaum größer als oder nahezu gleichgroß ist wie die Entropie. Kleiner kann sie allerdings nur werden, wenn Verluste in Kauf genommen werden.

Aus diesen Zusammenhängen läßt sich nun zweierlei folgern:

- Die *Entropie* kann als Maß dafür gelten, mit welcher mittleren Codewortlänge und dadurch mit welcher Datenrate zu rechnen ist.

- *Kleine Entropie ergibt eine niedrige Datenrate und somit eine hohe Kompressionsrate.*

Es muß daher dafür gesorgt werden, daß eine möglichst kleine Entropie entsteht. Dies läßt sich durch eine stark ungleichmäßige Verteilung der Wahrscheinlichkeiten, mit denen die Quellenereignisse auftreten, erreichen.

Das Ziel ist es daher, eine möglichst hohe Ungleichverteilung zu erzeugen.

Ist dies der Fall, kann durch die Anwendung des Optimal-Codes eine verlustfreie Kompression erreicht werden. Wie stark diese ist, hängt von der Entropie ab, und damit vom jeweiligen Bildinhalt. Will man jedoch stärker komprimieren, als es die Entropie zuläßt, so treten Verluste auf.

Diese Verluste möglichst ideal zu kaschieren, stellt die hohe Kunst der Datenkompression dar und ist zum Teil gehütetes Firmengeheimnis der einzelnen Anbieter. Es kann aber nicht der Inhalt der Originalbilder manipuliert werden, um die Ungleichverteilung zu erzeugen. Vielmehr bedient man sich dsazu eine speziellen Verfahrens:

Dekorrelation

Sie dient dazu, die Ähnlichkeiten benachbarter Bildpunkte, die meist in natürlichen Bildern zu finden sind, zu beseitigen. Diese werden als das "Gedächtnis" des Bildes bezeichnet [vgl. Hartwig, Endemann, Teil 3].

Beim Vorgang der Dekorrelation kommt es, mathematisch nicht exakt quantisierbar, zu einer statistischen Ungleichverteilung, wie erwünscht. *Die Dekorrelation ist reversibel und somit verlustfrei.*

Zur Veranschaulichung der Zusammenhänge dienen die Abb. 13 und 14:

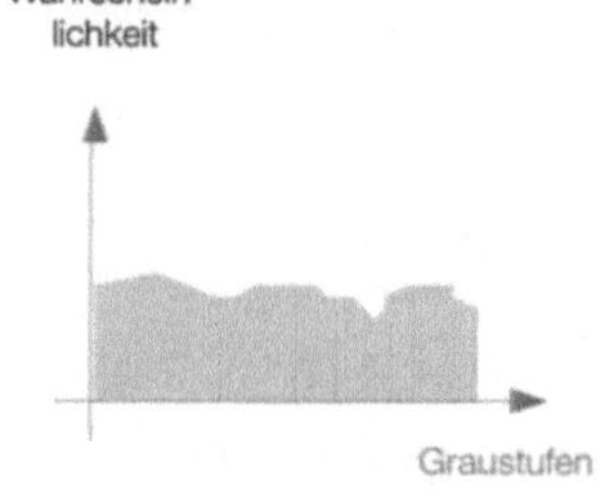

Abb. 13:

natürliches Bild,

hohe Entropie

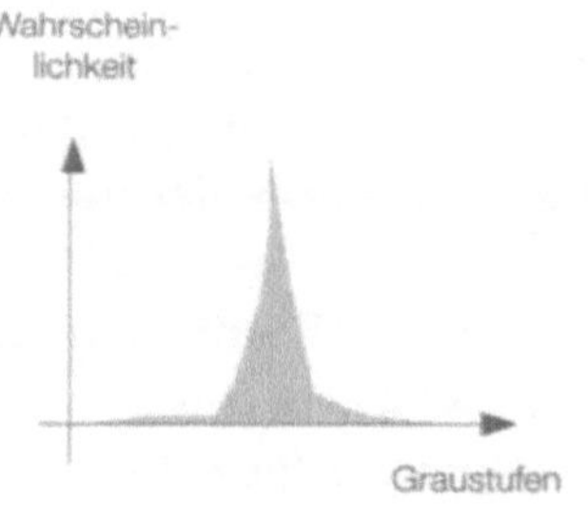

Abb. 14:

nach Dekorrelation,

kleine Entropie

Anschließend wird das Ergebnis häufig noch quantisiert, wobei dann aber Verluste entstehen. Dekorrelation mit oder ohne anschließende Quantisierung wird in der Praxis vor allem durch zwei Verfahren erreicht:

Prädiktive Codierung: Hierzu hat sich heute in erster Linie die *Differenz-Pulsecodemodulation (DPCM)* durchgesetzt (siehe 4.2.3.7).

Transformationscodierung: Zur Transformationscodierung wird vorwiegend die *diskrete Cosinus-Transformation (DCT)* eingesetzt (siehe 4.2.3.6).

Quantisierung

Sie erfolgt meist nach der Dekorrelation. Dabei hat die Anzahl der Stufen einen direkten Einfluß auf die spätere Datenrate. Eine grobe Quantisierung ergibt eine geringe Datenrate, aber auch einen größeren Quantisierungsfehler und somit mehr Verluste (siehe 4.2.3).

Prinzipiell unterscheidet man zwischen *linearer* und *nichtlinearer* Quantisierung. Letztere verwendet eine nichtlineare Kennlinie. Diese kann so ausgelegt werden, daß die dabei auftretenden Quantisierungsfehler von unserem Wahrnehmungssystem möglichst wenig bemerkt werden. Hier spielen psycho-visuelle Aspekte eine Rolle [vgl. Hartwig, Endemann, Teil 4].

Die nichtlineare Kennlinie kann auch *adaptiv* der jeweiligen Situation angepaßt werden, so daß je nach Größe des auftretenden Wertes grob oder feiner quantisiert wird. Eine Information über die aktuell gültige Kennlinie muß allerdings dann dem Decodierer zusätzlich mitgeteilt werden, was die Datenrate wieder erhöht.

Die so dekorrelierten und anschließend noch quantisierten Quellenereignisse können nun mit dem Optimal-Code, zum Beispiel einem Huffman-Code, codiert werden. *Hierbei führt die gezielt verkleinerte Entropie zur eigentlichen Kompression.*

Der jetzt gewonnene Datenfluß wird über einen geeigneten Kanal zur Senke transportiert. Dort vorhanden ist nun ein Dekompressor, der die Daten einem zur Kompression inversen Prozeß unterzieht, an dessen Ende eine Rekonstruktion des Originals steht. *Die Originaltreue hängt dabei davon ab, wieviel Verlust zur stärkeren Komprimierung bewußt in Kauf genommen wurde.*

4.2.4 Verlustfreie
Verfahren

Kompressionsverfahren, die ohne Verluste arbeiten, stellen eine Möglichkeit dar, den Originalzustand vor der Kompression exakt wiederherzustellen. Dies ist in bestimmten Fällen unverzichtbar, wie bei Text-Dateien, Datensätzen oder auch Software.

Im Bereich von digitalen Bildern ist es dann entscheidend, wenn höchstë Originaltreue verlangt wird, wie bei Computertomographien oder Satellitenbildern zur Fernerkundung. Für digitales Video kann, je nach Anwendung, ein gewisses Maß an Verfälschung meist akzeptiert werden.

Ist aber das Bildmaterial durch gezielte Irrelevanz-Reduktion bis auf die Entropie oder gar weit darunter reduziert worden, sollte die jetzt anschließende Codierung zur Redundanz-Reduktion, also einer Form der Kompression, möglichst verlustfrei arbeiten. Der gezielt gewonnene, verdichtete Informationsgehalt sollte nicht weiter verringert werden.

Einschränkend soll hier erwähnt werden, daß der Begriff "verlustfrei" nur bedingt gelten kann. Wenn man bedenkt, daß in jedem Fall bei der Digitalisierung und der damit immer verbundenen Quantisierung Verluste eintreten, so kann niemals das echte Originalmaterial nach einer Daten-Kompression zurückgewonnen werden, sondern ausschließlich der Zustand direkt nach der erstmaligen Digitalisierung.

An schlechter Bildqualität kann unter Umständen eine mangelhafte Digitalisierung eher schuld sein als Verluste bei der Kompression und Dekompression. *Die verlustfreien Kompressionsverfahren erheben also lediglich den Anspruch, in sich selbst verlustfrei zu arbeiten.*

Wie schon erwähnt kommen zur Kompression von digitalem Video in interaktiven Medien hauptsächlich verlustbehaftete Verfahren zum Einsatz, dennoch haben auch die verlustfreien Verfahren ihre eigene Berechtigung. Drei der vielleicht bekanntesten Techniken zur verlustfreien Datenkompression sollen hier vorgestellt werden.

4.2.4.1 Lauflängen-Codierung

Nehmen wir an, daß mehrere, aufeinanderfolgende Informationen denselben Inhalt haben, zum Beispiel Daten in einem Datenstrom oder Pixel eines digitalen Bildes. Stellt man fest, wie oft sich dieser Inhalt wiederholt, so entsteht eine weitere Information.

Speichert oder sendet man jetzt *einmal den Inhalt* sowie *einmal die Information, wie oft sich dieser noch wiederholt*, so entsteht ab drei Wiederholungen des Inhalts eine Kompression (Abb. 15).

In der Praxis werden allerdings meist drei Bytes benötigt. Das erste stellt den Inhalt dar, das zweite dient als Signal dafür, daß das nun gleich folgende Zeichen als Lauflänge zu interpretieren ist, und schließlich das dritte, die Lauflänge. Eine Einsparung tritt also erst ein, wenn mindestens vier aufeinanderfolgende Inhalte identisch sind. Bei natürlichen Bildern ist dies eher selten der Fall, anders als bei Computer-Grafiken. Hier sind deutliche Einsparungen zu erreichen. Auch bei Datenströmen können so deutliche Kompressionsgewinne entstehen, je nach Situation.

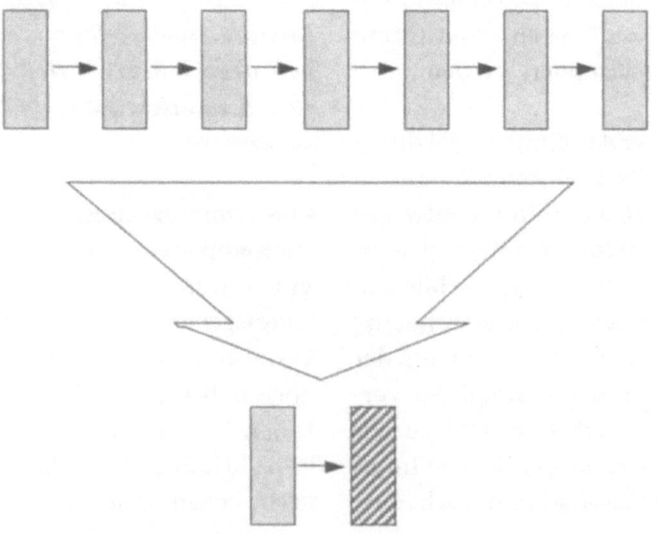

Abb. 15:
Lauflängen-Codierung.
Aus 7 identischen
Inhalten werden
2 verschiedene.

4.2.4.2 Statistische Codierung

In vielen Fällen treten innerhalb eines digitalen Bildes oder auch eines Datenstroms manche Werte häufig auf, andere dagegen selten. Es herrscht eine statistische Ungleichverteilung (siehe 4.2.3).

Ordnet man dem häufigsten Wert ein ganz kurzes Codewort zu und den immer weniger häufigen zunehmend längere Codeworte, so läßt sich eine Einsparung gegenüber dem Zustand erreichen, bei welchem allen Werten gleich lange Codeworte zugeordnet sind.

Ist dieses Verfahren optimal durchgeführt worden, so ist ein Optimal-Code enstanden und alle Redundanz beseitigt. Nur die reine Entropie bleibt übrig. Es gilt wieder: je kleiner die Entropie, desto größer die mögliche Kompression (siehe 4.2.3).

Zur Decodierung muß dann allerdings der jeweilige Code bekannt sein. Er muß dem Decodierer in Form eines "Code-Book" zusätzlich übermittelt werden. Im Fall von Bildern kann sich das Code-Book auf ein einzelnes Bild oder auf eine Sequenz beziehen [vgl. Steinbrink, S. 236].

Ein mögliches Verfahren ist das Shannon-Fano-Verfahren, auf das hier nicht näher eingegangen wird.

4.2.4.3 Huffman-Code

Sehr verbreitet ist die Huffman-Codierung. Dieses Verfahren wurde von David Huffman 1952 vorgestellt. Es bietet einige Vorteile und wird daher sehr häufig eingesetzt. Es ist leicht nachzuvollziehen und erzeugt einen sehr guten Code.

Am Beispiel eines digitalisierten Bildes mit vier Graustufen von unterschiedlich angenommener Häufigkeit soll es demonstriert werden:

- Die Häufigkeiten werden ihrer Größe nach geordnet:

a	0.75
b	0.15
c	0.08
d	0.02

- Die zwei kleinsten Häufigkeiten bekommen je eine Binärzahl zugeordnet:

a	0.75	
b	0.15	
c	0.08	0
d	0.02	1

- Die zwei kleinsten Häufigkeiten werden dann zusammengefaßt und das Ergebnis in die übrigen Häufigkeiten eingeordnet:

a	0.75		0.75
b	0.15		0.15
c	0.08	0 →	0.10
d	0.02	1	

- Die neuen kleinsten Häufigkeiten bekommen beide wieder je eine Binärzahl zugeordnet:

a	0.75		0.75	
b	0.15		0.15	0
c	0.08	0	0.10	1
d	0.02	1		

- Sie werden dann wieder zusammengefaßt und das Ergebnis eingeordnet:

a	0.75		0.75		0.75
b	0.15		0.15	0 →	0.25
c	0.08	0	0.10	1	
d	0.02	1			

- Jetzt werden noch einmal zwei Binärzahlen zugeordnet:

a	0.75		0.75		0.75	0
b	0.15		0.15	0	0.25	1
c	0.08	0	0.10	1		
d	0.02	1				

- Nun muß der Code nur noch von rechts nach links ausgelesen werden:

a	0.75		0.75		0.75	0
b	0.15		0.15	0	0.25	1
c	0.08	0	0.10	1		
d	0.02	1				

- Der Huffman-Code für unser Beispiel sieht also so aus:

a	0.75	0
b	0.15	10
c	0.08	110
d	0.02	111

Jetzt läßt sich folgende einfache Berechnung durchführen:

$$0.75 \times 1 \text{ Bit} + 0.15 \times 2 \text{ Bit} +$$
$$0.08 \times 3 \text{ Bit} + 0.02 \times 3 \text{ Bit}$$
$$= 1{,}35 \text{ Bit} / \text{Pixel}$$

Es ergibt sich eine *mittlere Codewortlänge* von 1,35 bit/Pixel.

Wäre hingegen dieser simple Binär-Code angewendet worden:

a	0.75	00
b	0.15	01
c	0.08	10
d	0.02	11

so entstünde folgende mittlere Codewortlänge:

$$0.75 \times 2\ bit + 0.15 \times 2\ bit +$$
$$0.08 \times 2\ bit + 0.02 \times 2\ bit$$
$$= 2{,}00\ bit / Pixel$$

Es ergibt sich folglich eine Kompressionsrate von 1,48:1 und damit eine *Einsparung von 32,5 %*.

Das Huffman-Verfahren erzeugt immer einen Code, dessen mittlere Codewortlänge maximal ein Bit über der Entropie liegt. Auch noch bei leichten Schwankungen der Häufigkeitsverteilungen verliert der Huffman-Code nur wenig von seiner Effektivität.[vgl. Hartwig, Endemann, Teil 3].

Bisher wurde allerdings immer davon ausgegangen, daß die Häufigkeitsverteilung von vornherein bekannt sei.

Es gibt jedoch in der Praxis drei verschiedene Möglichkeiten, die Häufigkeitsverteilung zu berücksichtigen:

Statisch: Aus zuvor ermittelten Tabellen werden die jeweiligen Werte der Häufigkeiten entnommen.

Dynamisch: Die Häufigkeiten werden ermittelt, indem die Daten vorher gelesen und analysiert werden.

Adaptierend: Es wird zunächst von bestimmten, willkürlichen Häufigkeitsverteilungen ausgegangen, und diese Annahmen werden dann fortlaufend den tatsächlichen Gegebenheiten angepaßt.

Selbstverständlich muß dann auch das Code-Book ständig wieder aktualisiert werden [vgl. Steinbrink, S. 236].

Interessant ist, daß in einer Huffman-Code-Tabelle niemals ein Codewort den Anfang eines anderen, längeren Codeworts darstellen kann. Dies erleichtert deutlich den Vorgang der Decodierung [vgl. Hartwig, Endemann, Teil 3].

4.2.4.4 Differenzbildung

Eine weitere Möglichkeit der verlustfreien Kompression von digitalen Bildern ist die Bildung von Differenz-Werten zwischen jeweils benachbarten Pixeln.

In natürlichen Bildern sind die Helligkeitsunterschiede zwischen direkt nebeneinanderliegenden Bildpunkten meist gering. Selbst an Kanten erfolgen selten abrupte Sprünge, im Gegensatz zu artifiziellen Bildern aus dem Computer. Bildet man also eine Differenz zwischen benachbarten Pixeln, so kann diese anschließend mit weniger Stufen quantisiert werden als die jeweiligen Helligkeitswerte, ohne daß ein Fehler auftritt. Meist wird hierbei zeilenweise vorgegangen.

Ein Bild mit 256 Graustufen, also 8 bit / Pixel, hat möglicherweise eine maximale Differenz der Grauwerte zweier jeweils benachbarter Pixel von lediglich 15 Graustufen. Diese können mit nur 4 bit / Pixel codiert werden. Allerdings können auch negative Werte bei der Differenzbildung entstehen. Entweder muß für diese ein zusätzliches Bit eingeführt werden oder ein positiver Offset zu jedem Differenz-Wert addiert werden.

Problematisch wird das ganze Verfahren, wenn Differenzwerte auftreten, die größer sind als der maximal quantisierbare Wert, zum Beispiel an Kanten. Dann wird nur der größte quantisierbare Wert verwendet, und erst nach mehreren Schritten arbeitet das Verfahren wieder exakt. Ein Verwaschen der Kanten wäre die Folge im Bild.

Beispiel: An 16 benachbarten Pixeln aus einer beliebigen Zeile eines 8-Bit-Graustufenbildes, mit Differenzen von jeweils maximal 15 Graustufen, wird das Verfahren hier demonstriert (Abb. 16). Zieht man vom Grauwert jedes Pixels den Grauwert seines jeweiligen Vorgänger-Pixels ab, so entsteht eine Graustufen-Differenz-Folge (Abb. 17).

Beachtet werden muß, daß an letzter Stelle kein Wert entsteht. Der Wert des letzten Pixels ist dennoch beschrieben.

Es muß je Zeile nur ein Startwert mit 8 bit und 15 Differenz-Werte mit je 4 bit abgespeichert werden. Es tritt eine *Ersparnis* von 4 x 15 = 60 bit ein. Das sind immerhin *46,9 %* oder eine *Kompressionsrate von 1.88:1*, wenn man von den zusätzlichen 8 bit für einen Offset einmal absieht.

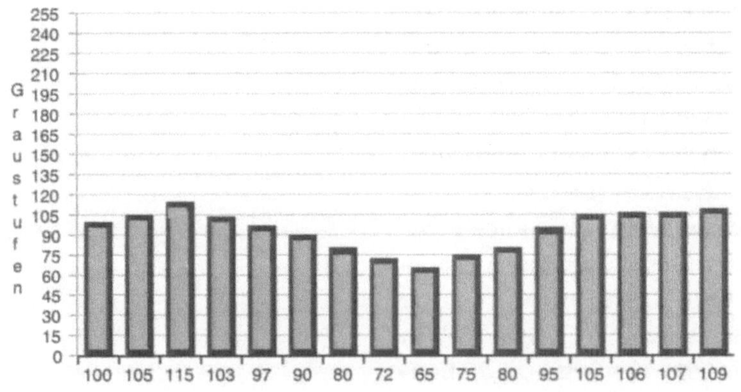

Abb. 16: Graustufen
aus einer Zeile eines
natürlichen Bildes

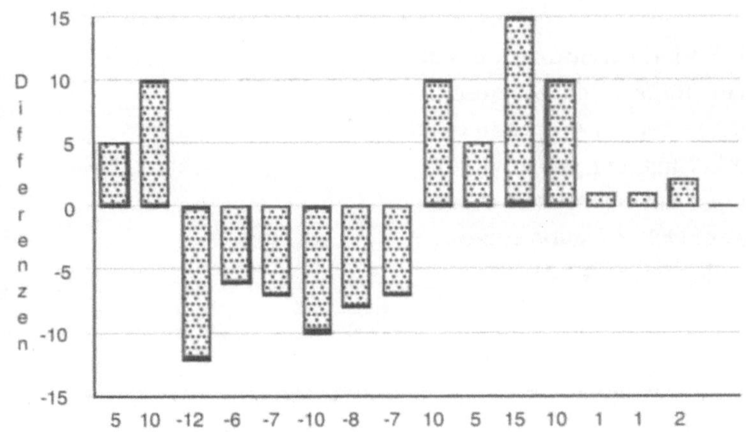

Abb. 17: Graustufen-
Differenzen der Zeile
aus Abb. 16

Das hier beschriebene Verfahren wird in dieser Form in der Praxis eher selten angewendet. Es ist aber die wesentliche Grundlage für einige sehr verbreitete Verfahren. Hier wäre zum Beispiel das *Keyframe/ Deltaframe-Verfahren* zu nennen, das in diversen *Codecs* zur Anwendung kommt. Aber auch die *Differenz- Pulsecode- modulation (DPCM)* in ihrer verlustfreien sowie auch in ihrer verlustbehafteten Form. Es wurde darauf verzichtet, die verlustfreie DPCM ebenfalls in diesem Abschnitt zu behandeln, da sie in vielen wesentlichen Punkten stark der verlustbehafteten Form ähnelt. Diese beiden Verfahren werden gemeinsam in Abschnitt 4.2.5.8 ausführlich dargestellt.

Die Differenzbildung kann als Grundlage aller gebräuchlichen Verfahren zur prädiktiven Codierung angesehen werden. Neben der Kompression kann sie zur Dekorrelation eingesetzt werden (siehe 4.2.3).

4.2.5 Verlustbehaftete
Verfahren

Kompressionsverfahren, die mit Verlusten arbeiten, bieten uns die Möglichkeit, Datenbestände stark zu komprimieren. *Eine Wiederherstellung des Zustandes vor der Kompression ist nicht mehr möglich.* Dies wird von vornherein in Kauf genommen.

Korrekter sollten sie eher als *Reduktionsverfahren* bezeichnet werden, da ja der Datenbestand durch sie irreversibel reduziert wird.Im Englischen nennt man sie "lossy compression".

Grundsätzlich ist das Ziel, mit Hilfe verlustbehafteter Kompression die Datenmengen dergestalt zu verringern, daß sie sowohl einem jeweils neu zu definierenden Qualitätsanspruch gerecht werden als auch eine obere Grenze der Datenrate oder des Speicherplatzes nicht überschreiten.

Die starke Kompression wird dadurch erreicht, daß hier die *Entropie bewußt unterschritten* wird (siehe 4.2.3). Es werden somit Daten entfernt, die zum wesentlichen, also *nicht redundanten* Teil der Information gehören.

Je nach Anwendung und Ziel kann ein kleiner oder größerer Teil der nicht redundanten Inhalte als *irrelevant* angesehen werden. Dieser Teil wird dann gezielt beseitigt.

Die eigentliche Schwierigkeit besteht darin, je nach Situation die irrelevanten Anteile zu erkennen, zu isolieren und so zu beseitigen, daß die relevanten Anteile nicht betroffen werden. Dabei spielen Erkenntnisse aus der Wahrnehmungs-Psychologie und Physiologie eine wichtige Rolle. Aber auch mathematisches und physikalisches Wissen und technisches Know-how.

Ganze Forscherteams und jahrelange Versuche werden darauf verwendet, einen möglichst idealen *Algorithmus* oder eine Kombination von Algorithmen zu entwickeln, die die Aufgabe des "Wegschummelns" von Daten optimal erledigt. Dabei sind inzwischen schon recht beeindruckende Resultate entstanden.

Ein Teil der Algorithmen und Verfahren wurde von öffentlichen Gremien entwickelt oder als Standard festgelegt, ein anderer Teil ist peinlich gehütetes Firmengeheimnis.

Die allgemeinen öffentlichen Standards können hier ausführlich vorgestellt werden, da sie brauchbar dokumentiert sind. Bei den firmeneigenen Verfahren fällt die Beschreibung teilweise etwas dünn aus, da hier Informationen oft schwer zu bekommen sind.

Wie schon erwähnt, gibt es zu verlustbehafteten Kompressionsverfahren im Umgang mit digitalem Video in interaktiven Medien keine Alternative. *Nur verlustbehaftete Techniken sind in der Lage, die geforderten Kompressionsraten zu liefern.*

Die gebräuchlichsten und wichtigsten werden im folgenden vorgestellt.

4.2.5.1 Reduktion der Farbtiefe

Die erste Entscheidung über die anfallende Datenmenge fällt beim Vorgang der Digitalisierung des Ausgangsmaterials. Hier entscheidet sowohl die Abtastrate als auch die Anzahl der Quantisierungsstufen über die Menge der enstehenden Daten (siehe 3.2).

Eine "Kompression" zu diesem Zeitpunkt besteht darin, hier zu Lasten der Qualität auf höhere Auflösung zu verzichten, indem die Quantisierung mit weniger Stufen, also gröber durchgeführt wird.

Auch noch zu einem späteren Zeitpunkt, nach der Digitalisierung, kann bewußt auf eine geringere Zahl von Quantisierungsstufen heruntergerechnet werden. Man spricht dann von einer *Reduktion der Farbtiefe,* selbst wenn es sich um Graustufenbilder handeln sollte.

Wenn zum Beispiel ein Bild, das mit 24 bit Farbtiefe eindigitalisiert wurde, auf 8 bit Farbtiefe reduziert wird, so entsteht eine Einsparung von 66 % oder eine Kompressionsrate von 3:1. Selbstverständlich ist dieser Vorgang mit einer Qualitätseinbuße verbunden.

Weniger sichtbare Einbuße bringt die Reduktion von 24 bit auf 16 bit Farbtiefe. Diese Veränderung ist für ein ungeübtes Auge kaum nachvollziehbar. Sie wird häufig eingesetzt.

Die Verringerung der Stufen wird hier mathematisch genau mit Hilfe von *Interpolation* gelöst, sie ist aber dennoch nicht exakt umkehrbar, da eventuelle Zwischenwerte auf die neuen Stufen gerundet werden. Nicht mehr vorhandene Farbwerte werden meist durch *Dithering* angenähert.

4.2.5.2 Trunkierung

Eine weitere Variante zur Datenreduktion ist die Trunkierung. Wenn man einmal die 8 bit eines Graustufenbildes näher betrachtet, so stellt man fest, daß im höchstwertigen Bit (MSB) die Information über die niedrigfrequentesten Bildanteile und im niedrigwertigsten Bit (LSB) die Information über die hochfrequentesten Bildanteile enthalten sind.

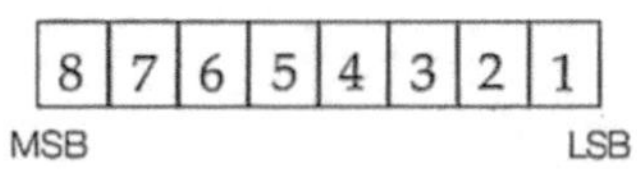

Das menschliche Auge ist für höhere Frequenzen unempfindlicher als für tiefe, was konkret bedeutet, daß leichte Veränderungen an großflächigen Bildsegmenten eher wahrgenommen werden als an feinen Details im Bild. Das legt nahe, das LSB einfach wegzulassen.

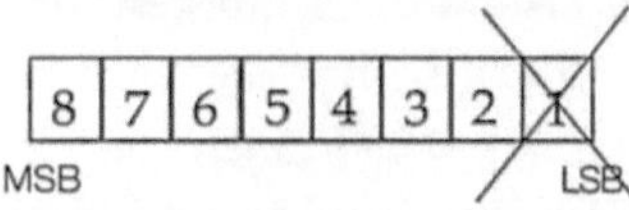

Tatsächlich stellt man am Bild kaum eine Änderung fest, speziell wenn die hochfrequenten Bildanteile später durch ein rosa Rauschen ersetzt werden.

Das Verfahren ist auch auf Farbbilder anwendbar, sind dies doch auch nur drei Graustufenbilder in den Farben Rot, Grün und Blau.

Trunkierung ist mit wenig Rechenaufwand verbunden, bringt allerdings auch keine allzu hohe Kompressionrate.

4.2.5.3 Reduktion der Ortsauflösung

Eine sehr einleuchtende Form der Datenreduktion besteht darin, einfach einen Teil der Daten komplett wegzulassen.

Betrachten wir ein digitales Bild von 768 x 560 Pixeln. Das Bild hat insgesamt 430080 Bildpunkte. Wenn man jetzt nur jedes zweite Pixel darstellt oder speichert, so hat das Bild nur noch 384 x 280 Pixel, das sind 107520 Bildpunkte und somit genau ein Viertel der Punkte vor der Reduzierung. Die Datenmenge wurde also um 75 % reduziert, was einer Kompressionsrate von 4:1 entspricht (Abb. 18).

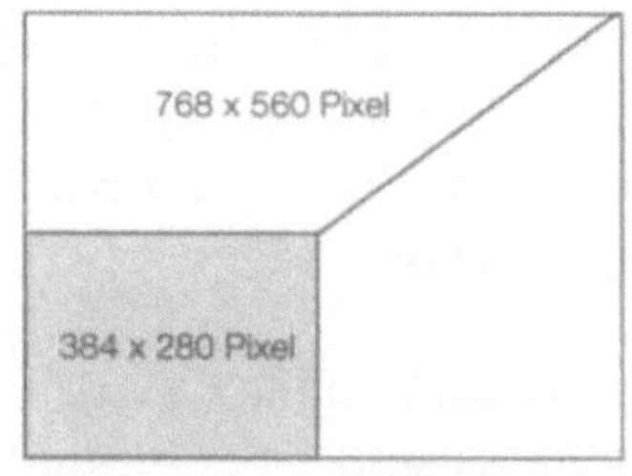

Abb. 18: Halbierung der Ortsauflösung

Genau diese Maßnahme wird übrigens sowohl bei CD-i als auch bei MPEG 1 im ersten Schritt angewandt, um auf das hier übliche SIF-Format zu kommen.

Bei der Dekompression wird im einfachsten Fall jedes Pixel in einer Zeile doppelt gezeigt und jede Zeile zweimal untereinander dargestellt, um wieder auf die Auflösung von 768 x 560 Punkten zu kommen.

Erstaunlich ist, daß man diese starke Reduktion in sonst üblichem Betrachtungsabstand vom Fernseh-Bildschirm kaum bemerkt, obwohl im Bereich von feinen Details durchaus Verluste entstehen.

Will man das Verfahren etwas verfeinern, so kann man statt des einfachen Weglassens von Pixeln (*Pixel-dropping*) eine echte Verkleinerung mit Hilfe von Interpolation bei der Kompression durchführen (*Pruning*) [vgl. Steinbrink].

Auch bei der Dekompression kann nun zwischen zwei Pixeln das "leere" Pixel durch Interpolation anstelle von einfacher Wiederholung gewonnen werden. Dieses Verfahren erzeugt ein angenehmeres, weniger gerastertes Bild, obgleich es die Ortsauflösung natürlich nicht wirklich wieder erhöht.

Zur Interpolation stehen viele Algorithmen zur Verfügung. Prinzipiell geht es darum, wie viele benachbarte Pixel herangezogen werden und wie sie dann gewichtet werden. Hier seien stellvertretend nur der *bilineare* und der *bikubische* Algorithmus genannt.

Die kanadische Firma Genesis Microchip hat sich die Entwicklung von sehr hochwertigen Algorithmen zum sogenannten "Resizing", also dem Verkleinern und Vergrößern von digitalen Bildern, zur Aufgabe gemacht. Sie bietet einen speziellen DSP-Chip an, der diese Operationen sehr schnell und sehr hochwertig erledigt.

Wird ein Bild auf diese Weise verkleinert, so entstehen fast keine sichtbaren Spuren wie Alias-Effekte oder Blockbildung. Dies bietet nicht nur Vorteile beim Betrachten, auch nachgeschaltete echte Kompressionsverfahren profitieren davon [vgl. Du Val/Guthardt].

4.2.5.4 Eigene Farbtabelle

Wenn man ein digitales Bild mit 24 bit Farbtiefe, also 16,7 Millionen möglicher Farben, genau analysiert, wird man feststellen, daß oft nur ein geringer Teil dieser ganzen Farben den größten Teil des Bildes ausmacht. Nun besteht die Möglichkeit, die *256 wichtigsten Farben* des Bildes festzustellen und eine eigene, nur zu diesem Bild passende Farbtabelle zu erzeugen. Seltene Farben, die in den 256 Auswahlfarben nicht enthalten sind, werden durch *Dithering* angenähert.

Der wesentliche Vorteil dieser Maßnahme besteht nun darin, daß pro Pixel nur jeweils 8 bit gespeichert werden müssen, anstelle von 24 bit pro Pixel.

Zusätzlich muß allerdings eine Farbtabelle mit gespeichert werden, deren Speicherbedarf von beispielsweise 2 kByte für ein digitales Bild von 640 x 480 Pixeln jedoch kaum ins Gewicht fällt.

Die Ersparnis beträgt somit ungefähr 66 %, was somit einer Kompressionsrate von 3:1 entspricht.

Diese Farbtabelle, englisch auch als "colour look-up table" (CLUT) bezeichnet, enthält für jedes Pixel eine 8 bit lange Adresse, die auf einen 24 bit langen Farbwert aus einer Auswahl von 16,7 Mio. Farben verweist. *Gleichzeitig* dargestellt werden können also *immer 256 Farben* aus einer Auswahl von 16,7 Mio. Farben. Diese Technik läßt sich auch für andere Farbräume, wie 7 bit oder 16 bit Tiefe anwenden.

Bei Bildfolgen wie auch Video-Sequenzen kann man auch eine alle Bilder übergreifende Farbtabelle erstellen. Das Problem an Bildern mit eigenen Farbtabellen ist, daß jeweils vor Darstellung des Bildes die eigene Farbtabelle hochgeladen werden muß. Dieser Vorgang beansprucht eine gewisse Zeit.

Folgen nun zwei Bilder mit jeweils solchen eigenen Farbtabellen direkt aufeinander, so ist einerseits oft eine kurze Verzögerung beim Übergang spürbar, andererseits kann es aber auch zu kurzen Farbeffekten und Spratzern im Bild kommen. Dem kann man aus dem Wege gehen, indem man den Monitor beim Wechsel zwischen den Bildern kurz dunkel-

steuert. Dies ist aber innerhalb eines multimedialen Projektes auf die Dauer störend.

Es wäre auch denkbar, bei entsprechender Ausrüstung der Abspielplattform und speziell dafür ausgelegter Software, mehrere Bilder mit jeweils eigener Farbpalette gleichzeitig darzustellen, indem alle 16,7 Mio. Farben gleichzeitig zur Verfügung gestellt werden, pro Bild jedoch nur 256 davon genutzt werden.

Ein anderes Problem besteht in der Tatsache, daß bei bestimmten Bildinhalten eine Begrenzung auf 256 Farben störend wirkt. Dies ist vor allem dann der Fall, wenn im Bild sanfte Verläufe, wie zum Beispiel bei Himmel, Wolken oder Wasserflächen, enthalten sind. Bilder dagegen, die viele feine, stark gemusterte Details beinhalten, wie Wiesen oder Wald, lassen sich gut auf 256 Farben reduzieren, da hier die Effekte des nötigen Ditherings in den feinen Details untergehen.

4.2.5.5 Colour-Subsampling

Wie von der Fernsehtechnik her schon bekannt ist, kann unser Auge Farbinformationen weniger gut auflösen als Helligkeitseindrücke. Die Schärfeinformation wird eher aus dem Luminanz- als aus dem Chrominanz-Anteil eines Bildes gewonnen. Dies hat direkt mit der Menge und Verteilung der Zäpfchen und Stäbchen auf unserer Netzhaut zu tun. Hier ist ein Ansatzpunkt für verlustbehaftete Datenkompression gegeben.

Es ist möglich, die Ortsauflösung der Farbinformation gegenüber der Ortsauflösung der Helligkeitsinformation zu verringern.

Nach CCIR 601 wird hierzu die Farbinformation mit der halben Abtastfrequenz gegenüber der Helligkeitsinformation gesampelt, daher auch *Subsampling* (siehe 3.5). Dies bedeutet, daß immer für zwei benachbarte Pixel jeweils nur ein gemeinsamer Farbwert zur Verfügung steht, während für jedes Pixel ein eigener Helligkeitswert vorhanden ist (Abb. 19).

Die Verringerung der Ortsauflösung der Farbinformation kann auch noch weitergetrieben werden, ohne daß dies stark auffällt. So besteht die Möglichkeit, nur alle vier Pixel einen Farbwert zu speichern, womit schon deutliche Einsparungen zu erreichen sind.

Das Colour-Subsampling ist ein typisches Beispiel, wie unter kluger Berücksichtigung anatomischer und psycho-visueller Erkenntnisse eine verlustbehaftete Datenreduktion so durchgeführt werden kann, daß trotz deutlicher Einsparungen die Qualität nicht oder kaum leidet. Deshalb wird das Colour-Subsampling häufig eingesetzt.

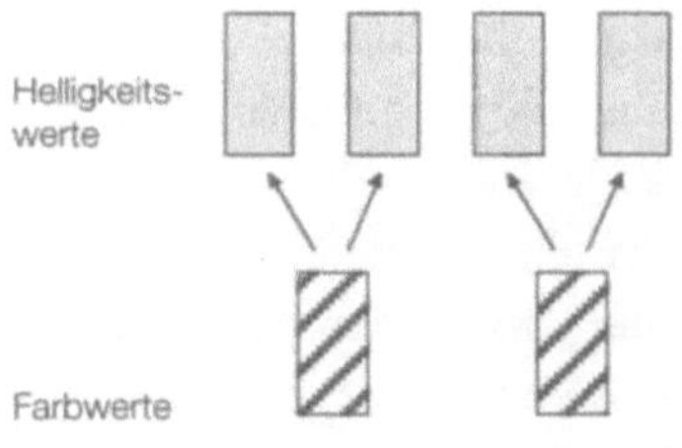

Abb. 19: Für zwei Pixel je ein gemeinsamer Farbwert

Visueller Bereich

Ein weiterer psycho-visueller Aspekt ist der, daß unser Auge für verschiedene Ortsfrequenzen jeweils unterschiedlich empfindlich ist. Wie bei der Trunkierung bereits erwähnt, können großflächige Bilddetails, im Frequenzbereich gesehen, als niederfrequente Anteile und feine Details als hochfrequente Anteile betrachtet werden (siehe 4.2.5.2).

Für die hochfrequenten Anteile, speziell für höchste Ortsfrequenzen, ist unser Auge nicht so empfindlich. Diese Anteile können gröber quantisiert werden oder bei geringen Amplituden teilweise ganz entfallen, ohne daß dies deutlich auffällt. In der Praxis entsteht so an feinen Details und Bildkanten ein gewisses Rauschen, was unserem Auge aber weitgehend verborgen bleibt.

Unser Auge hat sozusagen eine Modulations-Übertragungs-Funktion mit einer oberen Grenzfrequenz. Nähert man sich langsam dieser Grenzfrequenz, so fällt die Funktion schon deutlich ab [vgl. Hartwig, Endemann, Teil 2].

Das Subband-Coding, zu deutsch die Teilband-Codierung, geht so vor, daß das Ausgangsmaterial in mehrere Frequenzbänder aufgeteilt wird, deren Übergangspunkte im einzelnen von der menschlichen Wahrnehmungsgabe abhängen. Dann werden diese Bereiche jeweils unterschiedlich gesampelt. Für Bereiche, bei denen der Mensch weniger empfindlich ist, kann man nun ganz gezielt eine *Unterabtastung* durchführen. Hierbei entsteht eine Einsparung gegenüber einer vollen Abtastung.

Das digitale Signal wird also selektiv an die Gegebenheiten des menschlichen Wahrnehmungssystems so angepaßt, daß uns dabei die Datenreduktion weitestgehend verborgen bleibt.

Auditiver Bereich

Im Audiobereich spielt das Subband-Coding ebenfalls eine wichtige Rolle. Hier wurde es zuerst eingesetzt und bildet die Grundlage für einige Kompressionsverfahren, wie das *MUSICAM-Verfahren*, welches auch im MPEG-Standard integriert ist und den hörbaren Frequenzbereich in 32 Teilbänder zu je 750 Hz aufteilt.

Diese werden dann adaptiv teilbandcodiert, was bedeutet, daß nach gewissen Kriterien eine gezielte Unterabtastung der Teilbänder vorgenommen wird. Durch dieses Vorgehen kann effektiv auf die Gegebenheiten und Schwächen unseres menschlichen Hörsinns eingegangen werden (siehe 4.3.9). Das bei gröberer Quantisierung entstehende zusätzliche Rauschen wird dabei gekonnt in den nicht hörbaren Bereich unter unserer Hörschwelle verschoben.

Mit Subband-Coding läßt sich auch eine Dekorrelation im Sinne einer Umverteilung von Häufigkeiten erreichen (siehe 4.2.3). Diese Methode ist, trotz einiger Vorteile, in der Praxis aber weniger gebräuchlich [vgl. Hartwig, Endemann, Teil 11].

4.2.5.7 Diskrete Cosinus-Transformation (DCT)

Wie schon erwähnt, handelt es sich bei der DCT um einen Teilschritt der Transformationscodierung. Die DCT kann hierbei zur Dekorrelation eingesetzt werden (siehe 4.2.3). Sie beruht mathematisch auf der Fourier-Transformation nach A. Fourier, der bewies, daß alle periodischen Schwingungen durch Überlagerung von geeigneten Sinus- und Cosinus-Kurven dargestellt werden können.

Das digitale Bild wird zunächst in quadratische Blöcke, meist von der Größe 8 x 8 Pixel, aufgeteilt, die dann je 64 Bildpunkte umfassen. Mit Hilfe einer feststehenden DCT-Matrix wird dann Block für Block in den Frequenzbereich transformiert. Hierbei treten grobe Bilddetails als tiefere und feine Bilddetails als höhere Frequenzen in Erscheinung.

Es wird ermittelt, welche Anteile von vorgegebenen Frequenzkomponenten jeder Block des Bildes enthält. Betrachtet man jeden Block des Bildes jeweils als Bildpunkt-Matrix, so kann man sagen, das für alle Blöcke des Bildes die *Bildpunkt-Matrix* mit Hilfe einer *Transformations-Matrix* jeweils in eine *Ergebnis-Matrix* transformiert wird (Abb. 20).

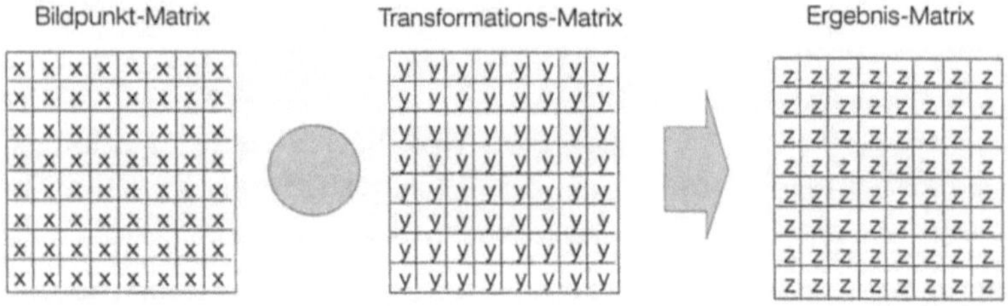

Bildpunkt-Matrix

Transformations-Matrix

Ergebnis-Matrix

Abb. 20: Blockweise
DCT mit Hilfe einer
Transformations-Matrix

DC	AC1	AC5	...	...	...	...	...
AC2	AC4	...	...	...	...	...	...
AC3	...	...	...	...	...	...	...
...	...	...	...	...	...	...	...
...	...	...	...	...	...	...	...
...	...	...	...	...	...	...	...
...	...	...	...	...	...	...	...
...	...	...	...	...	...	...	AC63

Abb. 21: Ergebnis-
Matrix

Die Ergebnis-Matrix ist jetzt so aufgebaut, daß links oben in der Ecke immer der Gleichanteil (DC-Wert) liegt. In den übrigen Feldern, von links oben nach rechts unten mit jeweils steigender Frequenz, liegen dann 63 Wechselanteile, auch AC-Werte genannt (Abb. 21). Bis zu diesem Punkt arbeitet die DCT noch *verlustfrei*. Üblicherweise wird bei der Transformationscodierung mit Hilfe der DCT im nächsten Schritt nun jeweils blockweise eine gewichtete Quantisierung durchgeführt. Durch Ähnlichkeiten der 64 Pixel eines Blockes kommt es häufig vor, daß etliche der AC-Koeffizienten, speziell für höhere Frequenzen, Null oder nahezu Null sind (Abb. 22). Bei der nun häufig folgenden gewichteten Quantisierung der Koeffizienten nach psycho-visuellen Gesichtspunkten werden oft noch viele weitere der Koeffizienten zu Null (Abb. 23). Ab diesem Schritt arbeitet die Transformationscodierung mit DCT *nicht mehr verlustfrei*.

Vorteilhaft ist, daß durch die Transformation in den Frequenzraum die Möglichkeit besteht, die Verluste gezielt in

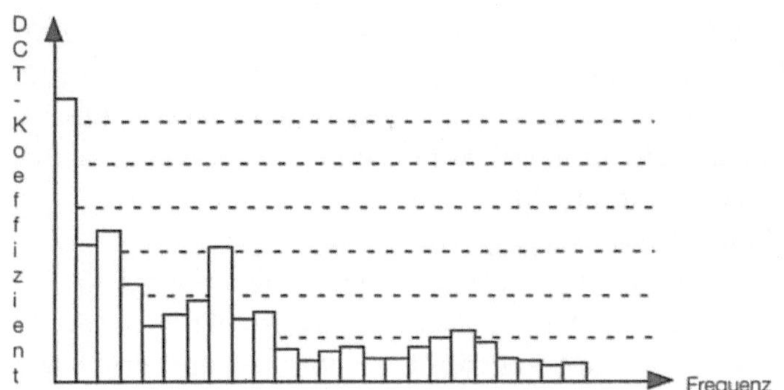

Abb. 22: DCT-Koeffizienten vor der gewichteten Quantisierung

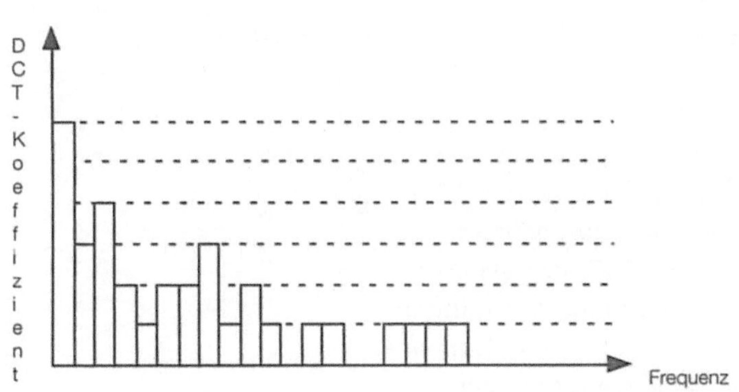

Abb. 23: DCT-Koeffizienten nach der gewichteten Quantisierung

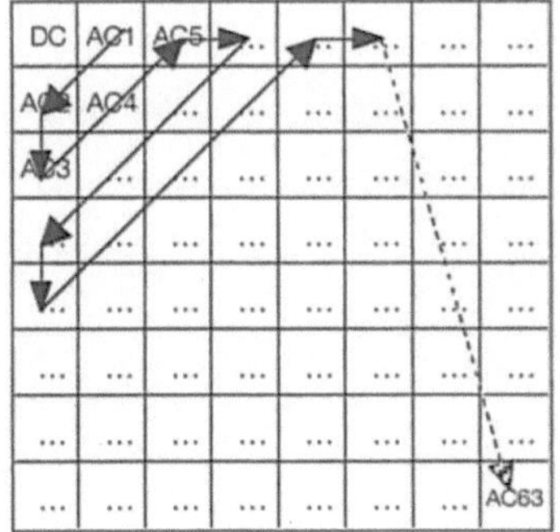

Abb. 24: Auslesen der DCT-Koeffizienten im Zickzack-Scan

den Bereich zu plazieren, in dem unser Sehsinn sie kaum wahrnehmen kann, also bei den hohen Ortsfrequenzen.

In einem weiteren Schritt wird jetzt die quantisierte Matrix im *Zickzack-Scan* ausgelesen. Dabei werden gezielt die jeweiligen Koeffizienten nach aufsteigender Frequenz geordnet (Abb. 24). Das Ergebnis dieser ganzen Bemühungen ist je Block nun eine Folge von Werten, darunter viele, die zu Null geworden sind.

| DC | AC1 | AC2 | AC3 | AC4 | AC5 | ⟶ | AC62 | AC63 |

Auf diese Folge von DCT-Werten können nun sehr effektiv verlustfreie Kompressionsverfahren wie eine Lauflängen-Kodierung oder der Huffman-Code angewandt werden.

Erst bei diesem Schritt tritt die eigentliche Daten-Ersparnis ein. Beim Dekomprimieren werden später alle Schritte, abgesehen von der Quantisierung, in umgekehrter Reihenfolge durchgeführt.

Die Transformationscodierung mit Hilfe der DCT arbeitet als Kompressionsverfahren *sehr effektiv* und ist daher weit verbreitet. Sie stellt auch einen wichtigen Bestandteil der internationalen Standards *JPEG* und *MPEG* dar.

4.2.5.8 Differenz-Pulse-Code-Modulation (DPCM)

Im Abschnitt 4.2.4.4 wurde die Differenzbildung dargestellt. Sie ist die Grundlage der DPCM wie auch vieler anderer Verfahren zur Dekorrelation mit Hilfe prädiktiver Codierung. Prinzipiell werden bei diesen Verfahren nur jeweils die Unterschiede zwischen benachbarten Bildpunkten desselben Bildes erfaßt. Dies geschieht dadurch, daß aus einem oder mehreren schon vorausgegangenen Werten, zum Beispiel aus einer Zeile, ein Vorhersagewert gebildet wird, auch *Prädiktionswert* genannt.

Dieser wird nun vom jeweils aktuellen Signalwert abgezogen. Es ensteht eine Differenz, die man als *Prädiktionsfehler* bezeichnet. Auf der Empfängerseite arbeitet ein Decodierer, der wieder aus den vorangegangenen Werten denselben Prädiktionswert ableitet, um dann mit Hilfe des aktuell empfangenen Prädiktionsfehlers jeweils den gerade aktuellen Wert zu rekonstruieren.

Werden die Prädiktionsfehler *unquantisiert* gespeichert oder übertragen, so kann das Original später perfekt wieder rekonstruiert werden. Die DPCM arbeitet dann *verlustfrei*.

Die Folge der Prädiktionsfehler wird vor der Übertragung noch einem Redundanz-Reduktionsverfahren, wie der Lauflängen-Codierung oder der Huffman-Codierung, unterzogen. Diese Codierung wird vor der DPCM-Decodierung auf der Seite des Empfängers wieder rückgängig gemacht.

Die folgende Abbildung zeigt den Aufbau einer *verlustlosen DPCM* (Open-loop-DPCM), mit der sich Kompressionsfaktoren von ungefähr 2:1 erreichen lassen (Abb. 25).

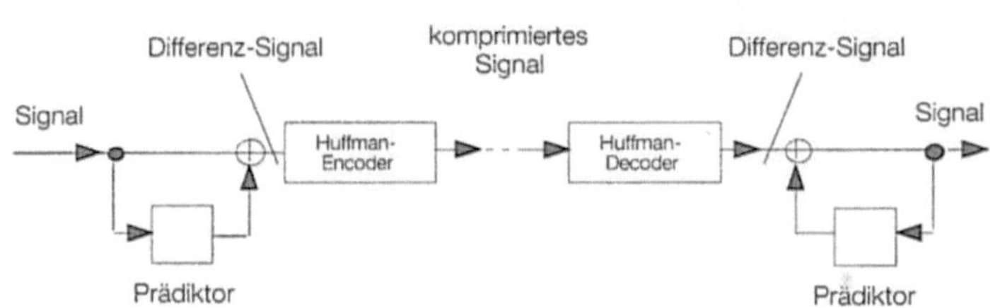

Abb. 25: Schema einer verlustfreien DPCM (Open-loop-DPCM)

Da die verlustfrei erreichbare Datenkompression oft zu gering ist, werden die Prädiktionsfehler, die meist sehr klein sind, *gewichtet quantisiert*. Somit arbeitet die DPCM dann *verlustbehaftet*.

Nun entsteht aber ein Problem: Während der Prädiktor auf der Encoder-Seite seine Prädiktionswerte aus den Originalwerten errechnet, hat der Prädiktor auf der Decoder-Seite hierzu nur die Werte nach der Quantisierung zur Verfügung. Diese Werte sind aber mit einem kleinen Quantisierungsfehler behaftet. Die Folge ist, daß die beiden Prädiktoren auseinanderlaufen, womit das System nicht mehr exakt arbeiten kann. Es gibt jedoch eine Lösung: Man baut auf der Encoder-Seite den Prädiktor so auf, daß auch er mit den bereits quantisierten Werten arbeitet.

Die beiden Prädiktoren laufen dann wieder exakt synchron zueinander [vgl. Hartwig, Endemann, Teil 5].

Die *verlustbehaftete DPCM* (Closed-loop-DPCM) funktioniert nach diesem Prinzip problemlos (Abb. 26). Die erreichbare Kompression hängt stark von der **Quantisierung** ab. Man unterscheidet hierbei zwei verschiedene Möglichkeiten: zum einen die lineare, zum anderen die nichtlineare Quantisierung.

Die *lineare* Quantisierung gewichtet alle Werte gleich, während die **nichtlineare** Form einzelne Wertebereiche jeweils unterschiedlich behandelt (siehe 4.2.3). Zum Beispiel können so große Prädiktionsfehler, die an Bildkanten auftreten, gröber quantisiert werden als kleine, die in Flächen auftreten. Somit wird dann wieder der Tatsache

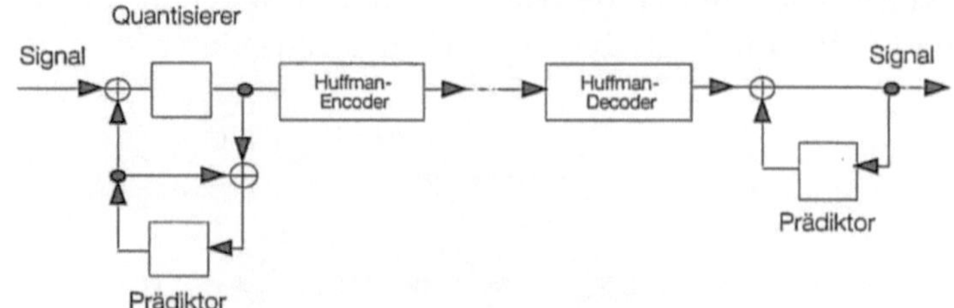

Abb. 26: Schema einer Closed-loop-DPCM mit identischen Prädiktoren

Rechnung getragen, daß unser Auge Ungenauigkeiten bei den höheren Ortsfrequenzen weniger bemerkt als bei den tieferen.

Die Differenzwerte nach der DPCM lassen sich zur besseren Veranschaulichung auch als Graustufen interpretieren und somit als Bild darstellen. Solch ein Bild wird auch als Differenzbild bezeichnet.

Im folgenden wird ein digitales Bild einer DPCM unterzogen und anhand des Differenzbildes die Wirkung der DPCM demonstriert (Abb. 27 und 28).

Zusätzlich wird zu beiden Bildern jeweils ein Histogramm, also eine Statistik der Häufigkeitsverteilung der Graustufen im Bild, dargestellt (Abb. 29 und 30).

Abb. 27 (links):
Graustufenbild vor DPCM

Abb. 28 (rechts):
Differenzbild nach DPCM
(mit Offset +100 zur besseren Darstellung)

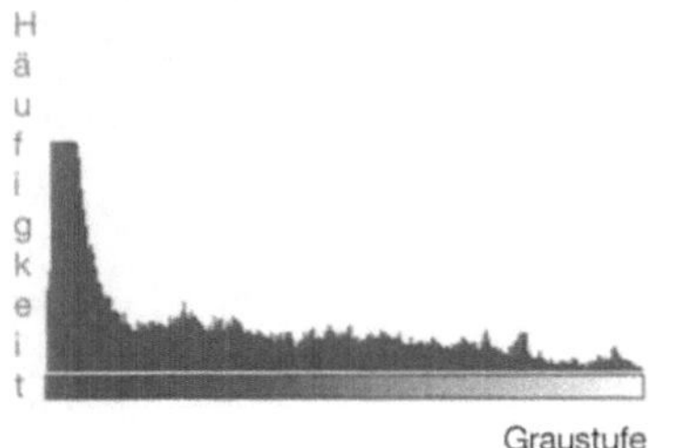

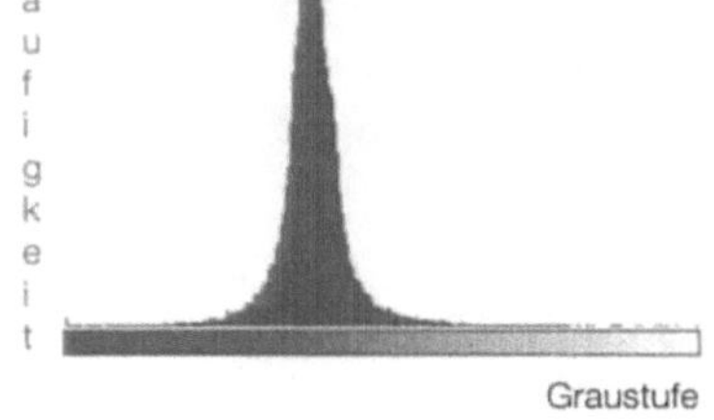

Abb. 29 (links):
Histogramm zu Abb. 28

Abb. 30 (rechts):
Histogramm zu Abb. 29

Deutlich ist hier der Effekt der Dekorrelation, also der Umverteilung der Häufigkeiten, hin zu einer starken Ungleichverteilung zu sehen. Erst durch diese ist eine Datenkompression möglich (siehe 4.2.3).

Die DPCM ist neben der DCT eines der gebräuchlichsten Verfahren zur Dekorrelation und wird in vielen Codecs, unter anderem JPEG und MPEG, eingesetzt. Zusammen mit einer optimierten Prädiktion und anschließenden Quantisierung stellt sie ein wirkungsvolles Kompressionsinstrument dar.

Bisher haben wir die DPCM auf benachbarte Punkte desselben Bildes angewandt. Nun kann man die DPCM auch auf Bildpunkte aus zeitlich aufeinanderfolgenden Bilder anwenden, zum Beispiel auf digitalisierte PAL-Fernsehbilder.

Prinzipiell ist hierbei zu bedenken, daß nur Pixel ausgewertet werden können, die schon bekannt sind, also alle Pixel links vom jeweils aktuellen Bildpunkt und alle aus den Zeilen, die darüber liegen [vgl. Hartwig, Endemann, Teil 5].

Hier seien einmal die ganzen verschiedenen Möglichkeiten der DPCM für Laufbilder aufgezeigt:

- *Intrafield-DPCM*
  Der Prädiktor gewinnt seine Werte aus dem aktuellen Halbbild

- *Intraframe-DPCM*
  Der Prädiktor gewinnt seine Werte aus dem aktuellen Vollbild. Ein Halbbildspeicher ist nötig.

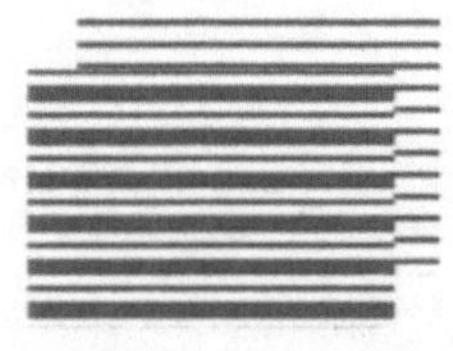

- *Interfield-DPCM*
  Der Prädiktor gewinnt seine Werte aus mehreren aufeinanderfolgenden Teilbildern. Mehrere Halbbildspeicher sind nötig.

4.2.5.9
Bewegungsschätzung

- *Interframe-DPCM*
  Der Prädiktor gewinnt seine Werte aus mehreren
  aufeinanderfolgenden Voll-
  bildern. Mehrere Vollbild-
  speicher sind nötig.

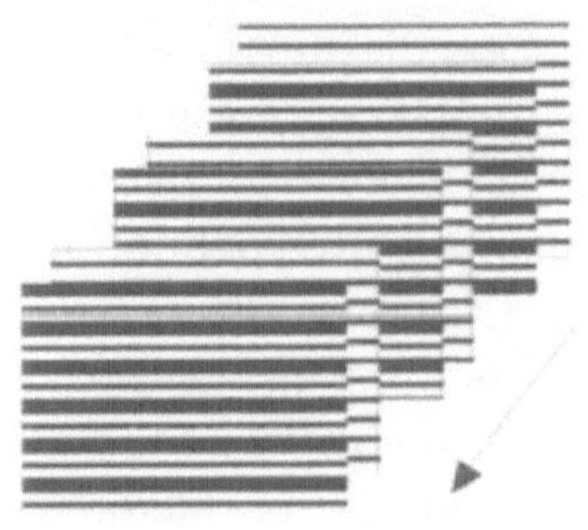

Ein Problem, das auftritt, wenn
man mehrere Teil- oder Vollbilder berücksichtigen will, ist die
Tatsache, daß die ähnlichen Pixel inzwischen weitergewan-
dert sein können, wodurch die
Prädiktionsfehler zu groß werden und die Kompression
sinkt. Hier kann dann die Bewegungsschätzung Abhilfe
schaffen.

In Bildfolgen, die mit einer Kamera eingefangen wurden,
kommt es häufig vor, daß große Teile des Bildes über viele
aufeinanderfolgende Einzelbilder (Frames) hinweg gleich
bleiben. Nur Teile des Bildes
ändern sich. Hat man nun die
Möglichkeit festzustellen, welche Bildteile sich ändern, so
würde es genügen, nur diese
Teile zu übertragen. Eine starke Kompression wäre die Folge, solange sich in den Bildern
nicht zu viel ändert.

Das Ziel ist also, die Bereiche zu
erkennen, die sich zwischen
zwei aufeinanderfolgenden Bildern geändert haben. Dies wird
mit der Bewegungsschätzung
erreicht. Es gibt verschiedene
Verfahren, von denen das
Blockmatching das bekannte-
ste und gebräuchlichste ist.

Hierzu wird jedes Bild in
lauter quadratische Blöcke aufgeteilt, genau wie bei der DCT
(siehe 4.2.5.7). Übliche Block-
größen sind 16 x 16 und 32 x 32
Pixel. Es wird davon ausgegangen, daß sich jeder Block jeweils
nur um ein bestimmtes Maß in
X- und/oder Y-Richtung ver-
schieben kann.

Somit ergibt sich ein gewisser Suchbereich, innerhalb dessen jeder Block nun mit dem Vorgängerbild verglichen wird. Dies geschieht, indem der Block schrittweise über den Suchbereich verschoben wird und jeweils die Differenz der Pixelwerte des Blockes zu den Pixeln des Vorgängerbildes gebildet wird. Die Beträge dieser Differenzen werden dann jeweils summiert. Hat der Block alle möglichen Positionen im Suchbereich komplett durchlaufen, so werden die Summen alle miteinander verglichen.

Die Position mit der geringsten Summe wird als die gesuchte Position angesehen. Ihre Verschiebungswerte in der X- und Y- Richtung werden in Form eines Vektors gespeichert. Bekannt sind jetzt die Blöcke des alten Bildes sowie zu jedem Block ein Verschiebungsvektor. Aus diesen Angaben kann eine ungefähre Rekonstruktion des neuen Bildes erzeugt werden. Sie wird als *bewegungskompensiertes Bild* bezeichnet.

Die "Löcher", die an den Stellen entstehen, wo Blöcke weggeschoben wurden, werden dabei mit Material aus dem alten Bild aufgefüllt.

Das rekonstruierte Bild besitzt aber keine gute Qualität. Was kann man also damit anfangen? Ganz einfach! Man stellt es als Quelle für die Prädiktion einer Interframe-DPCM zur Verfügung (siehe 4.2.5.8).

Die Interframe-DPCM gewinnt aus dem bewegungskompensierten Bild die Vorhersagewerte für das neue Bild. Die Unterschiede zwischen dem bewegungskompensierten Bild und dem echten neuen Bild werden von ihr in Form eines Differenzbildes dargestellt. Je besser die durchgeführte Bewegungskompensation war, desto weniger Information enthält das Differenzbild, desto weniger Daten werden zu seiner Übertragung oder Speicherung benötigt, desto höher ist der Kompressionsfaktor [vgl. Hartwig, Endemann, Teil 6].

Auf der Seite des Empfängers benötigt der Decoder jetzt nur die Vektoren und das Differenzbild, das alte Bild und seine Blöcke sind ihm ja bereits bekannt und in einem Bildspeicher hinterlegt. Aus den Blöcken des alten Bildes und den übertragenen Vektoren wird das bewegungskompensierte Bild auf Empfängerseite erneut rekonstruiert.

Mit Hilfe des ebenfalls übertragenen Differenzbildes wird
dann das neue Bild erzeugt. Es
wird jetzt zur Darstellung wei-
tergeleitet und gleichzeitig für
die nächste Rekonstruktion in
den Bildspeicher gelegt.

Die folgenden Grafiken zeigen
den kompletten schematischen
Aufbau einer bewegungskompensierten Inter-frame-DPCM
(Abb. 31 u. 32).

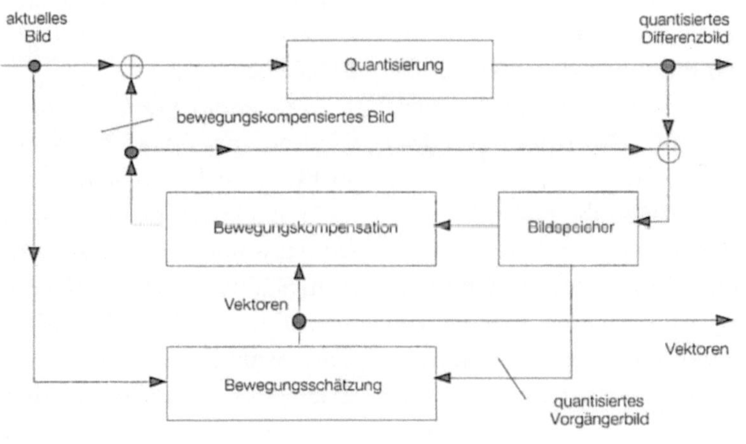

Abb. 31:
bewegungs-
kompensierte
Inter-frame-DPCM,
Encoder

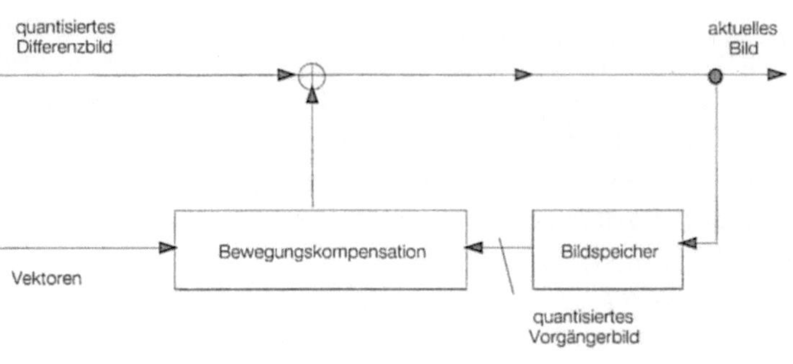

Abb. 32:
bewegungs-
kompensierte
Inter-frame-DPCM,
Decoder

4.2.5.10 Fraktale Kompression

Ein völlig andersartiger Ansatz zur verlustbehafteten Kompression ist die Nutzung von Selbstähnlichkeiten im Bild zur Datenverringerung. Während viele Verfahren zur Daten-Kompression sich stets nur mit den Pixel-Repräsentationen der Bildinhalte befassen und diese meist in andere mathematische Formen bringen, beschreibt die fraktale Form der Kompression den Bildinhalt durch eine *Folge von Strukturregeln*, die auch affine Transformationen genannt werden.

Sie abstrahiert damit weitgehend von den Pixel-Repräsentationen der Bildinhalte [vgl. Bertuch]. Eine solche Strukturregel, auch als eine affine Transformationsgleichung bezeichnet, hat folgende allgemeine Form:

$$f(x,y) = \begin{pmatrix} a & b \\ c & d \end{pmatrix} \cdot \begin{pmatrix} x \\ y \end{pmatrix} + \begin{pmatrix} e \\ f \end{pmatrix}$$

wobei a, b, c, d affine Koeffizienten der Drehung, Scherung, Streckung, Stauchung und e, f Verschiebungskoeffizienten sind [vgl. Kesy].

Ein ganzes Bild wird nun jeweils systematisch auf Bereiche untersucht, die sich mit Hilfe solcher Gleichungen aus anderen, kleineren Bereichen des Bildes errechnen lassen. Dies geschieht, indem man das Bild in kleine, nicht überlappende Blöcke aufteilt, zum Beispiel von der Größe 8 x 8 Pixel. Sie werden als *Domain-Blöcke* bezeichnet. Zusätzlich wird das Bild noch in größere, überlappende Blöcke, zum Beispiel der Größe 16 x 16 Pixel, aufgeteilt. Diese werden meist als *Range-Blöcke* bezeichnet.

Zu jedem Domain-Block wird nun ein Range-Block gesucht, der sich durch eine affine Transformation aus diesem Domain-Block errechnen läßt. Zum Schluß speichert man die gefundenen affinen Transformationsgleichungen. Der Aufwand, der betrieben werden muß, um alle Gleichungen zu finden, ist enorm. So müssen bei einer Bildgröße von nur 256 x 256 Pixeln für nur eine Transformationsgleichung allein 58081 Range-Blöcke durchmustert werden [vgl. Wassermann].

Gute Kompressionsalgorithmen schränken deshalb die Anzahl der möglichen Suchvorgänge deutlich ein, ohne daß das Ergebnis stark an Qualität einbüßt. Hierin steckt viel wohlgehütetes Firmen-Know-how.

Bei der Dekompression wird von einer neutralen Fläche, zum Beispiel rosa Rauschen, Schwarz oder Weiß, ausgegangen. Diese wird in dieselben Domain-Blöcke eingeteilt, auf die dann die gespeicherten Gleichungen angewandt werden. Nun wird mit dem Resultat der gleiche Vorgang wiederholt. Es folgen dann so lange weitere Wiederholungen (Iterationen) bis der gewünschte Rekonstruktionsgrad erreicht ist. Die Selbstähnlichkeit fraktaler Strukturen bewirkt hierbei, daß bei jeder Iteration weitere Details im Bild dazukommen.

Der Vorgang der Rekonstruktion läuft wesentlich schneller ab als die Kompression. Er ist auch in Echtzeit möglich, was fraktale Kompression für digitales Video optimal erscheinen ließe, wäre da nicht der sehr aufwen-dige Kompressionsvorgang. Bis zur 40-fachen Zeitdauer der eigentlichen Länge einer Video-Szene muß hier veranschlagt werden, selbst auf Hochleistungsrechnern, und noch haben die Algorithmen nicht das erforderli-

che Qualitätsniveau erreicht, was allerdings nur eine Frage der Zeit sein dürfte.

Eine sehr wichtige Tatsache ist auch, daß fraktal komprimierte Bilder auflösungsunabhängig geworden sind. Das bedeutet, daß sie bei der Dekompression auf nahezu beliebige Größe gebracht werden können, auch über die Originalgröße hinaus, ohne daß ein Qualitätsabfall zu bemerken wäre. Dies liegt daran, daß sie durch eine Folge mathematischer Formeln beschrieben werden, ähnlich wie Vektor-Grafiken, die ja ebenfalls frei skalierbar sind. Auch dieser Sachverhalt läßt die fraktale Kompression für digitales Video als ideal geeignet erscheinen.

Weiterhin ist von Bedeutung, daß sehr hohe Kompressionsraten erreichbar scheinen, da die Formeln weit weniger Bits zu ihrer Codierung benötigen als Hunderttausende von einzelnen Pixelwerten, selbst wenn diese konventionell komprimiert sind. Als Beispiel sei hier angeführt, daß auf eine ganz normale HD-Diskette ein digitales Bild von 640 x 480 Pixeln in unkomprimierter Form, ungefähr 5 Bilder mit hochqualitativer JPEG-Kompression, aber ca. 120 Bilder mit fraktaler Kompression von guter Qualität passen sollen [vgl. Steinbrink, S. 250].

Auch wird ein kommerziell erhältliches Software-Paket namens "POEM Images Incorporated" von der Software-Firma Iterated Systems angeboten, das von sich behauptet, 45 Sekunden echtes Vollbild-Video bei 30 Frames/s auf einer HD-Diskette unterbringen zu können.

Die fraktale Kompression steht noch am Anfang ihrer Entwicklung. Sie birgt einiges Zukunftspotential in sich. Wenn durch schnellere Rechner und spezielle DSP-Beschleuniger die noch sehr hohen Rechenzeiten für die Kompression gesenkt werden können und durch verbesserte Algorithmen die Qualität noch weiter gesteigert werden kann, wird fraktale Kompression im Bereich digitalen Videos in interaktiven Medien vielleicht einmal eine wichtige Rolle spielen.

Andererseits sind zum jetzigen Zeitpunkt noch keine verbreiteten Verfahren im Einsatz, die dazu angetan wären, die momentan aktuellen Kompressionstechniken demnächst zu verdrängen. Dies mag unter anderem daran liegen, daß fraktale Kompression weitge-

hend patentiert ist und diese Patente in privater Hand liegen, im Gegensatz zu Verfahren wie MPEG oder JPEG. Man kann gespannt sein, ob und in welcher Form die fraktale Kompression ihren Siegeszug antreten wird.

In jüngster Zeit ist es allerdings um die fraktale Kompression etwas ruhiger geworden. Nachdem sie lange als weiteres Verfahren für die Integration in MPEG IV vorgesehen war, hat das MPEG-Gremium sich unlängst von dieser Ankündigung zurückgezogen. Ausführliche Testverfahren sollen ergeben haben, das die fraktale Kompression nicht ganz halten kann, was man sich lange von ihr versprochen hat. Dennoch bleibt das Verfahren für digitales Video interessant.

4.2.5.11 Wavelets

Ein weiterer unkonventioneller Ansatz zur Kompression hat in jüngster Zeit von sich Reden gemacht. Die Kompression mithilfe von Wavelets (englisch für "Wellchen"). Sie geht zurück auf Arbeiten des französischen Mathematikers Ives Meyer aus den achtziger Jahren.

Bei der Wavelets-Transformation handelt es sich um eine weitere Form der Transformationskodierung (siehe 4.2.3). Im Gegensatz zur verbreiteten Fourier-Transformation ist sie nicht auf periodische Signale angewiesen, läßt sich also universeller anweden. Während die Fourier-Analyse versucht alle periodischen Signale auf eine Kombination von Sinus- und Kosinus-Schwingungen zurückzuführen (siehe 4.2.5.7), leitet die Wavelet-Analyse alle Signale von einem Basis-Wavelet sowie einem daraus durch Stauchung, Skalierung, Verschiebung, etc.. abgeleiteten sogenannten Wavelet-Baukasten ab. Die Elemente dieses Baukastens werden so kombiniert, daß damit das jeweilige Signal dargestellt werden kann. Um nun zu den Werten für die Auswahl der geeigneten Baukastenelemente zu gelangen, wird das Signal mehrfach einer spe-ziellen Filterung unterzogen. Die schnelle Wavelet-Transformation ist im Prinzip nichts anderes, als eine sequentielle Anwendung speziell aufeinander abgestimmter Hoch- und Tiefpassfilter.

Im Einzelnen wird folgendermaßen vorgegangen:

Das Originalbild wird einer Hochpass- und einer Tiefpass-Filterung unterzogen. Danach läßt sich aus beiden Ergebnis-Bildern jeweils jede zweite Zeile entfernen, und zwar ohne Informationsverlust. Dies liegt an der mathematisch raffinierten Auslegung der Filter.

Auf die beiden Ergebnis-Bilder wird dieser Vorgang nun erneut angewandt. Aus den vier neuen Ergebnis-Bildern wird nun jeweils jede zweite Spalte entfernt, wieder ohne Informationsverlust.

Am Ende erhält man vier Teilbilder die zusammen wieder genau die Fläche des Originalbildes bedecken. Jedes dieser Teilbilder enthält andere Informationen, aus denen sich das Original verlustfrei rekonstruieren läßt. [vgl. Zeller]

Eines dieser Bilder durchlief zweimal die Tiefpass-Filterung. Es kann als verkleinerte und geglättete Form des Original-

Bildes angesehen werden. Dieses Bild wird nun als Ausgangsbild für die nächste Stufe verwendet. So wird dieser Vorgang mehrfach wiederholt (Abb. 33). Die Ergebniswerte werden jetzt quantisiert, wobei viele davon zu Null werden. Auf diese Folge läßt sich eine Lauflängen-Kodierung mit Huffman-Code sehr effektiv anwenden. *Hierbei tritt der eigentliche Spareffekt ein.*

Die Dekompression verläuft genau spiegelbildlich. Es lassen sich hohe Kompressionsraten bei guter Qualität und Videotauglichem Zeitverhalten erreichen. Das Wavelet-Verfahren besitzt noch enormes Entwicklungspotential. Entgegen ersten Ankündigungen wird es aber nicht in MPEG II integriert werden, genausowenig, wie fraktale Kompression in MPEG IV .

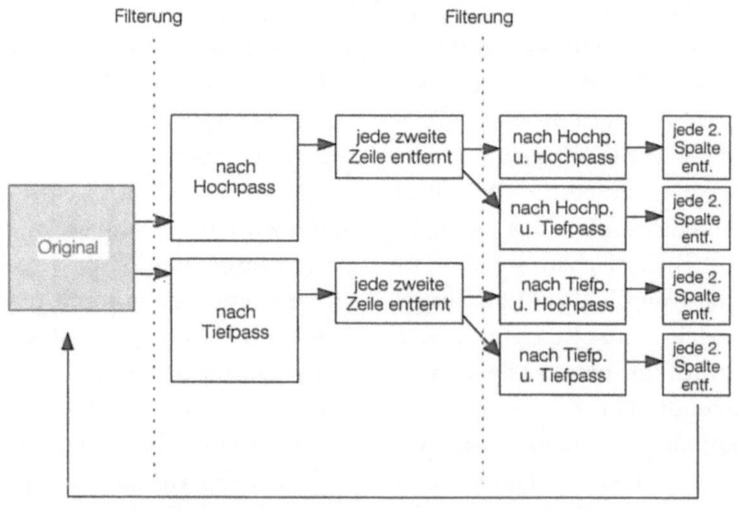

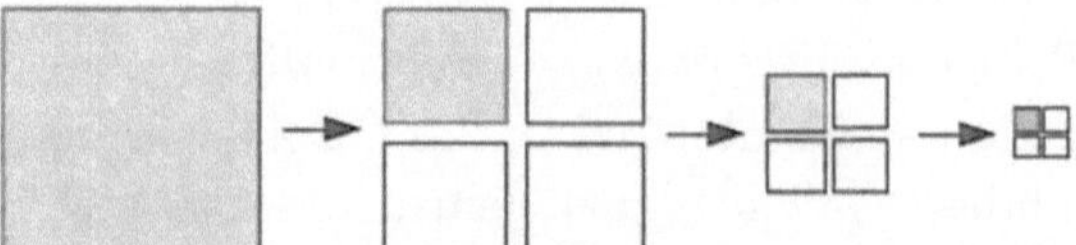

Abb. 33: Wavelet-Transformation

Das Wort Codec ist ein Kunstwort und setzt sich aus den englischen Worten *Coder* und *Decoder* zusammen. Unter Codecs versteht man konkrete praxistaugliche Lösungen, die die Kompression und Dekompression von Daten bewerkstelligen. Sie sind meist unter Benutzung einer oder mehrerer Techniken aus dem vorangegangenen Abschnitt (4.2) aufgebaut. Codecs können rein mit Hilfe von Software aufgebaut sein, was bedeutet, daß sie lediglich die Standard-Hardware einer Plattform nutzen. Sie können aber auch komplett in spezialisierter Hardware implementiert sein oder auf einer Kombination von Soft- und Hardware basieren.

Allgemein läßt sich feststellen, daß Codecs, die *spezialisierte Hardware* nutzen, wesentlich *schneller* arbeiten als solche, die rein auf Software bauen. Codecs sind häufig nach dem Bausteinkasten-Prinzip in ihre jeweilige Umgebung eingefügt, so daß sie sich bei einer Weiterentwicklung relativ leicht gegen die verbesserte Version austauschen lassen. Leider ist dies aber nicht durchgängig der Fall.

Einen idealen Codec gibt es nicht. Codecs werden immer auf einen ganz bestimmten Zweck oder einen speziellen Aufgabenbereich hin optimiert. Sei es, daß eine bestimmte Datenrate nicht überschritten, eine definierte Qualität nicht unterschritten oder ein begrenzter Speicherplatz eingehalten werden soll. Auch spielt bei bestimmten Anwendungen das Zeitverhalten, also die Performance des Codecs eine wesentliche Rolle.

Aus diesem Grunde hat sich im Verlauf der letzten Jahre eine Vielzahl von Codecs für den Audio- und Video-Bereich entwickelt, von denen die wichtigsten für den Bereich des digitalen Videos in interaktiven Medien hier vorgestellt werden sollen. Die folgende Graphik zeigt den allgemeinen Aufbau eines Codecs (Abb. 34).

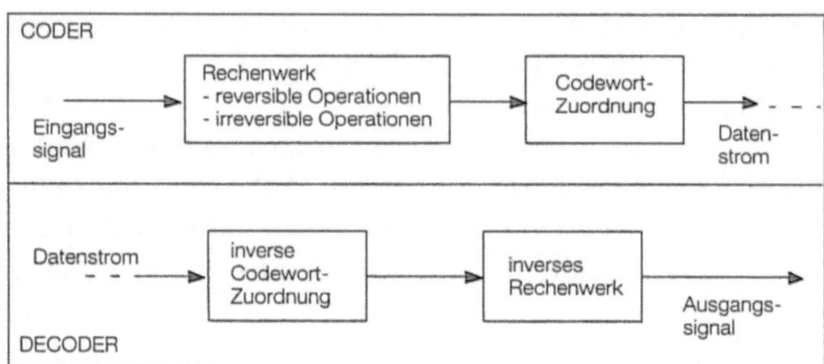

*Abb. 34: Codec,
allgemeiner Aufbau*

4.3.1 Apple-Codecs

Apple bietet speziell für seine Betriebssystemerweiterung QuickTime eine Reihe von Codecs für unterschiedliche Aufgaben an. Für alle Codecs gemeinsam ist, daß sie über verschiedene Qualitätslevels verfügen, die sich stufenlos einstellen lassen. Über diese Einstellung ist das Maß der Kompression im Verhältnis zur Qualität definierbar. Es gilt allgemein, daß die Qualität mit steigender Kompression sinkt und umgekehrt.

Alle Codecs unterstützen die Kompression innerhalb eines Bildes, also die *Intraframe-* *Kompression*. Ergebnis ist ein komprimiertes Bild, das komplett für sich allein steht und nicht von anderen Bildern abhängt. Diese Art der Kompression eignet sich auch für Standbilder. In Laufbildsequenzen werden solche Bilder häufig als *Keyframes* bezeichnet. Es ist möglich, komprimierte Laufbildsequenzen nur aus solchen Keyframes aufzubauen.

Meist ist es allerdings sinnvoll, eine Sequenz von Bildern abhängig voneinander zu komprimieren. Hierbei werden durch Differenzbildung, prädiktive Codierung, DPCM oder ähnliche Verfahren der sogenannten *Interframe-Codierung* komprimierte Bilder erzeugt, die nicht für sich selbst stehen können. Sie werden als *Delta-Frames* bezeichnet.

Die meisten, aber nicht alle Apple-Codecs unterstützen diese Interframe-Codierung. Das Maß an hiermit erreichbarer Kompression hängt unter anderem von der Anzahl der Keyframes im Strom der komprimierten Bilder ab. Wenige Keyframes ermöglichen dabei höhere Kompression, verschlechtern aber auch die Qualität und bieten Nachteile beim Zugriff sowie beim "Vor- und Zurückspulen" eines Movies. Wie man alle diese verschiedenen Parameter richtig verwendet, hängt stark von Erfahrungswerten und der jeweiligen Zielsetzung ab. Hierzu mehr in Kapitel 8.

Zur Einstellung der Parameter dient bei Apple ein übersichtliches Dialogfenster, das von der Betriebssystemerweiterung QuickTime zur Verfügung gestellt wird und auch die gezielte Auswahl des gewünschten Codecs zur Kompression ermöglicht. Bei der Dekompression sorgt das Betriebssystem automatisch für die Auswahl des richtigen Codecs. Im folgenden werden die einzelnen Apple-Codecs vorgestellt:

Video

Dieser Codec beruht auf Entwicklungen von Apple und ist für natürliche Videobilder geeignet, nicht für synthetische Bilder, wie Computer-Grafiken oder Computer-Animationen. Er arbeitet sowohl mit *Intra*frame- als auch mit *Inter*frame-Kompression. Das bedeutet, daß er einzelne Bilder in sich komprimieren kann (Keyframes), aber auch Bildsequenzen auf Redundanz untersuchen kann, mit Hilfe von Differenzbildung (Delta-Frames).

Das Verfahren ist verlustbehaftet und bringt Kompressionsraten zwischen 5:1 und 25:1. Es wurde auf Schnelligkeit optimiert und kann zur Kompression direkt während der Aufnahme eingesetzt werden. Eine Farbtiefe von 24 bit / Pixel ist möglich. Dieser Codec ist für Wiedergabe von der Festplatte geeignet, sowie für CD-ROM.

Bei hoher Qualitätseinstellung kann die Kompression mehrmals erfolgen, ohne großen Qualitätsabfall. Dies ist wichtig bei der Anwendung von Video-Effekten. Der Video-Codec ist bereits ein Klassiker und wird langsam durch noch ausgereiftere Verfahren verdrängt.

Animation

Dieser Codec ist am besten geeignet für synthetische Bilder, wie Computer-Grafiken und Computer-Animationen. Er arbeitet nach einem Apple-eigenen Verfahren der *Lauflängen-Kodierung*. Er kann sowohl im verlustfreien Bereich als auch im verlustbehafteten Bereich arbeiten.

Entscheidend für die mögliche Kompressionsrate ist die Art des Bildmaterials. Wenn das Bildmaterial wenige Farben und größere einfarbige Flächen hat, so werden hohe Kompressionsraten erreicht. Bei natürlichen Bildern mit feinen Details und leichtem Rauschen in den Farbflächen lassen sich dagegen nur geringe Kompressionsraten erreichen. Allerdings wird dabei eine hohe Bildqualität aufrechterhalten, was bei bestimmten Anwendungen erwünscht sein kann, sofern eine schnelle Festplatte zur Verfügung steht. Eine Wiedergabe von CD-ROM dürfte in aller Regel problematisch sein. 24 bit Farbtiefe sind möglich, die mögliche Kompressionsrate hängt von der Art des Bildmaterials ab. Der Animation-Codec ist ein Spezialist, der nur für bestimmte Anwendungen geeignet ist.

Graphics

Der Graphics-Codec beruht ebenfalls auf einem Algorithmus von Apple. Auch er ist, wie der Animation-Codec, am besten für künstliche, computergenerierte Bilder geeignet. Im Gegensatz zu diesem bietet er allerdings ungefähr die doppelte Kompressionsrate, aber auf Kosten der Geschwindigkeit der Wiedergabe, die ca. die Hälfte beträgt.

Die Anwendung auf natürliche Bilder ist möglich, aber mit geringen Kompressionsraten. Als Farbtiefe sind 8 bit pro Pixel vorgesehen. Apple empfiehlt diesen Codec für den Gebrauch mit CD-ROMs, was uns allerdings problematisch erscheint.

None

Hinter diesem Begriff verbirgt sich ein Codec, der eigentlich gar kein echter Kompressor ist.

Er reduziert lediglich die Farbtiefe von digitalisiertem Video und wird häufig dazu benutzt, die Daten noch während der laufenden Digitalisierung platzsparend abzulegen. So kann er zum Beispiel Daten, die in 32 bit Farbtiefe anfallen, auf 24 bit reduzieren und somit um 25 % komprimieren. Er ist auf hohe Schnelligkeit optimiert und wird daher auch vom Apple-Betriebssystem oft für Konvertierungen der Farbtiefe während der Darstellung eingesetzt.

Dieser Codec ist eine Speziallösung für Farbtiefenänderungen und wird teilweise automatisch anderen Codecs vorgeschaltet. Er ist auch unter der Bezeichnung "Raw" bekannt. Alle gängigen Farbtiefen werden unterstützt, nicht jedoch Interframe-Codierung.

Component-Video

Dieser Codec bewirkt ein gezieltes Colour-Subsampling. Die Daten werden in das 4:2:2-Format gebracht. Hierbei tritt eine verlustbehaftete Kompression ein, die aber visuell fast nicht festzustellen ist (siehe 4.2.5.5). Interframe-Codierung ist nicht möglich. Geeignet ist dieser Codec für den Vorgang des Eindigitalisierens und durch seine hohe Bildqualität auch für Zwischenformate zum Beispiel beim Errechnen von Videoeffekten. Die Kompressionsrate beträgt bei 32-Bit-Ausgangsmaterial 2:1 und bei 24-Bit-Material 1,5:1. Für Wiedergabe von CD-ROM ist dieser Codec nicht geeignet.

Photo

Hier haben wir es mit einer Umsetzung des *JPEG-Verfahrens* zu tun. Dieser Codec setzt die Version 9R9 des JPEG-Algorithmus um.

Zweifelsfrei erreicht der Photo-Codec die überzeugendsten Ergebnisse, wenn es um das Verhältnis von Qualität zu Kompressionsrate geht. Er wäre der geeignete Codec für Video-Anwendungen, wenn da nicht ein entscheidendes Problem wäre: Die Geschwindigkeit des Photo-Codec läßt ohne Zusatzhardware stark zu wünschen übrig. Die hohe Qualität hat hier ihren Preis.

Die Bildraten sind ohne eine Hardware-Beschleunigung nicht akzeptabel für digitales Video in interaktiven Medien. Daher wird dieser Codec oft für Einzelbild-Kompression und zu Archivierungszwecken, auch für Laufbild, eingesetzt. Hier macht sich dann die gute Qualität und hohe Kompression angenehm bemerkbar, ohne daß die mangelnde Performance im Zeitbereich allzu unangenehm auffällt.

Am besten geeignet ist er für natürliche Bilder ohne allzu große Kontrastunterschiede oder viele, sehr scharfe Details. Auch sollte die Farbtiefe nicht zu gering sein, da dies zu verstärkten Kontrasten führt. Je nach vorhandenem Ausgangsmaterial sind Kompressionsraten zwischen 5:1 und 50:1 möglich, wobei der optimale Bereich bei 10:1 bis 20:1 liegt.

Apple bietet mit Cinepak und Indeo 3.2 auch zwei Fremd-Codecs an, die hier noch getrennt besprochen werden (siehe 4.3.3 ff.).

4.3.2 Microsoft-Codecs

Auch Microsoft bietet für seine Betriebssystem-Erweiterung Video for Windows mehrere Codecs an.

Die gesamte Handhabung ähnelt weitgehend der von QuickTime auf dem Mac. Auch hier kann man die Qualität stufenlos für einige Codecs einstellen, wodurch eine Abwägung der Kompression im Verhältnis zur Bildqualität erreicht wird. Ebenfalls wird Intraframe- und Interframe-Kompression unterstützt. Auch gibt es die Möglichkeit, Codecs von Fremdherstellern einzubinden, wie bei Apple´s QuickTime.

Microsoft selbst bietet für sein System drei eigene Codecs an, die hier kurz vorgestellt werden sollen:

RLE

Dieser Codec ist geeignet für synthetische Bilder, wie Computer-Grafiken und Computer-Animationen. Er arbeitet nach dem Verfahren der Lauflängen-Codierung. Er kann im verlustfreien, wie auch im verlustbehafteten Bereich arbeiten.

Entscheidend für die mögliche Kompressionsrate ist die Art des Bildmaterials. Wenn das Bildmaterial wenige Farben und größere einfarbige Flächen hat, so werden hohe Kompressionsraten erreicht.

Bei natürlichen Bildern mit feinen Details und leichtem Rauschen in den Farbflächen lassen sich nur geringe Kompressionsraten erreichen. Allerdings wird dabei eine hohe Bildqualität aufrechterhalten, was bei bestimmten Anwendungen erwünscht sein kann, wenn eine schnelle Festplatte und entsprechende Grafik-Hardware zur Verfügung stehen. Eine Wiedergabe von CD-ROM ist für natürliche Bilder problematisch. Nur 8 bit Farbtiefe ist möglich, wobei die Kompressionsrate von der Art der Bilder abhängt.

Es wird *nur Intraframe-Kompression* unterstützt. Jedes Frame muß ein Keyframe sein. Die maximale Bildgröße zum Abspielen direkt von CD-ROM dürfte bei 160 x 120 Pixeln liegen [vgl. Schmidt]. Der Rechenaufwand ist relativ gering, so daß auch langsamere Rechner zum Zuge kommen können.

Video 1

Dieser Codec baut auf einer Entwicklung der US-amerikanischen Firma Media Vision auf. Sie wurde unter der Bezeichnung "Motive" angeboten und später von Microsoft aufgekauft. Es wird sowohl die Intraframe- als auch die Interframe-Kompression unterstützt.

Man kann bei Video 1 zwischen Farbtiefen von 8 bit und 16 bit wählen. Die Kompressionsfaktoren liegen durchschnittlich bei 9:1 bis 10:1, je nachdem, welche Farbtiefe gewählt wurde. Das Bild neigt leicht zu grober Rasterung, vor allem bei 8 bit Farbtiefe. Vorteilhaft ist die Optimierung auf hohe Abspielgeschwindigkeit. Auch auf etwas langsameren PCs können großformatigere Videos noch brauchbar abgespielt werden.

Raw

Der Raw-Codec entspricht weitgehend dem None-Codec von Apple (siehe 4.3.1). Er ist also eine Art "Null-Codec" und nur zur Erstdigitalisierung oder für Zwischenformate geeignet. Für fertig produzierte digitale Videoclips ist er ungeeignet und auch nicht gedacht.

4.3.3 Indeo

Die Firma Intel hat das Indeo-Verfahren als Nachfolger ihrer DVI-Technologie im Jahre 1992 vorgestellt (siehe 7.1). Indeo bietet hierfür speziell die Möglichkeit, komprimierte Video-Dateien im DVI-Format (PLV und RTV) ohne Hardware-Unterstützung auf einem IBM-kompatiblen PC oder einem Apple Macintosh abspielen zu können. Weiterhin kann ein Indeo-Codec in Microsofts Video for Windows, Apples QuickTime für Macintosh und für Windows sowie in IBMs Ultimedia integriert werden.

Somit bietet Indeo auch die Möglichkeit, auf *beiden großen Plattformen* Videos im Indeo-Format zu komprimieren und zu dekomprimieren. Hierbei bietet Intel mit dem Smart-Video-Recorder einen speziellen Hardware-Beschleuniger für die PC-Welt zur Echtzeit-Kompression an. Eine Kompression ist aber auch ohne diese Erweiterung möglich.

Darüber hinaus bietet Intel einen professionellen Kompressionsservice für Indeo an, der komprimierte Dateien von maximaler Qualität verspricht, allerdings zu entsprechenden Preisen.

Microsoft liefert den Indeo-Codec serienmäßig mit seinem Video for Windows aus. Apple hat unlängst einen Lizenzvertrag mit Intel geschlossen, und will den Indeo-Codec in beide Varianten von QuickTime (Mac und PC) integrieren.

Die aktuellste Version von Intels Indeo-Codec ist 3.2.2. Intel verspricht grundlegende Verbesserungen in allen Bereichen gegenüber der Version 3.1. So soll auf PCs mit 486er-Prozessor eine ruckelfreie Wiedergabe in der Größe 320 x 240 Pixeln, auf Pentium-Systemen gar Vollbildvideo möglich sein. Unter zusätzlicher Zuhilfenahme einer DCI-fähigen Grafikkarte soll bildschirmfüllende VHS-Qualität erreicht werden, so eine Intel-Pressemitteilung.

Neuerdings soll auch die Video-Wiedergabe von CD-ROM, bei Datenraten zwischen 150 und 300 kByte/s besser funktionieren, was in den älteren Versionen eher zu wünschen übrigließ. Auch werden Farbtiefen von 8, 16 und 24 bit bei gleichbleibender Performance unterstützt, was bisher nicht der Fall war.

Ein interessantes Feature der Indeo-Technologie ist die sogenannte Skalierbarkeit. Dies bedeutet, daß abhängig von der vorhandenen Hardware die Auflösung und Bildrate automatisch verändert und somit an die jeweiligen Gegebenheiten selektiv angepasst wird. So würde dieselbe Video-Datei zum Beispiel auf einem 386er-PC mit 160 x 120 Pixeln bei 15 Bildern/s, auf einem 486er-PC mit 320 x 240 Pixeln bei 15 Bildern/s und auf einem PC, der ein Zusatzboard mit Intels i750 DSP-Chip beherbergt, in voller Bildschirmgröße bei 30 Bildern/s ablaufen. Dies ist ein deutlicher Vorteil gegenüber anderen Verfahren. So wie es im Moment aussieht, könnte sich Indeo neben MPEG zum neuen Standard für digitales Video in interaktiven Medien mausern. Zumal es auch eine Lösung zur hardwareunterstützten Echtzeit-Komprimierung gibt, die andere Codecs teilweise vermissen lassen.

Der Indeo-Codec arbeitet mit Vektor-Transformation. Hierbei werden geometrische Muster gesucht und deren Bewegungen als Vektoren abgelegt. Außerdem wird starkes Colour-Subsampling im Format 4:0,25:0,25 angewandt.

4.3.4 Cinepak

Der Cinepak-Codec wurde von der US-amerikanischen Firma SuperMac entwickelt. Zuerst wurde dieses Verfahren auf dem Macintosh eingesetzt unter der Bezeichnung Compact Video. Inzwischen ist diese Technologie als Codec in Video for Windows von Microsoft und in Apples QuickTime fest integriert worden unter der Bezeichnung Cinepak.

Die neueste Version des Codecs arbeitet ausschließlich mit 24 bit Farbtiefe, im Gegensatz zu älteren Versionen. Es wird Intraframe- und Interframe-Kompression unterstützt. Über die verwendeten Verfahren war keine Information zu bekommen. Es ist jedoch davon auszugehen, daß hier eine Architektur von mehreren ausgeklügelten Verfahren, wie prädiktive Codierung, Bewegungsschätzung und / oder Vektorisierung zur Anwendung kommt. Anders lassen sich die guten Ergebnisse wohl kaum erreichen.

Der Cinepak-Codec arbeitet extrem asymmetrisch, die Kompression dauert überdurchschnittlich lang, während die Dekompression sehr schnell vonstatten geht.

Dadurch werden auch größere Bildformate flüssig wiedergegeben, allerdings bei Vollbildvideo muß Cinepak im Moment noch passen.

Ein deutlicher Nachteil der Cinepak-Technologie sind die hohen Rechenzeiten bei der Kompression. Leider wird auch kein Hardware-Beschleuniger angeboten, um hier Abhilfe zu schaffen. Vorteilhaft ist die Tatsache, daß auch bei höheren Kompressionsraten eine gute Bildqualität erhalten bleibt, besser jedenfalls als bei den meisten anderen Codecs. Interessanterweise arbeitet Cinepak bei Bildformaten oberhalb von 240 x 180 Pixeln besser als bei kleineren Formaten [vgl. Schmidt].

Ein sehr brauchbares und praxisnahes Feature von Cinepak ist die Möglichkeit, eine gewünschte Datenrate der komprimierten Video-Sequenz beim Kompressionsvorgang festlegen zu können. Der Codec komprimiert dann dynamisch immer gerade so stark, wie es nötig ist, um die geforderte Datenrate einzuhalten. Dies bedeutet, daß nur bei aufwendigen Szenen eine starke Kompression gewählt wird, während bei unkritischen Szenen eine höhere Qualität erhalten bleiben kann. Zur Wiedergabe von CD-ROM oder von langsameren Festplatten ist die exakte Einhaltung definierter Datenraten ein Muß. Hier kann Cinepak auftrumpfen.

Auf langsamen Rechnersystemen oder wenn aus irgendeinem Grund die Leistungsgrenze des Systems erreicht wird, kann Cinepak besser und länger die Integrität und Synchronität von Bild und Tondaten aufrechterhalten als andere Codecs.

Cinepak stellt im Reigen der rein softwaremäßig arbeitenden Codecs einen der leistungsfähigsten Vertreter dar, und wird möglicherweise nur von Intels brandneuem Indeo 3.2.2 erreicht. Man kann gespannt sein, ob es SuperMac gelingt, hier mit einer eventuellen Überarbeitung ihrer Technologie den Vorsprung zu halten.

Unter H.261 wird ein Kompressionsverfahren verstanden, das von der CCITT (Comité Consultativ International de Télégraphique et Téléphonique) im Jahre 1990 speziell für die Übertragung von Video über ISDN festgelegt wurde. In diesem Zusammenhang soll es vor allem Videokonferenzen möglich machen. An die Übertragung von voll bewegtem Video zu Unterhaltungs- oder Lehrzwekken war weniger gedacht.

ISDN stellt mit seiner Datenrate von nur 64 kbit/s pro Kanal extreme Anforderungen an ein Kompressionsverfahren, was den Grad der Reduktion der Datenmengen betrifft. Außerdem spielt das zeitliche Verhalten sowohl bei der Codierung als auch bei der Decodierung eine sehr wichtige Rolle. Hier können dem Teilnehmer an einer Videokonferenz höchstens Verzögerungen von 150 ms zugemutet werden.

Der Codec soll Bewegtbilder mit maximal 352 x 288 Pixeln bei einer Bildrate von 30 Bildern/s über einen ISDN-Kanal übertragbar machen. Dabei wird ein Colour-Subsampling von 2:1 verwendet. Somit steht für jedes zweite Pixel eine neue Farbinformation zur Verfügung. H.261 arbeitet mit einer extremen Kompressionsrate von 500:1, was zwangsläufig zu deutlichen Einbußen bei der Qualität führen muß.

Man entschloß sich zum Einsatz einer hybriden DCT, dem gleichen Verfahren, das später den Grundstein für MPEG bilden sollte. Überhaupt hat die Grundlagenforschung der CCITT wichtige Erkenntnisse zutage gefördert, die bei der Entwicklung von MPEG eingeflossen sind. Da die hybride DCT die Grundlage von MPEG darstellt, wird hier darauf verzichtet, diese näher darzustellen, und auf den Abschnitt über MPEG verwiesen (siehe 4.3.7).

Das Verfahren von H.261 ist auf die Situation einer Videokonferenz optimiert. Das bedeutet, daß starke Bewegungen im Bild nicht gut verarbeitet werden können. Eher geht man davon aus, daß vor einem starren Hintergrund eine Person relativ ruhig sitzt und im wesentlichen spricht. Nur durch leichte Änderungen in der Mimik und Gestik kommt somit Bewegung ins Spiel.

In diesem Kontext liefert H.261 einigermaßen gute bis befriedigende Ergebnisse. Klar ist aber auch, daß dieser Codec *nicht für digitales Video in interaktiven Medien geeignet* ist, da hier ja keine Gewähr für mäßig bewegte Bildinhalte ohne Schnitte gegeben werden kann.

H.261 sieht außerdem die Möglichkeit vor, mehrere ISDN-Kanäle quasi parallel zu schalten und dadurch eine höhere Bildqualität zu erreichen. Da hierbei mehrere Kanäle zu jeweils 64 kbit/s parallel arbeiten, wird H.261 oft auch als "p x 64" bezeichnet.

4.3.6 M-JPEG

Aufbauend auf dem JPEG-Standard zur Standbildkomprimierung haben sich Verfahren zur Kompression von Bewegtbildern entwickelt. Sie werden als Motion-JPEG oder kurz als M-JPEG bezeichnet. Dabei handelt es sich, ganz im Gegensatz zu MPEG, *nicht um einen genormten Standard*, sondern eher um eine locker auf JPEG aufgebaute Vorgehensweise. Jeder Anbieter am Markt geht dabei seine eigenen Wege, und es ist dem Zufall überlassen, ob verschiedene M-JPEG-Dateien jeweils zueinander kompatibel sind. Da M-JPEG kein Standard ist, wurde weder ein genormtes Verfahren zur Audio-Kompression noch zur Bild-Ton-Synchronisation festgelegt. Prinzipiell handelt es sich bei JPEG um ein rechenintensives Verfahren, das nur durch Hardware-Beschleunigung in ausreichender Geschwindigkeit für Bewegtbildkompression, also als *Motion-JPEG*, arbeiten kann.

Der JPEG-Standard wurde 1992 als ISO-Norm festgelegt und hat seinen Namen von der Joint Photographers Expert Group, die an der Festlegung maßgeblichen Anteil hatte. Der Standard umfaßt ein ganzes Bündel von verschiedenen Verfahren und Vorgehensweisen, die teilweise auch miteinander kombinierbar sind, oder aufeinander aufbauen (Abb. 35).

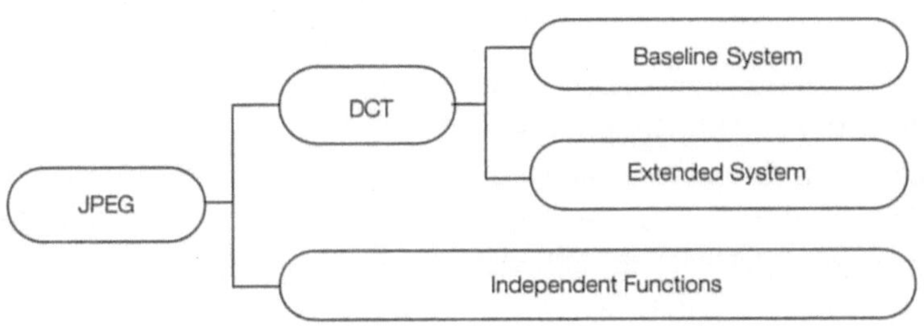

Abb. 35: JPEG-Standard im Überblick

Baseline System: Es beinhaltet die sogenannte sequentielle Methode, bei der alle Pixel eines Bildes fortlaufend einer Kompression auf Basis der DCT unterzogen werden. Genauso werden sie auch wieder decodiert.

Extended System: Dieses Verfahren arbeitet bei JPEG mit einem progressiven Modus, bei dem zuerst die gröberen, also niederfrequenten Anteile eines Bildes und anschließend immer feinere Details auf Basis der DCT codiert werden. Beim Decodieren erscheint das Bild zunächst grob. Die feinen Bilddetails kommen dann nach und nach dazu.

Independent Functions: Sie erlauben eine verlustfreie Kompression mit Hilfe einer DPCM.

Alle drei Bereiche haben auch die Möglichkeit, hierarchisch zu arbeiten. Hierbei wird ein Grundbild mit niedriger Auflösung gespeichert plus mehrere Dateien mit zusätzlichen Daten für jeweils höhere Auflösungsstufen.

Für *Motion-JPEG*, also die Kompression von Bewegtbildern, kommt sowohl aus Gründen des Zeitverhaltens als auch der erreichbaren Kompressi-

onsrate lediglich das Baseline System ohne hierarchischen Modus in Frage. Die Vorgehensweise soll hier kurz dargestellt werden (Abb. 36):

- Die Bilddaten werden einem Colour-Subsampling zwischen 4:4:4 und 4:1:1 unterzogen, wobei 4:4:4 dem Original entspricht. Dies ist nicht Bestandteil des JPEG-Standards.

- Blockbildung in 8 x 8 Pixel pro Block.

- DCT (siehe 4.2.5.7).

- Quantisierung, meist mit 64 Stufen.

- Huffman-Codierung, auch andere Verfahren, wie Lauflängen- oder arithmetische Codierung erlaubt (siehe 4.2.4).

Dieser Teil des JPEG-Standards läßt sich mit spezialisierter Hardware in Echtzeit für eine Bildrate von 30 Bildern pro Sekunde ausführen und ermöglicht so Motion-JPEG. Hierbei wird nur Intraframe-Kompression unterstützt, das heißt jedes Bild steht für sich allein, ist also völlig unabhängig von anderen Bildern codiert, wie ein Standbild. Deshalb ist M-JPEG auch

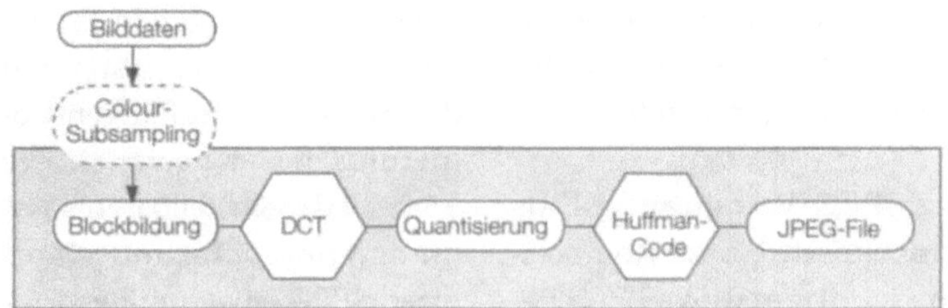

Abb. 36: JPEG Baseline-System

die ***Grundlage für nichtlineare Offline-Schnittsysteme***, wie AVID oder Montage. Im Gegensatz zu Verfahren mit Intraframe-Kompression, wie z. B. MPEG, kann hier zum Schnitt auf jedes einzelne Bild direkt zugegriffen werden.

Es werden Kompressionsraten zwischen 5:1 und 50:1 erreicht. Dies ist im Vergleich zu MPEG und anderen Verfahren relativ wenig. Hier liegt die Problematik von Motion-JPEG für den Einsatz als Codec bei digitalem Video in interaktiven Medien. Die gute Bild-Qualität des komprimierten Materials muß durch höhere Datenraten und größeren Speicherbedarf erkauft werden. So ist das Abspielen von CD-ROM problematisch und für voll bewegtes Ganzbild-Video unmöglich.

Außerdem ist zur Decodierung in Echtzeit immer spezielle Hardware erforderlich.

Ein Video-Signal, das nach CCIR 601 mit 8 bit digitalisiert wurde, hat eine Datenrate von 27 MByte/s. Mit Motion-JPEG und der hier maximalen Kompressionsrate von ungefähr 50:1 verbleibt eine Datenrate von 552,9 kByte/s. Dies ist auch für eine Double-Speed-CD-ROM noch zu hoch. Außerdem ist die Bildqualität bei dieser Kompressionsstufe schon deutlich eingeschränkt.

Für ***hohe Kompression*** kann das M-JPEG-Verfahren als ***ungeeignet*** angesehen werden. Die Ursache ist darin zu suchen, daß hier auf Interframe-Kodierung verzichtet wird (siehe 4.2.5.8). Ohne diese kann jedoch die Redundanz zwischen aufeinanderfolgenden Bildern nicht ausreichend unterdrückt werden. Dies resultiert in niedrigeren Kompressionsraten gegenüber Verfahren mit Interframe-Codierung, wie MPEG, Indeo, Cinepak und anderen.

Das JPEG-Verfahren gilt als symmetrisch. Für die Kompression wird genausoviel Zeit benötigt wie für die Dekompression. Der Rechenaufwand ist relativ hoch, so sind pro Pixel allein für die DCT 2,25 Multiplikationen, 9,25 Additionen und ein Vergleich auszuführen. Hochgerechnet auf ein PAL-Bild von 768 x 560 Bildpunkten sind dies 5,376 Millionen Operationen. Hierbei ist weder der Aufwand für das Colour-Subsampling, die Quantisierung noch die Huffman-Codierung berücksichtigt. Die Verwendung von schnellen DSP-Chips liegt daher nahe.

Es können alle Farbtiefen von 8 über 16 bis zu 24 bit sowie Bilder mit 256 Graustufen verarbeitet werden. Das vorgeschaltete Colour-Subsampling ist optional. Es ist nicht zwingend erforderlich.

JPEG ist für natürliche Bilder optimiert. Ein Einsatz bei synthetischen Bildern erbringt meist unbefriedigende Ergebnisse. Hier sind Verfahren auf der Basis von Lauflängen-Codierung besser geeignet. Die Vielzahl der einstellbaren Parameter, Bereiche und Modi macht JPEG etwas unübersichtlich. Andererseits ist dadurch eine hohe Flexibilität gegeben.

In interaktiven Medien macht der Einsatz von M-JPEG nur dann Sinn, wenn genügend Speicherplatz auf einem System vorhanden ist, hohe Bildqualität erforderlich ist, keine CD-ROM-Lösung angestrebt wird und die Kosten für eine Beschleunigerkarte in Kauf genommen werden können. Dies dürfte am ehesten wohl bei Messe-Präsentationen und festinstallierten Kiosk-Systemen (POS/POI) der Fall sein.

4.3.7 MPEG

Wie bereits erwähnt, ist MPEG aus den Bemühungen um H.261, dem Codec für hochkomprimierte ISDN-Video-Konferenzen, hervorgegangen. Wesentlicher Bestandteil beider Codecs ist die *hybride DCT*. Sie soll hier zunächst vorgestellt werden.

Auf die Differenzbilder einer bewegungskompensierten Interframe-DPCM (siehe 4.2.5.9) wird zusätzlich eine Transformationscodierung durch DCT angewandt (siehe 4.2.5.7). Hierbei muß auf der Seite des Encoders die DCT auch invers durchgeführt werden, damit die beiden Prädiktoren auf der Decoderseite und der Encoderseite nach dem Prinzip der Closed-loop-DPCM (siehe 4.2.5.8) auf keinen Fall auseinanderlaufen können.

Die Abbildung unten auf dieser Seite macht den schwierigen Versuch, diese doch etwas komplizierten Zusammenhänge anschaulich darzustellen (Abb. 37). Die Transformationscodierung mit Hilfe der DCT wird vereinfachend nur als DCT bezeichnet. Strenggenommen handelt es sich hierbei um eine blockweise DCT mit daran anschließender gewichteter Quantisierung, Zickzack-Scan und Entropie-Codierung (z. B. Huffman), wie in Abschnitt 4.2.5.7 beschrieben.

Der MPEG-Standard geht nun folgenden Weg: *Die Vorteile einer hybriden DCT werden mit den Vorteilen einer reinen Intraframe-DCT verbunden*, indem zwischen die prädiktiv codierten Differenzbilder der hybriden DCT in gewissen Abständen komplett selbständige Bilder der Intraframe-DCT eingestreut werden.

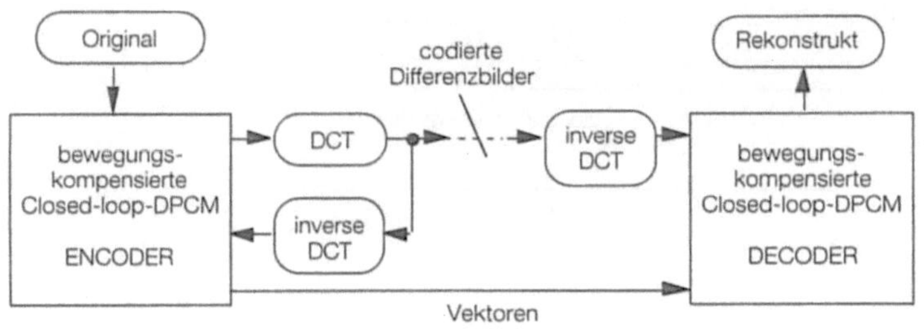

Abb. 37:
Hybride DCT

Diese werden als *I-Frames* bezeichnet und dienen dazu, eine zeitliche Verschleppung von eventuellen Übertragungs- oder Systemfehlern zu verhindern. Gleichzeitig stellen sie erkennbare Bilder für Vor- und Rücklauf dar. Man könnte sie deshalb auch als *Keyframes* bezeichnen [vgl. Hartwig, Endemann, Teil 9]. Zwischen diesen I-Frames können nun beliebig viele Bilder angeordnet werden, die durch unidirektionale prädiktive Kodierung gewonnen wurden, die sogenannten *P-Frames*. Sie werden mit Hilfe der hybriden DCT gewonnen. Man könnte sie auch als *spezielle Delta-Frames* bezeichnen.

Eine Besonderheit von MPEG stellt eine weitere Klasse von Bildern dar, die *B-Frames*. Sie werden durch bidirektionale Prädiktion aus Vorgänger- und Nachfolger-Bildern gewonnen. Bei diesen kann es sich dabei sowohl um I-Frames als auch um P-Frames handeln. Auch die B-Frames werden mit Hilfe der hybriden DCT erzeugt, wobei hier vorwärts- und rückwärtsgerichtete Bewegungsvektoren vorkommen können. Eine Folge von Bildern dieser drei speziellen Typen wird als Group of Pictures (GOP) bezeichnet (Abb. 38).

B-Frames dürfen *nicht* für weitere Prädiktionen *als Bezugs-Frames* verwendet wer-

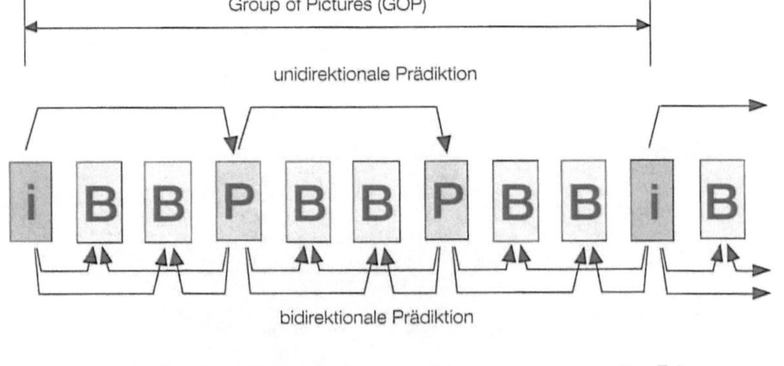

Abb. 38:
MPEG-Bildfolge (GOP)
mit Angabe der
Prädiktionsrichtung

den. Hierfür kommen ausschließlich die I-Frames und P-Frames in Frage.

Die vorgestellte Reihenfolge der verschiedenen Frame-Arten gilt nur für die Darstellung. Bei der Übertragung müssen vor den B-Frames immer diejenigen I- und P-Frames stehen, aus denen diese B-Frames berechnet werden sollen. Für die Übertragung würde hier also folgende Reihenfolge gelten (Abb. 39). Geht man von einem PAL-Signal aus, so läßt sich die Größe der mittels MPEG 1 komprimierten Frames ungefähr angeben. Ein I-Frame hat dann rund 150 kByte, ein P-Frame circa 50 kByte und ein B-Frame um die 20 kByte.

Somit wird klar, daß MPEG in der Datenrate variabel ist. Die Anzahl und Verteilung der einzelnen Frame-Arten hat hier einen Einfluß, genauso wie die Quantisierungs-Matrix oder der Prädiktionsalgorithmus der DPCM.

Folgende Datenraten wurden für die einzelnen MPEG-Standards festgelegt:

- MPEG 1: um 1,5 Mbit/s
  CD-ROM, CD-i

- MPEG 2: 2 bis 60 Mbit/s
  Broadcast
  (Consumer)

- MPEG 3: um 40 Mbit/s
  HDTV (nicht
  realisiert)

- MPEG 4: um 64 kbit/s
  ISDN-Video-
  konferenz

Hierin sind jeweils schon die komprimierten Audiodaten mit eingerechnet.

Für digitales Video in interaktiven Medien kommt derzeit nur MPEG 1 in Frage. Dieses Verfahren ist genügend ausgereift und inzwischen in der Praxis gut eingeführt.

Abb. 39:
MPEG-Bildfolge bei der Übertragung/ Speicherung

Für die Audiokompression wurde hier das *Musicam-Verfahren* integriert (siehe 4.3.9). Seine Kompressionsrate liegt bei ungefähr 120:1 und ist ausreichend, um *Full-screen/Full-motion-Video inkl. Stereo-Ton* in Musicam-Layer-1-Qualität von einer *CD-ROM-XA* oder von einer *CD-i* (Datenrate 172 kByte/s) direkt abspielen zu können.

Nicht unerwähnt soll bleiben, daß MPEG 1 bereits vor der eigentlichen Kompression eine erhebliche *Reduktion* durchführt. Die Frames einer digitalen Video-Sequenz werden dabei zunächst in das *Standard-Input-Format* (SIF) gebracht. Dieses gibt ein Größe von gerade mal 352 x 288 Pixeln bei einem Colour-Subsampling von 4:2:2 und einer Bildwiederholrate von 25 Bildern/s vor. Praktisch wird dabei jedes zweite Halbbild komplett ignoriert und im verbleibenden Halbbild noch mal jedes zweite Pixel jeder Zeile. Beim Decodieren werden diese fehlenden Anteile durch Interpolation wieder ergänzt. Hiermit wird klar, das MPEG ein stark verlustbehaftetes Verfahren ist.

Andererseits arbeiten handelsübliche VHS-Recorder ebenfalls nur mit einer Auflösung in der Größenordnung des SIF-Formats. MPEG 2 soll ohne die Reduktion auf das SIF-Format direkt mit dem CCIR-601-Format (siehe 3.5) arbeiten und so höhere Qualität im Bereich von PAL/NTSC ermöglichen.

MPEG arbeitet übrigens *extrem asymmetrisch*. Zur Kompression können bis zu 10 Minuten pro Frame nötig sein, während die Dekompression selbstverständlich in Echtzeit arbeiten muß. Es gibt für MPEG-Encoding geeignete Hardware-Beschleuniger auf dem Markt, die die Kompression ebenfalls in Echtzeit erledigen können (siehe 7.4.5).

Die Reduktion und Kompression der Video- und Audio-Daten ist nicht die einzige Aufgabe von MPEG. Es legt auch fest, wie die komprimierten Daten übertragen oder gespeichert werden. Sie werden nach genauen Vorschriften gemultiplext und liegen dann als *MPEG-Stream* vor. Darin sind auch diverse Header- und Informations-Dateien für den Decoder enthalten.

ADPCM: Adaptive Differential Pulse Code Modulation
Das ADPCM-Verfahren ist ein Signal-Codierungsverfahren, das speziell für Audio-Signale auf dem Personal Computer entwickelt wurde.

Die relevanten Speicher sind vor allem CD-Medien wie CD-ROM/XA und CD-i. Ziel war es, mit diesem Verfahren eine gegenüber dem Audio-CD-Standard reduzierte Datentransferrate und damit eine höhere Ausnutzung der Speicherkapazität zu erreichen.

Die ADPCM-Codierung wird innerhalb der verschiedenen Systeme in Levels unterteilt. Durch unterschiedliche Auflösungen und Samplingraten wird eine Stufung der Reduktionsfaktoren und damit der jeweiligen Qualität erreicht. Die Reduzierung der Auflösung hat hierbei eine Zunahme des Quantisierungsrauschens zur Folge und damit eine Verschlechterung der Dynamik. Reduziert man die Samplingfrequenz, schränkt man den zulässigen Frequenzbereich ein, d. h. die obere Grenzfrequenz nimmt ab (siehe 5.3.1.3).

ADPCM	
Level A (CD-i)	37,8 kHz 8 bit ADPCM
Level B (CD-i, CD-ROM/XA)	37,8 kHz 4 bit ADPCM
Level C (CD-i, CD-ROM/XA)	18,9 kHz 4 bit ADPCM

Tabelle 5:
ADPCM-Levels

Das zugrundeliegende Verfahren ist die *PCM (Pulse Code Modulation)*. Die hierbei auf 37,8 kHz heruntergesetzte Samplingfrequenz reduziert die Daten um ca. 14 %. Zur Kompression der anfallenden Datenmenge wurde die DPCM (Differential PCM) entwickelt. Mit der Erweiterung um die adaptive Komponente wird die Anpassung des Kompressionsverfahrens an die jeweils zu komprimierenden Daten zugelassen.

Theorie der ADPCM

Bei der ADPCM wird im Gegensatz zur Codierung der Audio-CD nur die Differenz zum vorausgehenden gesampelten Wert abgelegt und übertragen. Hierbei geht man davon aus, daß sich die direkt aufeinanderfolgenden Amplitudenwerte nicht allzu stark ändern.

Ein Signalwert uS(t) wird dabei bis zur nächsten Abtastung gespeichert, um dann von diesem neu ermittelten Signalwert uS(t+1) abgezogen zu werden. Man nennt diesen Subtrahenden auch den Vorsagewert uVS(t). Die ermittelte Differenz wird als der sogenannte Prädiktionsfehler $\Delta u(t)$ bezeichnet (Abb. 41).

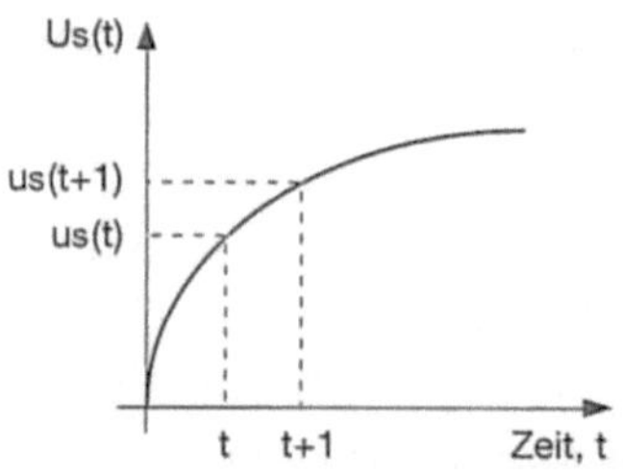

Abb. 40:
Funktion der ADPCM

Bis hier entspricht das Verfahren der reinen DPCM-Codierung.

Adaptiv: Man betrachtet hierzu zwei mögliche Extremzustände (Fälle) innerhalb eines gewöhnlichen Audiosignals (Abb. 42).

1. Fall
Ein Signal mit sehr großen Prädiktionsfehlern $\Delta u(t)$, also mit häufigen Anteilen an hohen Frequenzen.

2. Fall
Ein Signal mit ständig niedrigen Prädiktionsfehlern $\Delta u(t)$, also mit seltenem Anteil an hohen Frequenzen.

Geht man nun davon aus, daß die Prädiktionsfehler mit nur wenigen Bits codiert werden, dann könnte man entweder nur sehr grob korrekt codieren (Bits mit höherer Wertigkeit) oder nur sehr genau codieren (Bits mit niedrigerer Wertigkeit). Die ADPCM ermöglicht nun eine Anpassung dieser Wertigkeit an den auftretenden Datenstrom. Der Encoder dividiert durch eine geeignete Konstante, und der Decoder multipliziert die komprimierten Werte wieder mit dieser Konstante. Damit wird die Schrittweite (Dynamik) des Signals zur Codierung verändert, und beim Decodieren wird dieser Schritt wieder rückgängig gemacht. Die Konstante wird in ihrem Wert dem DPCM-codierten Signal angepaßt.

Im *ersten Fall* wird der Encoder einen großen Wert für die Konstante ermitteln. Hohe Frequenzanteile, deren Prädiktionsfehler sehr hoch ist, können so grober quantisiert werden. Niederfrequente Anteile werden hier kaum berücksichtigt.

Im *zweiten Fall* wird der Encoder eine niedrigen Wert für die Konstante ermitteln. Der relativ kleine Prädiktionsfehler kann dadurch gut aufgelöst werden. Hochfrequente Anteile führen in diesem Fall zu Signalverzerrungen, da der dann plötzlich auftretende hohe Prädiktionswert nicht in den vorhandenen Wertebereich paßt [vgl. Steinmetz].

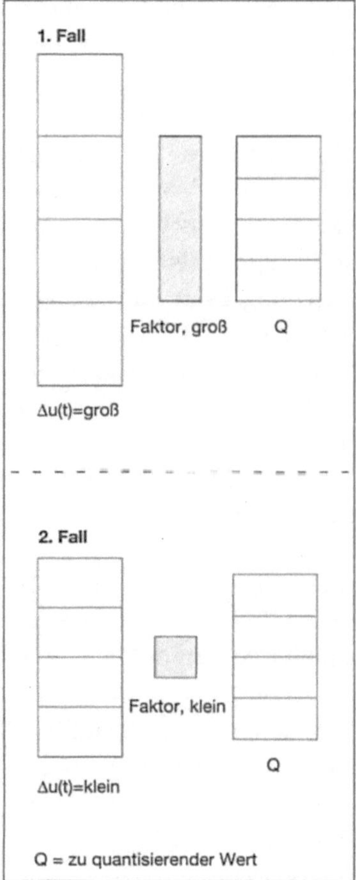

4.3.9 Musicam

Musicam: Masking-pattern Universal Subband Integrated Coding and Multiplexing
Das Musicam-Datenreduktionsverfahren ist innerhalb der MPEG-1-Norm unter ISO/IEC 11172-3 festgelegt. Musicam ist darin für den Audiobereich zuständig. Das Verfahren unterstützt in seiner Hauptform die Betriebsarten Mono, Zweikanal (Bsp.: zwei Sprachen), Stereo und Joint Stereo.

Datenmengen: Als anschauliche Vergleichsgrundlage für Audiodaten dient die Audio-CD. Dies ist sicherlich auf die große Akzeptanz und Verbreitung des Mediums zurückzuführen und aus technischer Sicht auf den Digitalisierungsstandard (16 bit Quantisierung; 44,1 kHz Samplingfrequenz).

Reduktionsfaktoren werden oft auf die Audio-CD bezogen, da diese keinerlei Reduktion vornimmt (Tabelle 6).

Abb. 41 links: Adaptiv

Tabelle 6

	CD Stereo	Musicam
kbit/s	1378	64 - 448
kByte/s	172	8-56
Mbit/s	1,35	0,06 - 0,44
Faktor	1:1	22:1 - 6:1

Codierung

Jedes Tonsignal läßt sich mit Hilfe einer Fourier-Analyse als eine Summe von Sinus- und Cosinusschwingungen darstellen. Daraus können in bestimmtem Rahmen auch Vorhersagen über den zukünftigen Verlauf der Schwingungen gemacht werden.

Die Genauigkeit dieser Vorhersage hängt jedoch von der Komplexität des Signals ab. Bestimmte, aus Fourier-Transformation gewonnene Signalbestandteile können, wenn der Encoder sich deren Formel merkt, ausgelassen werden. Dazu wird der Algorithmus des Encoders entsprechend programmiert. Der Erfolg dieser Reduktion hängt vom Verhältnis der gewonnenen Formel zum Originalsignal ab.

Eine weitere Reduktionsmaßnahme besteht darin, daß man sich die Eigenschaften des menschlichen Gehörs zunutze macht: Der Frequenzgang des menschlichen Ohrs folgt der sogenannten Hörschwelle, d. h. nicht alle Frequenzen werden gleich gut übertragen und wahrgenommen. Weiterhin ist bekannt, daß frequenzabhängig leise Signale, die entweder dicht vor einem lauteren Signal, dicht danach liegen oder sogar von einem lauteren Signal überlagert werden, gänzlich überhört werden. Die Art und Auswirkung der Verdeckungseffekte beim menschlichen Gehör ist ein angeregtes Thema in der Forschung. Es ist damit zu rechnen, daß neue Erkenntnisse in Zukunft in die Verfeinerung der Algorithmen eingehen werden.

Aus diesem Grund hat man zwar die Decoder-Seite von MPEG 1 streng genormt, jedoch die Encoder-Seite für neue Algorithmen offen gelassen [vgl. Neubauer].

Musicam teilt das Signal in 32 Frequenzbereiche mit einer jeweiligen Breite von 750 Hz auf. Das geschieht mit Hilfe eines Polyphasenfilters. Die gewonnenen Frequenzbänder werden dann getrennt, nach unterschiedlichen Gesetzmäßigkeiten bearbeitet. Zwölf aufeinanderfolgende Werte werden innerhalb der Frequenzbänder zusammengefaßt. Die Länge

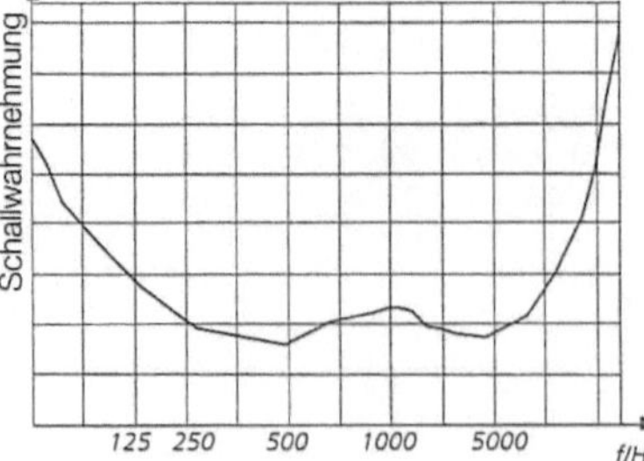

Abb. 42
Hörschwelle = untere
Schallwahrnehmungs-
grenze

dieser Abschnitte und damit die Dauer von 8 ms hat ihre Begründung in der Vorverdekkung, so kann man Quantisierungsverzerrungen und Vorechos bei sehr schnellen Pegelsprüngen unterdrücken.

Das eingehende Signal wird dann parallel zur Phasenfilterung durch eine Fourier-Transformation in seine spektralen Anteile zerlegt. Aus dem Signalverlauf werden nun Skalierungsfaktoren generiert, die mit dem Signal übertragen werden. Diese fließen zusammen mit dem Ergebnis der Fourier-Transformation in ein sogenanntes psychoakkustisches Modell ein. Eine daraus gewonnene Mithörschwelle bestimmt die Art der Bit-Zuweisung. Diese Zuweisung übernimmt die Steuerung der Quantisierung der Daten, sie teilt dem Deco-

der mit, welche der verschiedenen Auflösungen gerade verwendet werden.

Die Quantisierung erfolgt also nicht wie bei der Audio-CD oder bei DAT in durchgängigen 16 bit, sondern durch eine Art Gleitkomma-Arithmetik. Dadurch kann mit 6 bit schon eine Dynamik von bis zu 120 dB erreicht werden.

Bei tiefen Frequenzen ergeben sich durch die immer gleich breiten Frequenzbänder Probleme, die Eigenschaft des menschlichen Gehörs nachzubilden. Denn während die Empfindung einer Oktave zu einem Ton mit 10 kHz eine Aufteilung in mehrere 750-Hz-Bänder zuläßt, so liegen in dem Bereich unter 750 Hz gleich mehrere Oktaven, die alle im gleichen Band berechnet werden [vgl. Neubauer].

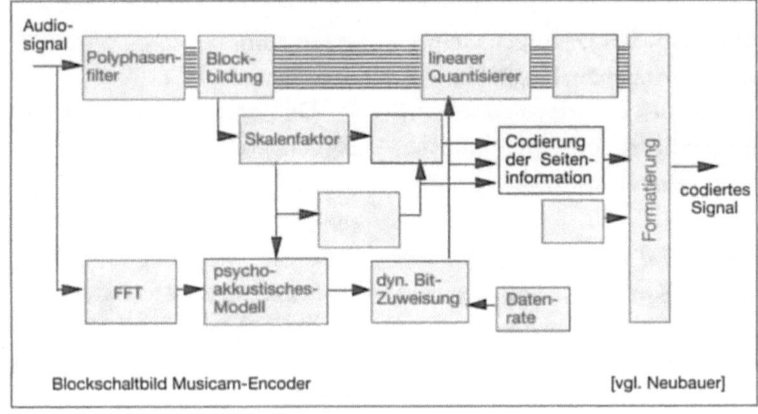

Abb. 43:
Musicam-Encoder

Layer

Um den verschiedenen Anforderungen der möglichen Nutzer von Kompressionsverfahren gerecht zu werden, hat man den Standard in drei unterschiedliche Layer unterteilt. Deren Qualitäten reichen von Videokonferenz-Qualität bis nahezu Red Book Audio bei Datenraten von 256 kbit/s für Stereo (Reduktionsfaktor 6:1) anstatt der 1,4 Mbit/s einer Audio-CD.

Mit *Layer I* wurde eine einfache Version des Musicam-Verfahrens festgelegt. Die wichtigste Anforderung war ein minimaler Systempreis zur Anwendung im Consumer-Bereich. Eine maximale Datenreduktion mußte nicht erfüllt werden.

Im *Layer II* wird mit einem sehr viel höheren Aufwand codiert, um möglichst geringe Datenraten zu erreichen. Die Rechenleistung des Encoder-Prozessors muß hierfür etwa dreimal so hoch sein wie die des Decoders.

Layer III wurde speziell im Hinblick auf bestmögliche Audio-Qualität bei niedrigen Datenraten entwickelt. Es wird eine Huffman-Entropie-Codierung eingesetzt, bei der häufig vorkommende Werte in Codeworte umgesetzt werden. Die 32 Frequenzbänder werden nochmals durch MCDT (Modified Cosinus Tranformation) in 18 Unterbänder unterteilt. Es ergibt sich eine Summe von 567 Bändern. Dadurch können die subjektiven Empfindungsbereiche des menschlichen Gehörs von etwa 100 Hz bei den tiefen Frequenzen besser nachvollzogen werden. Die dadurch gewonnene bessere Auflösung ermöglicht der Entropie-Codierung eine effektivere Entfernung der Redundanzen. Außerdem kann das Quantisierungsrauschen bei tiefen Frequenzen besser angepaßt werden.

Abwärtskompatibel: Ein Decoder kann immer nur genau den Layer dekomprimieren, für den er vorgesehen ist und alle darunterliegenden. Das heißt, die Geräte müssen abwärtskompatibel sein.

Datenraten können vorgegeben werden und reichen von 64 kbit/s bis 448 kbit/s für Stereo oder Zweikanalinformationen. Ein Monosignal mit 32 kbit/s wird vom Standard unterstützt. Mögliche Samplingfrequenzen sind 32, 44,1 und 48 kHz.

Zur *Synchronisation* von Audio- und Videodaten werden alle 0,7 Sekunden die Systemzeit und entsprechende Zeitmarken, die der Decoder auswerten kann, eingefügt. Kommt es zu Abweichungen, dann hat der Ton Priorität vor dem Bild.

Joint Stereo Modus: Die einzelnen Frequenzbänder werden nach redundanten und irrelevanten Informationen, die aus der Stereo-Information resultieren, ausgewertet. Diese Intensitäts-Stereo-Codierung kann in allen drei Layern angewandt werden [vgl. Neubauer].

Layer 1/Rahmen für 384 PCM-Samples

Header	CRC	Bit-zuweisung	Skalen-faktoren	Subband-Samples	Zusatz-daten
12 bit Sync. 20 bit System-Info	16 bit	4 bit	6 bit Sk	1 Subband-Sample entspricht 32 PCM-Eingangssamples	Länge nicht festgelegt

Layer 2/Rahmen für 1152 PCM-Samples

Header	CRC	Bit-zuweisung	Auswahl-info	Skalen-faktoren	Subband-Samples	Zusatz-daten
12 bit Sync. 20 bit System-Info	16 bit	Subband 0-10 4bit 14-22 3bit 23-31 2bit	2 bit 00 01 10 11	6 bit Sk Sk Sk Sk Sk Sk Sk Sk Muster	3 Subband-Samples entsprechen 96 PCM-Eingangssamples	Länge nicht festgelegt

Tab. 7+8:

Prinzipieller Aufbau eines Datenblocks des Musicam-Layer-I+II-codierten Signals. Der Layer-II-Block hat die dreifache Länge des Layer-I-Blocks (3 x 384 = 1152 PCM-Abtastungen).

4.3.10 Codec-Vergleich

Nachdem nun eine Vielzahl an verschiedenen Codecs zur Kompression und Dekompression von digitalen Video- und Audio-Signalen vorgestellt wurde, macht es Sinn, diese einmal einander gegenüberzustellen. Dabei geht es nicht so sehr um exakte quantitative Aussagen als vielmehr um grundlegende Abwägungen und Tendenzen.

Es besteht hier die Gefahr, Äpfel mit Birnen zu vergleichen, was so gut wie möglich vermieden werden soll. Es werden nur Video-Codecs mit höheren Kompressionsraten verglichen. Die Audio-Codecs und Codecs wie Apples None oder auch Microsofts Raw finden keine Erwähnung.

Zunächst hier die Codecs der beiden Rechnerplattformen, die in Apple´s QuickTime und Video for Windows von Microsoft enthalten sind (Tabelle 9).

Kommentar zu Tabelle 9:

Am besten geeignet für Video in interaktiven Medien erscheinen aus dieser Gruppe zwei Codecs: Apples Video und Microsofts Video 1. Beide können bei vergleichsweise mittleren Kompressionsraten mit brauchbarer Qualität aufwarten, und das bei relativ geringem Speicherbedarf. Microsofts Video 1 ist allerdings stärker verbreitet. Die anderen 4 Codecs können bei natürlichen Bildsequenzen nicht mit entsprechenden Kompressionsra-

Kriterium / Medium	Apple Video	Apple Animation	Apple Graphics	Apple Photo (JPEG)	Microsoft RLE	Microsoft Video 1
geeignet für..	Video	Animation	Animation	Video[1]	Animation	Video
asymmetrisch ?	ja	ja	ja	nein	ja	ja
Interframe-Komp.	ja	nein	nein	nein	nein	ja
Vollbild möglich ?	nein	nein	nein	nein	nein	nein
Kompressionsrate	O	∎	∎	O	∎	O
Qualität	O	+	O	+	+	O
Bildrate	O	O	O	∎	O	O
Speicherbedarf	∎	+	+	O	+	∎
Verbreitung	O	O	O	O	+	+

[1] = nur mit Hardware-Beschleunigung

∎ gering   O mittel   + hoch

Tabelle 9:
Codecs von Apple und Microsoft im Vergleich

ten aufwarten, bringen jedoch höhere Qualität. Die geringere Kompression wirkt sich auf langsameren Systemen allerdings auch negativ auf die Bildrate aus. Apples Photo (JPEG) stellt eine Ausnahme dar. Er komprimiert zwar etwas stärker, kann aber nur mit einer Hardwareunterstützung überzeugen und verbraucht immer noch zu viel Speicher, da er völlig auf Interframe-Kompression verzichtet.

Der zweite Teil des Vergleichs bezieht sich auf Codecs von Drittanbietern und internationalen Gremien. Sie stellen die am meisten verbreiteten dar. Es gibt noch weitere, die hier aber keine Erwähnung finden, da sie als ungeeignet oder zu exotisch gelten können.

Verglichen werden hier Codecs, die rein softwaremäßig arbeiten, mit solchen, die noch Zusatz-Hardware brauchen. Dies ist problematisch, aber eine Aussage ist trotzdem möglich (Tabelle 10).

Kommentar zu Tabelle 10:

Bei den Codecs, die ohne Zusatz-Hardware auskommen, hat *Indeo 3.2* die Nase leicht vorn. Er bietet eine hohe Kompressionsrate bei guter Qualität und geringem Speicherbedarf. Ab der Version 3.2 soll laut Intel auf schnellen Rechnern sogar Vollbild bei akzeptablen Bildraten möglich sein.

Dicht gefolgt wird er von *Cinepak*, der die Codecs aus Tabelle 9 alle hinter sich läßt und

Kriterium \ Medium	Indeo 3.2	Cinepak	H. 261	M-JPEG	MPEG 1	MPEG 2
geeignet für..	Video	Video	ISDN-Video	Video[1]	Video[1]	Video[1]
asymmetrisch ?	ja	ja	ja	nein	ja	ja
Interframe-Komp.	ja	ja	ja	nein	ja	ja
Vollbild möglich ?	ja	nein	nein	ja	ja	ja
Kompressionsrate	+	+	+	O	+	O
Qualität	O	O	—	+	O	+
Bildrate	+	+	—	+[1]	+[1]	+[1]
Speicherbedarf	—	—	—	+	—	O
Verbreitung	+	+	—	O	O	—

[1] = nur mit Hardware-Beschleunigung

— gering O mittel + hoch

Tabelle 10:
Codecs von Drittanbietern und internationalen Gremien im Vergleich

bei vergleichbarer Kompressionsrate bessere Qualität bieten kann. Lediglich bei Vollbild-Video muß er im Moment noch passen.

H.261 kann als Außenseiter gelten und wird hier nur der Übersicht halber aufgeführt. Er bietet zwar sehr hohe Kompressionsraten, macht aber doch zu große Zugeständnisse bei der Bildqualität.

Für *M-JPEG* gilt im wesentlichen dasselbe wie für Apples Photo aus Tabelle 9. Trotz guter Qualität ist er durch seinen hohen Speicherbedarf mit entsprechend hoher Datenrate und seine Hardwareabhängigkeit kaum für interaktive Medien geeignet.

Klarer Sieger bei den Codecs, die Hardwareunterstützung verlangen, ist *MPEG 1*. Bei hoher Kompression erzeugt er beeindruckende Qualität bei hoher Bildrate und trotzdem geringem Speicherbedarf.

MPEG 2 ist noch nicht vollständig genormt. Er wird sehr gute Bildqualität um den Preis von geringerer Kompressionsrate und höherem Speicherbedarf bieten. Erst durch eine neue Generation von Hardware und Speichermedien (schnelle CPUs und HD-CD-ROM...) kann er sinnvoll genutzt werden. Er könnte die Lösung der Zukunft darstellen.

4.4 Qualitätsanspruch

Wenn hier häufig von Qualitäten der einzelnen Codecs und Verfahren die Rede ist, so soll dieser Begriff nun näher definiert und relativiert werden.

Prinzipiell läßt sich feststellen, daß ein Kompressionsverfahren an seinem Ausgang, also nach der Kompression und Dekompression des Signales, nie ein besseres Ergebnis liefern kann, als ihm am Eingang zur Verfügung steht. Man muß sich also nicht wundern, wenn auch ein teurer MPEG-Encoder aus einem alten VHS-Video keine gute Qualität zaubern kann.

Jeder Codec erreicht nur mit optimalem Ausgangsmaterial die besten Ergebnisse. Dies bezieht sich sowohl auf die Bildqualität als auch auf die erreichbare Kompressionsrate.

Hat ein Eingangssignal einen hohen Rauschanteil, so bekommen alle Codecs Probleme, da das Rauschen als zusätzliche Bildinformation verstanden wird und dadurch die Entropie steigt (siehe 4.2.3). Dies senkt die Kompressionsrate. Hat ein Eingangssignal keine gute Schärfe und Brillianz, so kann auch das dekomprimierte Signal diesbezüglich nicht mehr überzeugen.

Vor diesem Hintergrund muß man Aussagen sehen wie die, daß MPEG 1 eine Bildqualität liefert, die in der Größenordnung von S-VHS liegt. Erstens läßt sich solch eine Aussage lediglich rein visuell treffen, da sie Labormessungen nicht standhalten kann. Zweitens kommt es hier wieder sehr stark auf das Ausgangsmaterial an. Von einer schon betagten U-matic-Low-Band-Kassette läßt sich auch mit dem teuersten MPEG-Encoder niemals eine S-VHS-artige Qualität erzielen.

Allgemein läßt sich festhalten, daß von optimalem Material ausgegangen werden sollte. In der Praxis wird dies wohl meist Betacam-SP-Material einer niedrigen Generation sein, auf einem Komponenten-Schnittplatz geschnitten, optimal ausgesteuert und möglichst frei von Drop-outs. Auch digital erzeugtes und digital bearbeitetes Videomaterial, zum Beispiel im D1-Format kommt selbstverständlich in Frage.

Auf der fotografisch-filmerischen Seite sollte man auf gute Ausleuchtung und geringere Kontraste achten. Feine Details sollten gemieden werden, ebenso wie harte Kontrastkanten. Totalen können viel von ihrer Wirkung verlieren, wenn sie in einem kleinen Fenster auf dem Bildschirm erscheinen (siehe 10.2).

Ebensowenig wie vom Namen eines Codecs läßt sich von einer Datenrate direkt auf eine Qualitätsstufe schließen. Im Zusammenhang mit M-JPEG ist zum Beispiel davon die Rede, daß eine Datenrate von 500 kByte/s bereits mit VHS-Qualität zu vergleichen sei, während 1,5 MByte/s sogar als Broadcast-Qualität anzusehen seien. Dies mag dann der Fall sein, wenn von möglichst idealem Originalmaterial ausgegangen werden kann und alle beteiligten Komponenten, wie der Digitalisierer, der Rechner, die spezielle Beschleunigerkarte, der Monitor, das Verfahren etc., möglichst hochwertig waren und optimal eingesetzt wurden. Auch liegt in der gekonnten Einstellung von Parametern beim Digitalisieren und Komprimieren eine Menge Know-how verborgen. Wer hier über langjährige Erfahrung und fundiertes Wissen verfügt, wird sicherlich höhere Qualität erzielen als ein Neuling, der alles auf "Default" eingestellt läßt.

Beim MPEG-Encoding ist zum Beispiel der Vorgang des *Preprocessing* von entscheidender Bedeutung für das spätere

Ergebnis. Bei diesem Vorgang werden die Daten aufwendig so vorbereitet, daß der Encoder sie optimal verarbeiten kann. Hierzu gehören Filterungen, Dynamikbegrenzung, Farbmanipulationen und etliche anderen Schritte. So kommt es auch, daß manche Encoding-Anbieter wesentlich bessere Ergebnisse erzielen, als andere.

Aber auch bei der vergleichsweise simplen Herstellung von QuickTime-Movies oder AVI-Videos spielt sowohl das Ausgangsmaterial, als auch die Erfahrung des Anwenders eine wesentliche Rolle.

5 Speichermedien

iel dieser Aufstellung und Beschreibung ist es nicht, die Grundlagen der Computerspeichermedien zu erarbeiten. Fachliteratur zu diesem Thema ist ausreichend vorhanden. Auch ist die Entwicklung in diesen Techniken nicht so rasant fortgeschritten, daß es diesbezüglich einer neuen Untersuchung bedarf.

Diese Betrachtung setzt sich mit der Eignung der bekannten Medien für den Einsatz von Video-Sequenzen in interaktiven Medien auseinander. Bekannte Medien deshalb, weil eine Praktikabilität im professionellen Einsatz eine zumindest kurze Bewährung voraussetzt.

Zukünftige Entwicklungen, mit denen in absehbarer Zeit zu rechnen ist, sollen kurz vorgestellt werden.

Ein nicht mehr ganz neues, jedoch selten erwähntes Medium, die Mini-Disk MD-Data, werden wir beschreiben.

Zwar versucht man mit der rasanten Entwicklung der Datenkompressionstechniken, die Informationsdichte von digitalen Videosignalen zu erhöhen, um so die Datenmengen zu minimieren. Trotzdem stellen die Kapazitäten, Transferraten und Zugriffszeiten der derzeit relevanten Speichermedien erhebliche Engpässe dar. Dies gilt insbesondere für digitales Video. Gezielte Vorüberlegungen zu den Anforderungen an ein Speichermedium ermöglichen diesbezüglich einen erwünschten Optimierungseffekt.

Die *Speichertechnik* bei einem Personal Computer läßt sich zur besseren Übersicht in drei Gruppen aufteilen:

Primärspeicher: der sogenannte Hauptspeicher oder Arbeitsspeicher (RAM). Sehr schneller Zugriff, jedoch sehr hoher Preis. Man arbeitet hauptsächlich mit Halbleiterspeichern.

Sekundärspeicher: relativ schneller und preiswerter Massenspeicher. Festplatten und schnelle Wechselmedien zählen hierzu. Festplatten können stationär, sowie auch mobil eingesetzt werden.

Tertiärspeicher: langsamer, sehr preiswerter Backup-Speicher, z. B. DAT, Wechselplatte, optische Speicher und Disketten [vgl. Bernstein].

besser beurteilen zu können, sollen diese zwei Modi kurz vorgestellt werden.

Die Begriffe CAV und CLV stammen ursprünglich von der Laservision-Bildplatte (Philips), bei der man die Wahl zwischen beiden Modi hat. Das Grundprinzip der kreisförmigen bzw. spiralförmigen Spurführung läßt sich jedoch auf alle Platten-Speichermedien übertragen.

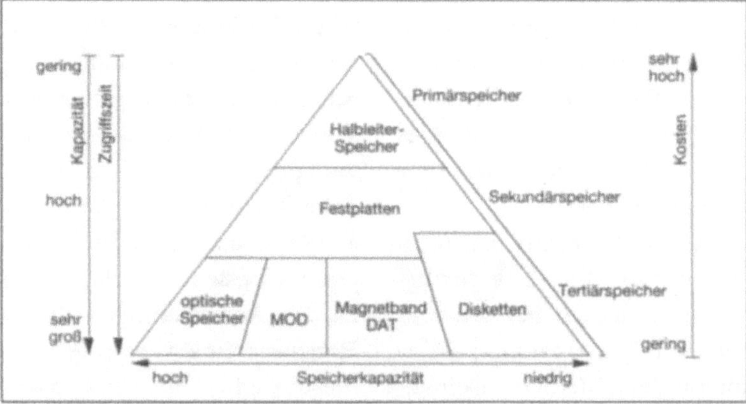

Abb. 44:
Speicherhierarchie

CAV und CLV

Magnetische sowie optische Plattenspeicher arbeiten grundsätzlich mit zwei unterschiedlichen Aufzeichnungsmodi. Wesentliche Eigenschaften dieser Medien lassen sich hieraus ableiten. Als Grundlage, um Festplatten, CD-ROMs und andere dieser Speichermedien

CAV-Modus (Constant Angular Velocity = kostante Winkelgeschwindigkeit): Die Informationen gehen ringförmig von der Innenseite der Platte nach außen. Die Platte dreht in konstanter Geschwindigkeit, d. h. daß die Kopf-zu-Platten-Geschwindigkeit nach außen hin zunimmt. Da sich der Auslesetakt nicht ändert, muß also die Dichte der Information nach außen hin abnehmen. Resultierend aus der konstanten Ge-

5.1 Magnetische Speicher

5.1.1 Diskette

schwindigkeit lassen sich relativ *kurze Zugriffszeiten* realisieren. Die Abnahme der Informationsdichte hat eine *geringere Gesamtkapazität* zur Folge. *Bsp.:* Festplatte, Diskette, Bildplatte.

***CLV-Modus** (Constant Linear Velocity = konstante Lineargeschwindigkeit):* Die Informationen verlaufen spiralförmig von der Innenseite der Platte nach außen. Die Information ist in gleichbleibender Dichte gespeichert, und der Auslesetakt bleibt gleich. Um eine gleichbleibende Kopf-zu-Platten-Geschwindigkeit zu erreichen, verringert man die Drehzahl der Platte nach außen hin stetig. Die äußeren Spuren lassen sich so effektiver nutzen, was eine *bessere Ausnutzung der Kapazität* bewirkt. Die sich ändernde Geschwindigkeit wirkt *nachteilig auf die Zugriffszeit.* *Bsp.:* CD-ROM, Bildplatte.

Diskettenlaufwerke gehören immer noch zu den wichtigsten Datenträgern der Personal Computer. Als Ergänzung zu Festplattenlaufwerken dient die Diskette als leichtes und preiswertes Transportmedium für kleine Datenmengen. Für den Versand und Verkauf von Programmen und als Werbeträger ist die Diskette prädestiniert. Als Backup-Medium ist sie wegen der beschränkten Kapazität nur in einzelnen Fällen zu gebrauchen.

Im multimedialen Bereich ist eine Diskette fast ausschließlich als Tertiärmedium zu betrachten. Das liegt in der geringen Speicherkapazität und in dem langsamen Zugriff begründet.

Der Austausch unterschiedlich formatierter Disketten, IBM-kompatibel oder Apple Macintosh, ist mit Hilfe von gängigen Softwaretools mittler-

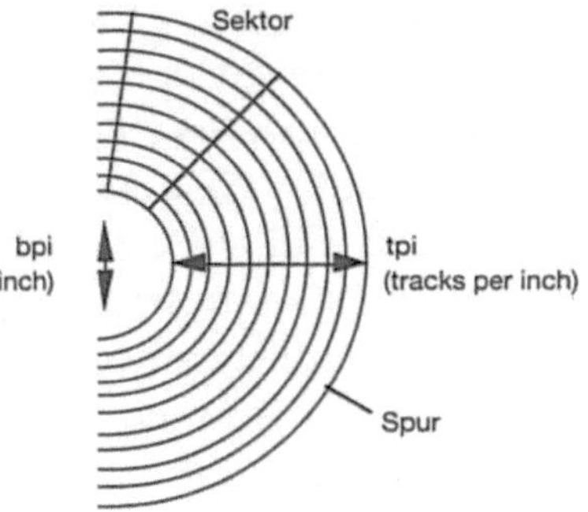

Abb. 45 links:
Sektor und Track
einer Diskette

Größe:	3,5 Zoll, Ø ca. 9 cm
Typ:	DD (Double Density)
Kapazität:	720–800 kByte
Dichte:	8717 bpi
Spuren:	135 tpi
Typ:	HD (High Density)
Kapazität:	ca. 1,4 MByte
Dichte:	17434 bpi
Spuren:	135 tpi

Tabelle 11:
Technische Daten
der Diskette

weile unproblematisch. Dateien können somit sehr bequem per Diskette zwischen diesen Rechnerwelten ausgetauscht werden.

Die Datentransferrate einer Standarddiskette liegt etwa bei 32 kByte/s (256 kbit/s) bis 128 kByte/s (1 Mbit/s).

Eine technische Realisierung zur Steigerung des Speichervolumens einer Diskette ist seit einiger Zeit bekannt. Es gibt 3,5-Zoll-Laufwerke mit SCSI-Schnittstelle, die auf speziellen Barium-Ferrit-Disketten bis zu 2,88 Mbyte speichern können. Eine Abwärtskompatibilität zu den 1,44-MByte-Disketten ist gegeben.

Die Ausrichtung der Magnetpartikel geschieht bei diesem Verfahren nicht mehr longitudinal, denn diese Art der Aufzeichnung war nahezu an ihre physikalischen Grenzen gestoßen, sondern vertikal. Theoretisch läßt sich durch diese Methode das Speichervolumen auf das bis zu 10-fache steigern [vgl. Bernstein].

Eine Verbreitung am Markt hat bis heute jedoch nicht stattgefunden.

Auf der CeBit '94 wurde von Sony die 3,5-Zoll MetalServo Floppy-Disk mit 21,4 MByte Kapazität vorgestellt. Mit über 300 KByte/s Datenrate ist sie in der Lage, digitales Video

abzuspielen. Für interaktive Medien ist sie dennoch nur als Tertiärmedium zu sehen. Der Standard, obwohl zur Normierung vorgelegt, hat bis heute keine Bedeutung.

5.1.2 Festplatte

Die Festplatte ist als der derzeit wichtigste Sekundärspeicher für Personal Computer zu sehen. Eine interne Festplatte gehört mittlerweile zur Standard-Ausstattung eines PC´s. Im multimedialen Bereich bietet sich die gleichzeitige Nutzung als Transportmedium in Form einer externen Festplatte an.

Die üblichen Festplattenkapazitäten von Personal Computern reichen heute von ca. 80 Megabyte bis ca. 4 Gigabyte. Kleinere Kapazitäten verschwinden mehr und mehr vom Markt, größere bis etwa 9 Gigabyte sind heute schon erhältlich. Da Festplatten in erster Linie als Sekundärspeicher für interaktive Anwendungen mit eingebundenem digitalen Video eingesetzt werden, ist auf eine möglichst hohe Speicherkapazität und auf eine hohe Datentransferrate zu achten. Kapazitäten liegen heute für diese Art der Anwendung bei 500 MByte und größer. Übliche Datenraten liegen um 1;2 MByte/s, gute Werte liegen zwischen 2 und 3 MByte pro Sekunde.

Kurze Zugriffszeiten kommen der Interaktivität der Applikationen zugute. Gute, mittlere Zugriffszeiten liegen um die 16 Millisekunden.

Beispiel: Ein Videosignal, nach CCIR-601-Standard (4:2:2) digitalisiert und per MPEG 1 mit Faktor 180:1 komprimiert, ergibt pro Sekunde etwa 120 kByte Daten. Dazu kommt per MPEG 1 (Musicam) komprimiertes Audio in Stereo mit etwa 30 kByte pro Sekunde (172 kByte, Faktor 6:1). Rechnet man nun z. B. fünf Sequenzen innerhalb einer Produktion mit je einer Länge von drei Minuten, also 15 Minuten digitales Video, so ergibt dies eine Rohdatenmenge von etwa 130 MByte (15 min x 60 sec x 150 kByte : 1024 = ca. 130 MByte).

Der hohe Speicherplatzbedarf wird schnell ersichtlich. Die Kapazität an sich stellt heute jedoch kein Problem mehr dar. Zahlreiche, hochwertige 1,3-Gigabyte-Festplatten werden heute schon für 1000 bis 2000 DM angeboten. Der professionelle Anwender profitiert hier von dem enormen Preisverfall des Consumer-Marktes.

Aus der Anforderung nach schneller Zugriffszeit und nach hoher Datenrate ergeben sich jedoch bei immer größer werdenden Kapazitäten Probleme, die zu beachten sind:

Fragmentierung

Die Speicherung der Daten auf einer Festplatte geschieht beim PC nicht Bit- oder Byteweise, sondern es wird eine Anzahl von Bytes zu Sektoren oder Blöcken zusammengefaßt.

Eine Festplatte teilt sich in mehrere Spuren auf. Diese Spuren sind wiederum radial wie ein Kuchen aufgeteilt. Die sich ergebenden Kreisbogenabschnitte werden Sektoren oder Blocks genannt.

Die Dateien werden nun nacheinander in diese Blocks geschrieben. Ist eine Datei größer als einer dieser Blocks, dann wird sie auf mehrere Blocks aufgeteilt.

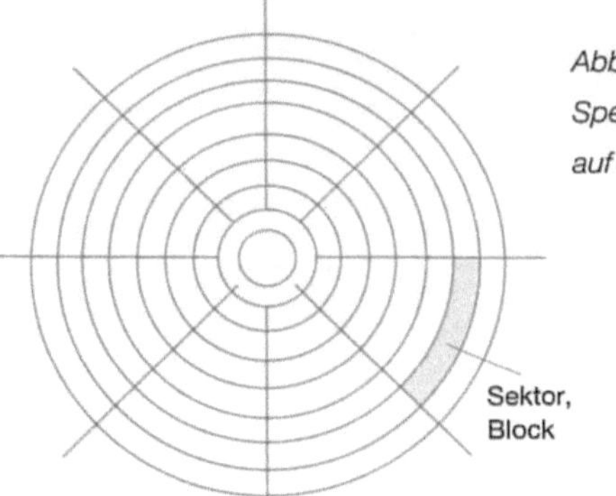

Abb. 46:
Speicherstruktur
auf der Festplatte

Ist die Festplatte neu formatiert, dann werden hierfür die direkt folgenden Blocks verwendet. Bei einer Festplatte, die schon seit längerer Zeit in Gebrauch ist, entstehen durch das ständige Löschen und Speichern von Daten freie Blocks, die sich irgendwo auf der Platte befinden.

Wird jetzt zum Beispiel eine große Datei abgespeichert, dann wird diese im ungünstigsten Fall auf mehrere solcher freien Blocks verteilt.

Beim Lesen müssen die Daten aus den jetzt weit auseinanderliegenden Blocks geholt werden. Eine derart ungünstige Verteilung der Dateien auf einer Festplatte bezeichnet man als Fragmentierung.

Eine fragmentierte Festplatte ist nicht mehr in der Lage, ihre maximale Datenrate zu gewährleisten. Videosigna-

le sind jedoch gerade auf diese Spitzenwerte der heutigen Festplattensysteme angewiesen. Eine Verschlechterung des Datentransfers kann, abhängig von der Video-Soft- und -Hardware zu Bildaussetzern oder zumindest zu einer Reduzierung der Frame-Rate führen. Je nach Applikation kann es auch zu Synchronisationsproblemen kommen.

Um dieses Problem zu beheben, gibt es für IBM- und Apple-PCs unterschiedliche Defragmentierungs-Software, welche die Geschwindigkeit der Platte wieder optimieren.

Aus der Tatsache, daß PC-Systeme nicht für derart hohe Speicherkapazitäten entwickelt wurden, entstehen weitere Einschränkungen im Umgang mit großen Festplatten:

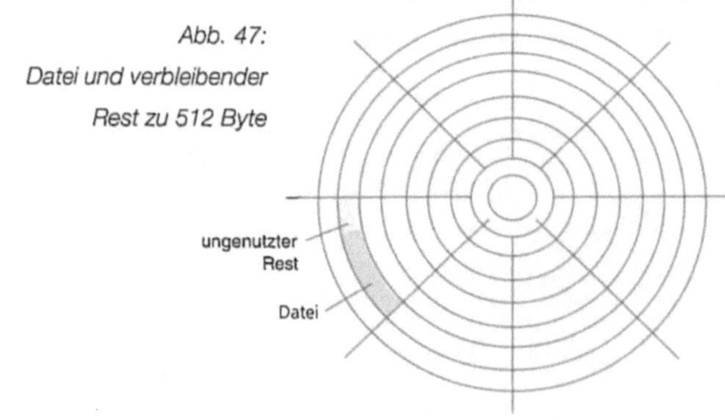

Abb. 47:
Datei und verbleibender
Rest zu 512 Byte

Prinzip der Blocks und Cluster

Am Beispiel eines Apple-Computers soll der Umgang des PC mit der Festplatte dargestellt werden. Die Probleme großer Speicherkapazitäten ab 500 MByte, werden dabei deutlich.

Die Sektoren auf einer Festplatte haben eine Größe von 512 Byte, jede Datei benötigt also genau diesen Platz.

Wenn die Datei größer als ein Block ist, dann belegt der Rest einen weiteren Block. Der verbleibende Speicherplatz auf einem genutzten Block kann nicht weiter genutzt werden. Die möglichen Verluste fallen hier aufgrund der kleinen Blockgröße bescheiden aus (siehe Abb. 47).

Der Apple-Rechner kann maximal 65536 dieser Sektoren adressieren. Errechnet ergibt das eine maximale Speicherkapazität von 32 MByte (65536 x 512 Byte = 32 MByte). Daher werden mehrere dieser Sektoren zu Clustern zusammengefaßt. Das ergibt bei einer 500-MByte-Festplatte eine Cluster-Größe von je 8 kByte (16 Sektoren). Jede Datei belegt nun mindestens diese 8 Kilobyte, egal ob sie nur 100 Byte groß ist. Es ergibt sich ein ungenutzter Rest von 7,9 kByte.

Wenn man sehr oft mit kleinen Dateien arbeitet, dann läßt sich dieses Problem dadurch lösen, daß man die Festplatte partitioniert. Dadurch wird sie vom Rechner als beispielsweise zwei Festplatten mit halber Kapazität gesehen.

Eine unterschiedliche Partitionierung wird man wählen, wenn häufig sehr große Dateien, wie z. B. Bilder, bearbeitet werden sollen. Je größer die einzelnen Cluster, desto schnel-

ler der Zugriff auf die Daten und desto höher die mögliche Datentransferrate. Maximale Größe eines Clusters beträgt 32 kByte. Dadurch ergibt sich eine maximale Festplattengröße von 2 Gigabyte, alles was darüberliegt, muß partitioniert werden.

Durch gezielten Einsatz der vorausgenannten Erkenntnisse ist eine deutliche Optimierung der Festplatten zu erreichen. Formatierungssoftware hierzu gehört zum Lieferumfang einer guten Festplatte.

In Sachen Geschwindigkeit und Qualität sind in naher Zukunft Steigerungen seitens der Hard- und Software-Entwickler zu erwarten. Die Entwicklung um digitales Video hat gerade erst so richtig begonnen.

Der Trend bei Festplatten geht eindeutig hin zu höheren Datenraten. Hersteller werben derzeit schon mit Werten bis zu 8 MByte/s ihrer Gigabyte-Festplatten. Diese Leistungssteigerung wird in der Regel über höhere Drehzahlen, die wiederum durch die steigende Präzision und durch verbesserte Halbleitertechnik, erreicht werden. Bei kontinuierlichem Betrieb dürften diese Werte jedoch kaum eingehalten werden, sie sind eher als Spitzenwerte zu betrachten. Die Firma Seagate verwendet bei der neuen Barracuda einfach zwei Lese- und Schreibköpfe und verdoppelt dadurch die Transferrate auf rund 11,5 MByte/s [vgl. Grell].

5.1.3 Magnetische Wechselplatten

SyQuest-Laufwerke arbeiten nach dem gleichen Prinzip wie Festplatten. Das Medium an sich ist herausnehmbar. Die Köpfe sind fest im Laufwerk eingebaut. Das ältere 5,25-Zoll-Laufwerk mit 44 und 88 MByte konnte sich in der Macintosh-Welt als Backup-Medium sehr gut durchsetzen. Das neuere 3,5-Zoll-Laufwerk mit 105 und 270 MByte hat trotz seiner ausgezeichneten Leistungsdaten noch keine breite Akzeptanz gefunden.

Die mit den neueren Typen erreichten Kapazitäten, Datentransferraten und Zugriffszeiten machen das SyQuest-Laufwerk zu einem geeigneten Sekundär- und Tertiärmedium für interaktive Anwendungen mit digitalem Video. Nachteilig wirkt sich die relativ hohe Empfindlichkeit dieses Systems aus.

Bernoulli-Laufwerke zeichnen sich durch ähnlich gute Leistungswerte wie die SyQuest-Laufwerke aus, bei höherer systembedingter Robustheit. Obwohl dieses Medium die Vorteile von Diskette und Festplatte miteinander vereint, ist es leider sehr wenig verbreitet.

Zip-Drive von *Iomega:* Das zur CeBit '95 vorgestellte Wechselplattenlaufwerk arbeitet mit 25 MByte- und 100 MByte-Medien. Es zeichnet sich durch sehr gute Leistungsdaten bei enorm günstigem Preis aus. Die Geschwindigkeit liegt bei ca. 500 kByte/s, bei einer mittleren Zugriffszeit von 30 ms. Als externes Laufwerk konzipiert, verfügt es entweder über SCSI oder über eine parallele Schnittstelle.

Tabelle 12: SyQuest in Zahlen

SyQuest	105 MByte	270 MByte
Schnittstelle	SCSI, ATA/IDE	
Verfahren	magnetisch	
Spuranordnung	CAV	
mittlere Daten-Übertragungsrate		
lesen	1,2 MByte/s	1,8 MByte/s
schreiben	0,8 MByte/s	1,0 MByte/s
Preise (Juli 94)		
Laufwerk, extern	ca. 800 DM	ca. 1000 DM
Medium	ca.110 DM	ca. 125 DM

5.1.4 Disk-Arrays

Das Prinzip wurde 1988 von einigen Professoren in Berkley beschrieben. Die Entwicklung der Mikroprozessoren steigerte sich im Bezug auf Preis und Leistung um fast 100 % pro Jahr. Daneben konnte die Entwicklung der Festplatten und Controller-Technik lediglich eine Steigerung von etwa 7 % vorweisen. Preislich gesehen entstand ein Mißverhältnis. Leistungsmäßig ein Flaschenhals, den es zu beseitigen galt. Ziel war es also, große und kostengünstige Speicher zu schaffen, die gleichzeitig eine hohe Datensicherheit ohne Performance-Verluste aufweisen sollten. Die neu entwickelte Technologie bekam den Namen *Raid (Redundant Array of Inexpensive Disks)*.

In sogenannten Raid-Levels wurden die unterschiedlichen Implementierungen von Disc-Arrays beschrieben.

Diese Raid-Technologie verbindet mehrere kostengünstige Festplatten miteinander und erreicht damit schnellere Zugriffszeiten und außer bei Level 0 eine gesteigerte Datensicherheit. Eine "Array Management Software", auch Raid-Software genannt, übernimmt die Steuerung dieser virtuellen Festplatte.

Die Raid-Systeme lassen sich in rechnerunabhängige Systeme, bei denen sich der Controller im Array befindet, und in rechnerbasierte Systeme, wobei sich die Controller pro Festplatte im Rechner befinden, unterteilen. Zum Beispiel kann an einem Apple Quadra 950 mit seinen zwei SCSI-Bussen mit separaten Controllern ein rechnerbasiertes Array installiert werden.

Raid-Level 0: auch "Disk-Striping" genannt, ist eine rein performanceorientierte Technologie. Eine Datei wird dazu in kleine "Streifen geschnitten" und auf mehrere Festplatten verteilt. Die Datentransferrate läßt sich so schon mit zwei Festplatten, gegenüber einer einzelnen, auf nahezu den doppelten Wert steigern. Bei einem Array mit drei Festplatten ist die Datenrate etwa dreimal so hoch. Die Datensicherheit ist jedoch aufgrund der Verteilung der Daten-Streifen genau um diese Faktoren schlechter, da eine defekte Festplatte die gesamte Datei zerstört.

Als Einsatzgebiet ist die elektronische Bildverarbeitung gedacht. Den Anforderungen, hohe Datenraten, -kapazitäten und schneller Zugriff, von digitalem Video auf dem PC kommt diese Raid-Level-0-Festlegung sehr entgegen.

Raid-Level 1: das auch als "Mirroring" bezeichnete Verfahren schreibt dieselbe Datei gleichzeitig auf zwei Festplatten. Ziel ist eine möglichst hohe Datensicherheit des Systems speziell für extrem kritische Daten. Benutzerfehler spiegeln sich jedoch auch, so daß diese Technik keine Backups ersetzt. Die Summe der Speicherkapazitäten teilt sich durch die Anzahl der Platten, also wird die Festplattenkapazität nur zur Hälfte genutzt. 50 % der Daten sind redundant.

Für Multimedia ist Raid-Level 1 aufgrund seiner Eigenschaften ungeeignet.

Raid-Level 2: wurde nicht realisiert.

Raid-Level 3: ist die Ergänzung des Raid-Levels 0 um ein Paritätslaufwerk. Dieses hält die Paritätsinformationen bereit, die für eine Wiederherstellung einer Datei beim Ausfall einer Festplatte benötigt werden. Die Schreibleistung wird durch die erforderliche Neuberechnung der Parität gemindert. Diese Einschränkung kann jedoch durch VLSI-Bausteine und DMA-Controller umgangen werden, die diese Berechnung und Speicherung in Echtzeit und damit parallel erledigen.

Die Vorteile, wie in Raid-Level 0 beschrieben, bleiben erhalten, wobei die höhere Datensicherheit sowie der höhere Technikaufwand mit Mehrkosten verbunden ist.

Raid-Level 4: begrenzt den Scripting-Faktor auf mindestens einen Block. Dadurch können kleinere Abfragen auf eine Festplatte begrenzt werden und sogar parallel abgefragt werden.

Raid-Level 5: entspricht nahezu Level 4, schreibt jedoch die Paritätsinformation nicht auf eine einzelne Festplatte, sondern verteilt diese auf die vorhandenen Festplatten. Dadurch wird die Schreibleistung verbessert.

Die beiden letztgenannten Levels eignen sich besonders gut für Datenbanken und für Fileserver.

Zusammenfassend betrachtet ist die Lösung nach Raid-Level 0 als rechnerbasiertes System die geeignete Disk-Array-Technik für den Einsatz in interaktiven Medien. Level 0 ist im Gegensatz zu den anderen Levels die einzige nicht redundante Betriebsart. Das ausschließliche Optimierungsziel war die Leistung. Daher eignet sich Level 0 für Massenspeicheranwendungen, in welchen eine große Festplatte mit Leistungswerten gefordert ist, die aufgrund physikalischer Grenzen, wie Umdrehungszahl und Zugriffszeit, nicht von einzelnen Laufwerken erbracht werden können. Derzeit werden mit Level 0 für Videosignale Datentransferraten von 3 bis 6 MByte pro Sekunde erreicht.

5.1.5 Magnetband, DAT

Seit 1988 befinden sich diese Magnetband-Laufwerke, die zuerst hauptsächlich im professionellen Audiobereich eingesetzt wurden, auf dem Markt. Für Personal Computer wird dieses DAT-Band auschließlich als Tertiärmedium genutzt.

Wegen der hohen Datensicherheit und der hohen Kapazität bei sehr kompaktem Format ist DAT ein ideales Backup-Medium für Multimedia-Anwendungen. Das Gewicht und die Größe der Bandkassetten sind minimal, so daß Transport und Versand unproblematisch sind.

Unterschiedliche Faktoren schränken den Einsatz als Transportmedium jedoch noch ein. Zum ersten ist die Verbreitung von DAT noch relativ ge-

Abb. 48: Raid-Levels

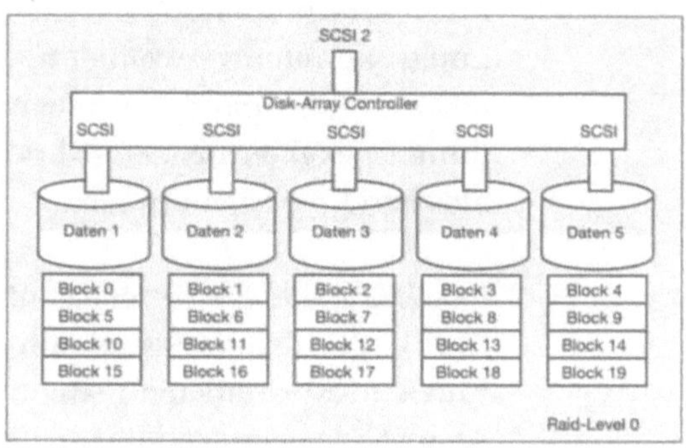

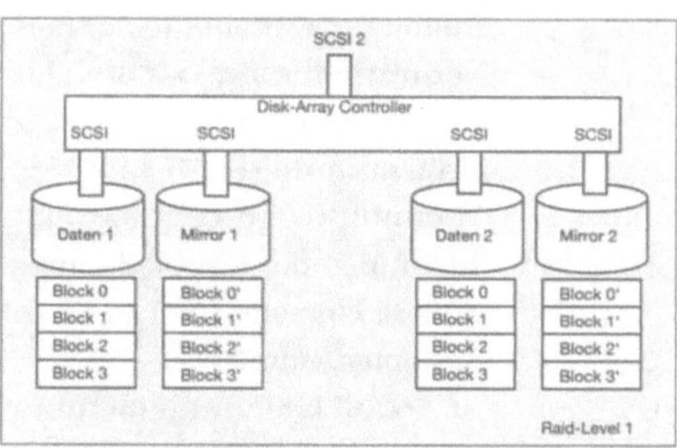

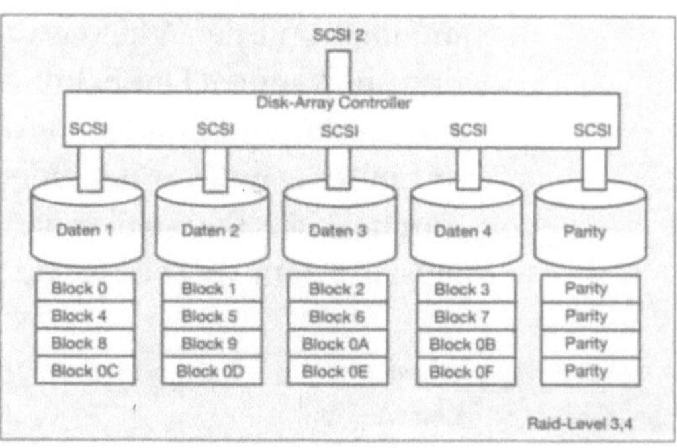

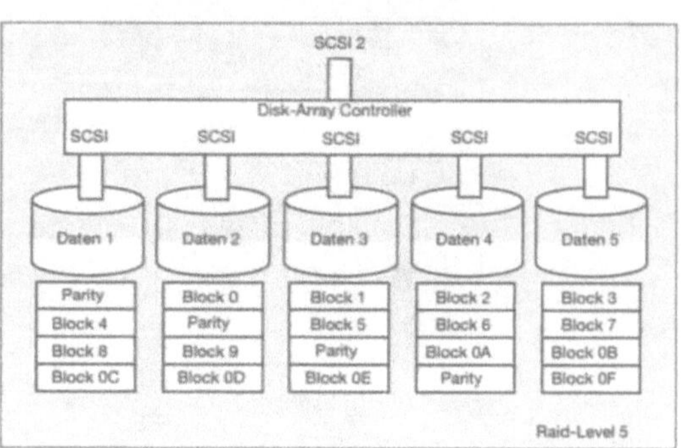

ring. Zum zweiten werden noch verschiedene Aufzeichnungsverfahren verwendet, so daß eine Kompatibilität nicht immer gegeben ist, selbst bei gleichen Kassettenformaten.

Es scheint, daß die Vorteile von DAT einfach zu groß sind, um für den Konsumenten real zu sein. Die Leistungsdaten übertreffen bei weitem die der herkömmlichen Systeme. Der Kunde fragt sich, wo denn der Haken an dieser Technik sei. Vermutlich wird sich diese Einstellung ändern, sobald einige große Hersteller DAT in ihren Systemen einsetzen.

Zur Datenaufzeichnung wird eine Technik verwandt, die man von den Videorecordern her kennt. Die Schreib- und Leseköpfe befinden sich auf einer schnell rotierenden Trommel, das Band selbst wird langsam daran vorbeibewegt.

Vorteil dieser Technologie ist eine sehr hohe Aufzeichnungsdichte. Grundsätzlich werden zwei verschiedene Bandtypen angeboten: 8-mm- (Video-8-Kassette) und 4-mm-Band (DAT-Kassette).

Technik

Die Kopftrommel dreht bei diesem Helical-Scan-Aufzeichnungsverfahren mit 2000 Umdrehungen pro Minute, das Band selbst wird mit 8,15 Millimetern pro Sekunde daran vorbei bewegt. Das Band berührt dabei die Trommel auf einem 90 Grad großen Sektor. Die Daten werden dann im DDS- (Digital Data Storage) Format aufgezeichnet. Dieses DDS-Format wurde von Sony und Hewlett Packard entwikkelt und dürfte sich wohl als Standardformat durchsetzen.

Tabelle 13:

Magnetband

Bandtyp	Maximale Kapazität	
8 mm (Video 8)		
QG-15M	256	MByte
QG-54M	1	GByte
QG-112M	2,3	GByte
4 mm (Data-Cartridge)		
DAT-R-60	650	MByte
DAT-R-90	975	MByte
DAT-R-120	1,3	GByte

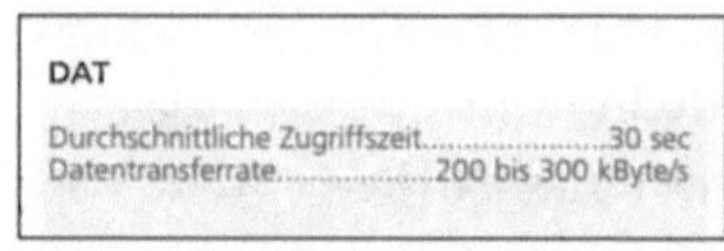

DAT

Durchschnittliche Zugriffszeit........................30 sec
Datentransferrate..................200 bis 300 kByte/s

Der Nachteil des Datenträgers ist die hohe Kapazität der gespeicherten Datenmenge. Das Zurückholen der Daten kann sehr lange dauern. Grund dafür ist nur die Datenmenge und nicht das System [vgl. Bernstein].

5.2 Magneto-optische
Speicher

Magneto-optisches Prinzip

Die magneto-optische Platte basiert auf dem Prinzip der magnetischen Aufzeichnung. Eine dünne ferromagnetische Schicht hoher Kapazität befindet sich zwischen zwei Glasplatten. Bei normaler Umgebungstemperatur ist der gegebene magnetische Zustand stabil. Erhitzt man die Schicht jedoch über den Curie-Punkt, so erlischt die Magnetisierung.

Zur Signalaufzeichnung wird mit einem Laser ein kleiner Punkt (Pitch = 1,5 μm Ø) dieser magnetischen Schicht weit über den Curie-Punkt erhitzt. In diesem Zustand sind die magnetischen Momente frei beweglich. Ein externes Magnetfeld ändert nun die vorgegebene Magnetisierungsrichtung, die nach dem Abkühlen des Materials beibehalten wird. Jede dieser entstandenen Polaritätswechsel stellt ein Bit dar.

Das Auslesen der Information erfolgt dann optisch mit dem Laserstrahl mit weit geringerer Energie. Je nach Magnetisierung der Spur wird der Laserstrahl bei der Reflektion unterschiedlich polarisiert, so daß die Datenbits aus diesem reflektierten Strahl abgeleitet werden können. Gelöscht wird nach dem gleichen Verfahren, wobei alle Magnetpartikel wieder eine einheitliche Ausrichtung erhalten.

Schreib- und Lesezyklen können nach Angaben der Hersteller über eine Million mal wiederholt werden. Eine Haltbarkeit von 10 Jahren wird genannt, wobei 30 Jahre Haltbarkeit sehr wahrscheinlich sind, worüber es jedoch noch keine Langzeitstudien gibt. Selbst gegenüber mechanischen Beanspruchungen ist die MOD sehr robust.

Zwei bezeichnende Sachverhalte prägen die MOD. Erstens zeichnet sich das Verfahren durch die große Datensicherheit aus und zweitens durch seine Langsamkeit.

Eine MOD braucht für den Schreibvorgang gewöhnlich drei Umdrehungen. Bei der ersten erfolgt das Erhitzen der Schicht und das Schreiben der ersten Polaritätsrichtung, bei der zweiten Umdrehung wird die zweite Polaritätsrichtung geschrieben. Gewöhnlich folgt eine Umdrehung zur Verifikation* der Daten (*im Vergleich zum Original prüfen). Ausnahmen hierzu bilden die MD-Data und die Phase Change Technologie (siehe PCT).

5.2.1 MD-Data

Die schon vor einem Jahr (1994) von Sony vorgestellte Standard-MD-Data basiert auf den Spezifikationen, die für die MiniDisk als Personal-Audio-System festgelegt wurden. Der zunehmende Bedarf an Speicherkapazität für handliche Transport- und Sekundärmedien, den die herkömmliche Diskette in der jetzigen Form nicht decken kann, ermöglicht der MD-Data hohe Erfolgschancen.

Dokumente, die vor nicht allzu langer Zeit noch mit 50 kByte ausgekommen sind, belegen heute oft schon mehr als ein Megabyte, wenn zusätzlich ein paar Bilder eingefügt wurden. Die Floppy-Disk war bisher das typische Speichermedium, das man aufgrund seiner Größe und seines günstigen Preises täglich einsetzte. MD-Data soll an diese Tradition anschließen.

Die MD-Data kommt in drei unterschiedlichen Versionen:

Premastered MD-Data (MD-ROM): Diese Version der Mini-Disk ist für den Endverbraucher ausschließlich lesbar. Es können keine eigenen Daten abgespeichert werden. Sie eignet sich ideal für den Verkauf von industriell erstellter Software sowie für Electronic Publishing.

Recordable MD-Data: Eine komplett überschreibbare magneto-optische Disc, die wie eine Diskette gehandhabt werden kann. Zehnfache Kapazität bei kleineren Abmessungen gegenüber der HD Floppy-Disk.

Hybrid MD-Data: Eine teilweise überspielbare Disk mit Freiräumen, die vom Benutzer bespielt werden können. Der vorbespielte Teil kann nicht gelöscht werden. Diese MD-Data ist prädestiniert für interaktive Anwendungen.

Tabelle 14:

MD-DATA

MD DATA Spezifikationen	
Speicherkapazität	140 MByte
Sektorengröße	2048 Bytes
Dateieinheiten	64 kbit
Datenübertragungsrate	150 kByte/s
Gehäuseabmessungen (mm)	68x72x5
Durchmesser	64 mm
Wellenlänge des Lasers	780 nm
Aufzeichnungsart	MFM
Modulationsystem	EFM
Fehlerkorrektursystem	ACIRC

MFM (Magnetfeld Modulations-System)
ACIRC (Adaptive Cross Interleave Reed-Solomon Code)

Der Einsatz dieses Mediums als *Sekundärspeicher* für interaktive Anwendungen, die digitales Video enthalten, ist aufgrund der technischen Eigenschaften möglich.

Eine Speicherkapazität von 140 MByte reicht durchaus für viele interaktive Applikationen mit kurzen Video-Sequenzen aus. Die Datenübertragungsrate von 150 kByte/s ermöglicht sogar Full-motion-Video, genauso wie von der CD. Eine Einschränkung der Performance ergibt sich aus der relativ schlechten Zugriffszeit von 300 Millisekunden, die daher noch unter dem gängigen Multimedia-Standard MPC 2 liegt.

Das Sony-Management weist auf die nachfolgende Generation dieser Geräte hin.

Das Aufzeichnungsprinzip der MD-Data ist CLV, woraus die relativ schlechte mittlere Zugriffszeit resultiert.

Die Magnetschicht der MiniDisk kann mit wesentlich schwächerem Magnetfeld magnetisiert werden als bei herkömmlichen MOD's, was hauptsächlich auf Fortschritte bei der Laminierung der Diskette zurückzuführen ist. Die einzelnen Schichten sind wesentlich dünner als bei der MOD. Daher ist bei der MD-Data auch das Direct Overwri-

ting möglich. Die Daten können, im Gegensatz zu anderen MODs, in einem Durchgang gelöscht und neu geschrieben werden.

Die Audio-MD ist nicht dateikompatibel zur MD-Data. Sony gibt jedoch eine Abspielmöglichkeit für Audio-MDs auf einem Data-Laufwerk an.

Microsoft und Sony arbeiten zusammen an dem Dateisystem des MD-Data-Formats.

Dieses ist hierarchisch, ähnlich wie bei DOS, aufgebaut. Es werden jedoch 8-Bit-Dateinamen akzeptiert, damit läßt sich die MD-Data auch von Unix-Systemen lesen. Eine Aufteilung in Daten-Zweig und Ressourcen-Zweig, wie es vom Apple-Betriebssystem verwaltet wird, wird unterstützt. Ziel ist ein plattformübergreifender Datenaustausch.

Eine mit dem Laufwerk mitgelieferte System-Software ermöglicht diese Anpassung an die unterschiedlichen Betriebssysteme von IBM-Kompatiblen und Apple. In Zukunft soll die MD-Data-Software in Windows integriert werden.

Eine Preisangabe liegt bei unter DM 1000,- und etwa DM 30,- für ein 140 MByte-Medium.

5.2.2 Magneto-optische Disc (MOD)

Eine MOD ist eine wiederbeschreibbare Wechselplatte nach dem magneto-optischen Prinzip, die sich durch sehr geringe Kosten pro bit auszeichnet. Im professionellen Videobereich werden MOD-Plattensysteme zur Aufzeichnung von digitalem Video eingesetzt. Die Zugriffszeiten sind gegenüber der Festplatte höher, da die Umdrehungen der MOD-Platte niedriger sind. MODs können aufgrund ihrer Eigenschaften auch mit den SyQuest-Medien verglichen werden. Es sind 5,25-Zoll-Medien mit 650 MByte bzw. 1,3 Gigabyte und 3,5-Zoll-Medien mit 128 bzw. 230 MByte erhältlich. Die 1,3-Gigabyte-Medien sind beidseitig formatiert. Sie müssen, um die volle Kapazität nutzen zu können, umgedreht werden. Die 3,5-Zoll-Medien sind nur etwas dicker als eine Diskette.

MODs sind sehr langlebig, da sie kaum mechanischen Belastungen ausgesetzt sind. Wegen des großen Abstands des Schreib-Lese-Kopfes von der Plattenoberfläche kann es bei der MOD nicht zu einem Headcrash kommen.

Zum Schreiben benötigt die MOD zwei Umdrehungen, eine zum Löschen und eine zum Magnetisieren. Der Schreibvorgang beansprucht daher bei einer MOD etwa die fünffache Zeit einer schnellen Festplatte. Für das Lesen wird etwa die doppelte Zeit einer Festplatte benötigt.

Der Einsatz als Sekundärmedium für Multimedia-Applikationen wird durch die niedrige Geschwindigkeit eingeschränkt. Wenn besonders auf hohe Datensicherheit Wert gelegt wird, ist sie die richtige Wahl. Als Tertiärmedium für den Transport und die Archivierung ist die MOD sehr gut geeignet.

Tabelle 15:
MOD-Daten

MOD	128 MByte	230 MByte	1300 MByte
Schnittstelle		SCSI 2	
Verfahren		magneto-optisch	
mittlere Daten-übertragungsrate			
lesen	0,65 MByte/s	0,65 MByte/s	1,0 MByte/s
schreiben	0,20 MByte/s	0,20 MByte/s	0,6 MByte/s
Preise (4/95)			
Laufwerk, extern	ca. 800 DM	ca. 1600 DM	ca. 3600 DM
Medium	ca. 50 DM	ca. 70 DM	ca. 160 DM

Die verschiedenen "Formen" der heutigen Compact Disc, die zum Abspielen von Video-Sequenzen geeignet sind, sollen in diesem Kapitel vorgestellt werden. Im ersten, allgemeinen Teil über die Compact Disc wird in Grundzügen darauf eingegangen, wie die Daten auf der Platte abgelegt sind. Diese Information soll im wesentlichen den Zusammenhang der technischen Eigenschaften im Bezug zu digitalem Video klären.

Bei den enorm hohen Datenmengen, die bei interaktiven Applikationen mit digitalem Video anfallen, hat sich die Compact Disc als preiswertes und standardisiertes Speichermedium durchgesetzt. Obwohl die Komprimierungs-Algorithmen in der letzten Zeit immer besser auf die AV-Signale, die in Multimedia eingesetzt werden, abgestimmt und optimiert werden, fallen immer noch große Mengen von Daten an. Mit der CD-ROM ist ein sehr geeignetes Medium zur Verteilung der Multimedia-Applikationen geschaffen worden.

Das Prinzip der optischen Speicherung auf einer CD beruht im wesentlichen auf dem der Laser-Vision-Bildplatte. Anfangs der 70er Jahre wurde diese Technologie von Philips vorgestellt, die ein berührungsfreies Auslesen mit einem Laserstrahl ermöglichte.

Bei der Bildplatte hat man die Möglichkeit, zwischen CAV- und CLV-Verfahren, je nach Anwendung zu wählen. CAV für interaktive Anwendungen und CLV, wenn viel Speicherplatz benötigt wird. Video- und Audio-Signal waren auf der Laser-Vision-Bildplatte analog abgelegt.

Die 1987 auf dem Markt eingeführte CDV (Compact Disc Video) war keine Compact Disc im eigentlichen Sinne, sondern eine Laserdisk. Das Bildsignal wurde nach wie vor analog gespeichert, während die Tonaufzeichnung digital durch eine PCM (Puls Code Modulation) erfolgte.

Technik

Die Compact Disc wird aus durchsichtigem Polycarbonat hergestellt. Auf einer Seite wird eine dünne spiegelnde Aluminiumschicht aufgedampft, welche dann durch einen Schutzlack versiegelt wird. Ihr Durchmesser beträgt 12 Zentimeter bzw. 8 Zentimeter bei der Single CD, bei einer Stärke von 1,2 Millimetern.

Die Aluminiumschicht enthält die Information in der Form eines Musters von Pits (= längliche Vertiefungen) und Lands (= Grundebene). Ausgelesen wird durch die Polycarbonatschicht hindurch von dieser Aluminiumschicht, die je nach Pit oder Land unterschiedlich reflektiert.

Ein roter Laserstrahl (632,8 nm) liest die Information, indem bei der Reflexion das polarisierte Licht durch die Pits "ausgelöscht" (Interferenz) und von den Lands reflektiert wird (Totalreflexion). Das einfallende Laserlicht wird dabei von dem reflektierten Laserlicht mittels eines teildurchlässigen Spiegels getrennt.

Das Signal läßt sich nun aus der unterschiedlichen Reflexion ableiten. Im Wechsel von Pits und Lands ist die Information gespeichert. Jeder Wechsel des Zustandes Pit-Land bzw. Land-Pit bedeutet eine digitale "1". Der mögliche, zweite Zustand, bei dem sich nichts ändert, bedeutet die digitale "0" (Abb. 50).

Abb. 49:
Compact-Disc

Tabelle 16 rechts:

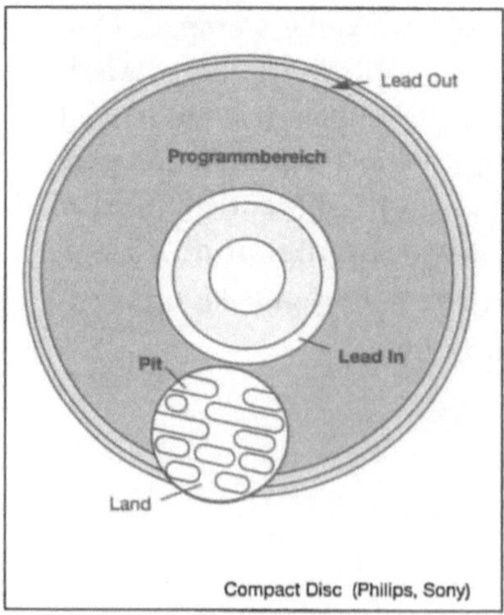

Die Daten auf der CD werden im CLV-Modus, dem langsameren, aber speichereffektiveren Verfahren, abgelegt. Die Auslesegeschwindigkeit liegt bei konstanten 1,3 Metern pro Sekunde, die Rotationsgeschwindigkeit wird von innen nach außen gesteigert. Zugriffszeiten liegen um die 300 Millisekunden, wobei sich diese Werte stetig verbessern.

Das Lesen der CD beginnt innen mit dem Lead-in-Bereich. Hier sind Informationen über Name der Disc, des Autors, des Verlegers und das Datum im sogenannten "Disc Label" abgelegt. Weiter befindet sich hier auch der Name der Startapplikation. Es folgt das Inhaltsverzeichnis (TOC, Table of Contents), wo alle Adressen und Verzeichnisse zu finden sind. Weiter folgen die eigentlichen Datensektoren, deren Ende durch den sogenannten Leadout-Bereich gekennzeichnet wird [vgl. Steinbrink].

Codierung, EFM

EFM: Eight to Fourteen Modulation

Aus Gründen der Datensicherheit, bei sehr hoher Datendichte, nutzt man nicht die Zustände Pit oder Land zur Datencodierung, sondern die Übergange von einem Zustand in den anderen. Dieses Verfahren wird daher auch als "Phasen-Übergangs-Verfahren" bezeichnet. Die kleinste Informationseinheit auf einer CD ist ein "Channel-Bit".

Die Länge eines Pits (Lands) muß zwischen 3 und 11 Channel-Bits lang sein, also können minimal zwei Nullen und maximal zehn Nullen zwischen zwei Einsen sein. Der Laser wäre nicht in der Lage, kürzere Pit-Land-Folgen korrekt zu lesen, da sein Auflösevermögen dazu zu gering ist. Zu lang darf der Abstand auch nicht sein, da sonst kein phasenrichtiges Synchronisations-Signal mehr abgeleitet werden kann. Aus diesem Grund ent-

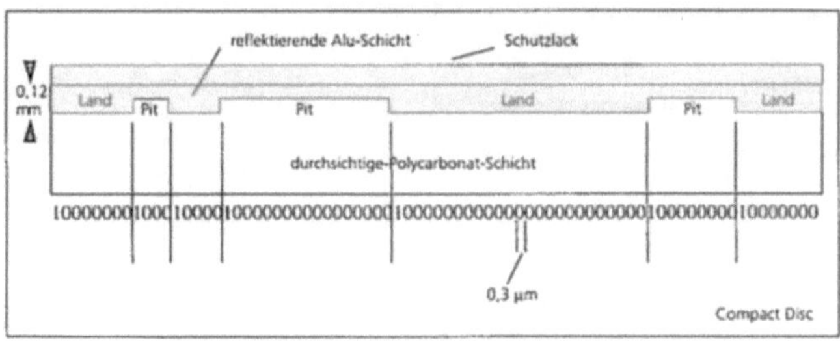

Abb. 50:
CD-Schichten

spricht ein Channel-Bit auf der CD auch nicht direkt einem Informationsbit.

Zur Transformation der Signal-Bits in die Channel-Bits und zur Einhaltung der Gesetzmäßigkeiten der minimalen und maximalen Abstände wird das EFM-Verfahren angewendet. 8-Bit-Worte werden als 14-Bit-Worte codiert.

Schreibt man die erhaltenen Bit-Worte hintereinander, dann könnten am Übergang unzulässige Bit-Folgen entstehen. Deswegen werden weitere drei Bits (Merge-Channel-Bits) zwischen die aneinandergefügten Informationen geschrieben. Demnach werden zur Darstellung von 8 Signal-Bits 17 Channel-Bits benötigt [vgl. Steinbrink, Steinmetz].

Frames: Basiseinheit eines Frames sind 24 Bytes, diese werden mit zusätzlichen Kontroll- und Fehlerkorrekturdaten (Layer 1+2, EDC/ECC-Code) versehen.

Abb. 51:

EFM-Codierung

Abb. 52 unten:

CD-Datenhierarchie

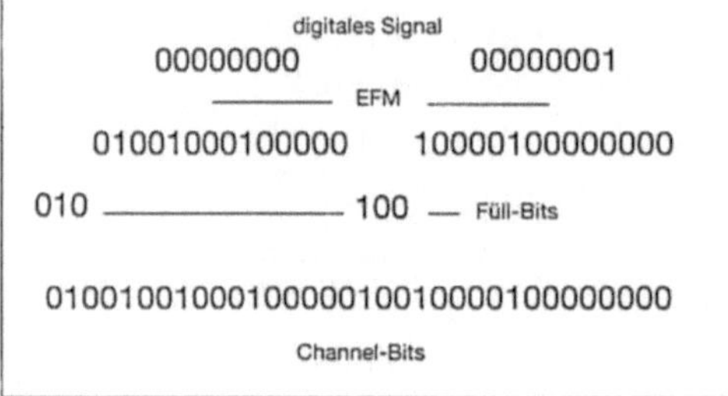

24 Byte Nutzdaten

1 Byte Kontrolldaten

8 Byte Fehlerkorrektur

33 Byte x 17 Channel-Bits ergeben 561 Bytes, dazu kommen noch 27 Synchronisations-Bits. Die absolute Bitzahl pro Frame beträgt also 588 Channel-Bits [vgl. Steinbrink].

Sektoren sind die kleinsten noch adressierbaren Einheiten auf einer CD. Insgesamt bilden 98 Frames einen Sektor. Demnach passen 3234 Byte auf einen Sektor, 784 davon sind für Fehlererkennung und Fehlerkorrektur, und 98 werden als zusätzliche Control-Bytes benötigt. Hieraus ergibt sich eine Nutzdatengröße von 2352 Byte pro Sektor.

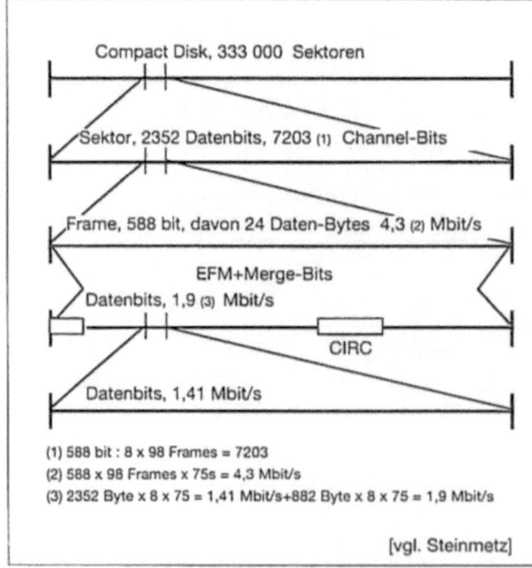

33 Byte/Frame x 98 Frames

= 3234 Bytes

98 Frames pro Sektor

98 x 24 = 2352 Byte Daten

98 x 8 = 784 ECC/EDC

98 x 1 = 98 Kontroll-Bytes

Die Unterschiede zwischen den CD-Formaten liegen im wesentlichen in der Nutzung dieser 2352 Bytes für die Datenaufzeichnung.

Zahlenspiel:

Audio-CD:

44100 Hz x 16 bit

= 705600 bit/s

Stereo:

705600 bit/s x 2

= 1411200 bit/s

= 176400 Byte/s

Sektor: 2352 Byte Nutzdaten

= 75 Sektoren pro Sekunde

60 min Spielzeit:

60 min x 60 s x 75 Sektoren

x 2352 Byte

= 605 MByte

= 172 kByte/s

74 min Spielzeit:

74 min x 60 s x 75 Sektoren

x 2352

= 747 MByte

Die maximale Spielzeit einer CD beträgt nach den heutigen Fertigungsmethoden 74 Minuten (8-cm-Version ca. 21 Minuten). Der Randbereich der CD galt lange Zeit als nicht fehlerfrei, was auf Toleranzen in der Fertigung zurückzuführen war. Aus diesem Grund ging man lange von einer 60minütigen Spielzeit zur Kapazitätsberechnung aus.

Fehlerkorrektur

Bei allen Compact-Disc- Varianten wird der Cross Interleaved Reed-Solomon-Code (CIRC) eingesetzt. CIRC ist eine Hardware-Ergänzung der CD-Laufwerke. Mit diesen EDC/ECC-Layer-1+2- Daten (784 Byte pro Sektor) kann eine Fehlerrate von 10^{-9} erreicht werden. Das entspricht einer Spurlänge von 7,7 mm. Fehler in dieser Größe können erkannt und korrigiert werden. Hierbei handelt es sich jedoch um eine rein theoretische Angabe, die in der Praxis durch unzählige Faktoren beeinflußt wird [vgl. Steinbrink, Steinmetz].

5.3.1.1 CD-ROM-Format

CD-ROM: *Compact Disc-Read Only Memory*

Als Grundlage aller CD-Speichermedien dient die Audio-CD in der Form des "Red Book". Diese fundamentale Spezifikation bleibt bei allen CD-Varianten erhalten und gewährleistet so einen hohen Kompatibilitätsgrad. Für zusätzliche allgemeine Rechnerdaten wurde das CD-ROM-Format in der Form des "Yellow Book" spezifiziert. Zudem sollte das CD-ROM-Format die Grundlage für die Speicherung weiterer Medien sein. Im wesentlichen wurden zwei neue Arten von Sektoren definiert, Mode 1 für Computerdaten (z. B. Programme) etc. und Mode 2 für komprimiertes Audio und Grafik- bzw. Bilddaten [vgl. Steinmetz].

Mode 1: Computerdaten haben eine höhere Anforderung an die Sicherheit. Ein fehlendes Byte kann ein Computerprogramm unbrauchbar machen. Daher erweiterte man die bestehende CIRC-Information um eine zusätzliche Korrekturebene, die Layered Error Correction (LEC). Die damit erreichte Fehlerrate beträgt 10^{-12}, auf eine Billion Bits wird ein Fehler akzeptiert. Die Daten für diese zusätzliche Korrekturebene, 4 Bytes zur Fehlererkennung (EDC), 8 ungenutzte Bytes und 276 Bytes zur Fehlerkorrektur (ECC), verringern die bestehenden 2352 Bytes Nutzdaten auf zunächst 2056 Byte.

Eine weitere grundsätzliche Anforderung an die CD-ROM ist ein differenzierterer Zugriff auf die Daten. Aus diesem Grund werden am Anfang jedes Sektors zwölf Bytes zur Synchronisation und weitere 4 Bytes für einen Header, der den entsprechenden Sektor identifiziert, reserviert. Da die Daten auf der Audio-CD nicht physikalisch voneinander getrennt sind, dient diese Maßnahme zur Trennung. Es verbleiben 2048 Bytes Nutzdaten für CD-ROM Mode 1. Eine Datenübertragungsrate von 150 kByte/s kann erreicht werden.

Mode 2: Wird die CD-ROM zur Speicherung von AV-Daten genutzt, kann auf den zusätzlichen Fehlerkorrekturaufwand verzichtet werden. Bei Mode 2 wird lediglich, gegenüber der Audio-CD, die Sektorkennung (Sync. und Header) verbessert, was einen differenzierteren Zugriff zuläßt. Von den 2352 Byte Nutzdaten verbleiben also 2336 pro Sektor der CD-ROM Mode 2. Die Datenübertragungsrate erreicht 171 kByte/s [vgl. Steinbrink].

5.3.1.2 CD-ROM/XA-
Format

CD-ROM/XA: *Compact Disc-
Read Only Memory/eXtended
Architecture*
Um den wachsenden Anforderungen von Multimedia ge-
recht zu werden, entwickelten
Philips, Sony und Microsoft im
September 1989 die CD-ROM/
XA-Spezifikation. Erstmals
können unterschiedliche Infor-
mationsabschnitte miteinander
kombiniert und gleichzeitig
gelesen werden. Ein höheres
Maß an Interaktivität ist gegeben.

Derzeit kann dieser Standard in
drei Phasen eingeteilt werden:
Erste Phase war die eigentliche
Festlegung des XA-Standards
1989, zweite Phase greift bei der
Definition der Sektoren auf das
"Green Book" der CD-i (siehe
5.3.1.3) zurück, und die dritte
Phase soll den MPEG-1-Stan-
dard umfassen [vgl. Stein-
brink].

Die XA-Sektoren sind zu denen
von CD-i identisch. XA arbeitet im Gegensatz zu CD-i
(RTOS = Real Time Operating
System) mit den PC-Betriebssy-
stemen.

CD-ROM	Mode 1	Mode 2
Kapazität	650 MByte	740 MByte
Spieldauer	74 min	74 min
Datenrate	150 kByte/s	171 kByte/s
Fehlerrate	10^{-12}	10^{-8}
Nutzdaten	2048	2336

CD-ROM/XA	Form 1	Form 2
Kapazität	650 MByte	738 MByte
Spieldauer	74 min	74 min
Datenrate	150 kByte/s	170 kByte/s
Nutzdaten	2048	2324

Sektor : 1/75 s, 74 min Spieldauer = 333000 Sektoren

Tabelle 17:
CD-ROM- und
CD-ROM/XA-Daten

Man unterscheidet in Form 1 und Form 2:

Form 1: wurde in ihren Eigenschaften auf das Speichern von Programmcode optimiert, was eine hohe Anforderung an die Datenintegration bedeutet. Datensicherheit hat erste Priorität.

Form 2: wurde für die Speicherung von zeitbasierenden Daten wie Audio und Video optimiert. Eine schnelle und kontinuierliche Datenübertragung hat vor einer korrekten Übertragung Vorrang. Zeitfehler bei Audiodaten werden eindeutig als Knacken wahrgenommen, wogegen eine kurzzeitige Verschlechterung der Qualität in den meisten Fällen nicht hörbar ist. Durch das Weglassen der zusätzlichen Fehlerkorrektur erhöht sich dabei die Nutzdatenkapazität auf 2324 Byte/Sektor, so daß sich eine für AV-Daten erwünschte Steigerung der Datentransferrate (170 kByte/s) ergibt.

Verschachteln (interleaving)

Die beiden unterschiedlichen Sektorformate Form 1 und Form 2 können in einem Track der CD-ROM/XA verschachtelt sein, da sie alle Mode-2-codiert sind. Hier liegt der entscheidende Vorteil von CD-ROM/XA begründet. Unterschiedliche Medien können auf diese Art und Weise quasi parallel abgespeichert und wiedergegeben werden.

In der Praxis kann zum Beispiel eine Filmsequenz, je nach Wunsch des Anwenders, in unterschiedlichen Sprachen vertont werden.

Dieses Interleaving ermöglicht auch die Speicherung unterschiedlich komprimierter Medien. Es kann z.B. ADPCM-Audio mit unterschiedlichen Videoformaten kombiniert werden. Zudem können die Audio- oder auch Videodaten den Rechnerbus umgehen, indem sie getrennt zu einer entsprechenden Erweiterungskarte (siehe 6.1) gegeben werden. Der Rechner kann sich auf die notwendigen Programmdaten konzentrieren.

Um die Kapazität und damit die Transferrate zu erhöhen, können die einzelnen Sektoren der Art der Daten angepaßt werden.

Zusätzlich können Tracks mit "Red Book Audio"-Daten und auch CD-ROM-Mode-1-Daten abgelegt werden.

Die dazu notwendige Dateizuordnungsinformation wird am Anfang eines Sektors im Subheader gespeichert. Hierzu werden die in CD-ROM Mode 1 ungenutzten 8 Byte verwendet. Die 2048 Byte Nutzdaten bleiben so erhalten.

Emphasis: Audio-Daten können zur Rauschminderung beim Premastering im oberen Frequenzbereich um 6 dB angehoben werden und beim Wiedergeben wieder um diese 6 dB abgesenkt werden.

ADPCM-Audio, Level B und C (siehe 5.3.1.3) wurde in CD-ROM/XA integriert.

ADPCM (Stereo)	Level B	Level C
Kompressionsfaktor	4:1	8:1
Datenrate, kByte/s	43	22

Dateiformat: Die Dateistruktur der CD-ROM/XA basiert auf der ISO-Norm 9660, die 1988 den neueren Anforderungen angepaßt wurde.

Kompatibilität der CD-Formate

Mixed Mode CD: Grundsätzlich lassen sich bei der CD-ROM Tracks vom Typ Audio (Red Book) und vom Typ Daten (Yellow Book) unterscheiden. Tracks sind Datenblöcke, die einem Musikstück bei der CD-DA entsprechen. Insgesamt sind 99 Tracks möglich. Die Mixed Mode CD kann beide Typen von Daten aufnehmen, wobei innerhalb eines Tracks nur ein Datentyp vorkommen darf. In der Reihenfolge kommen bei der Mixed Mode CD die Yellow-Book vor den Red-Book-Daten [vgl. Steinbrink].

Bridge Disc: legt ein Format fest, das gemeinsam von CD-ROM/XA- und CD-i-Geräten abgespielt werden kann. In der Definition der Bridge Disc wird festgelegt, welche der jeweiligen Möglichkeiten gemeinsam genutzt werden sollen. Alle Tracks mit Rechnerdaten müssen dabei im CD-ROM-Mode-2 geschrieben sein. Es sind keine Mode-1-Tracks zugelassen. Den Mode-2-Tracks dürfen CD-DA-Audio-Tracks folgen. Abspielprogramme müssen jeweils für die unterschiedlichen Betriebssysteme vorhanden sein.

Tabelle 18 links:
XA-Audio

Die Firma Next-Technologie hat sich auf die Produktion von Bridge-Discs spezialisiert .

CD-i Ready: legt ein Format fest, das sich auf CD-i-Geräten sowie auf Audio-CD-Geräten abspielen läßt. Meist handelt es sich bei den CD-i Daten um Zusatzinformationen, wie z. B. Songtexte, die vom Audio-CD-Player einfach übergangen werden.

Abb. 53:
CD-ROM-
Zwischenformate

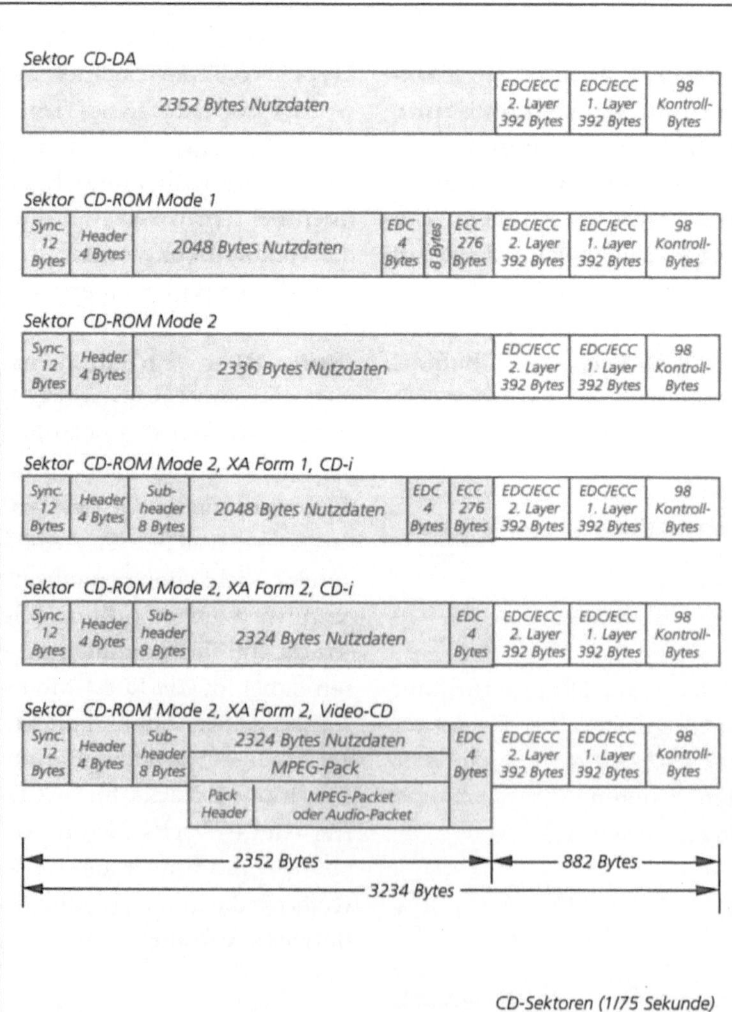

Abb. 54:
Aufteilung der Sektoren
von CD-ROM

5.3.1.3 CD-i-Format

CD-i: *Compact Disc-interactive*
Da das "Green Book" der CD-i, dem im vorhergehenden Kapitel beschriebenen CD-ROM/XA-Standard Pate stand, entspricht es diesem auch weitestgehend. Entwickelt wurde CD-i schon in den Jahren 1987-88 von Philips und Sony. Zur Darstellung von Bewegtbild ergänzte man 1991 das System um MPEG 1.

Wesentlicher technischer Unterschied der beiden Formate ist deren unterschiedliche Abspielplattform. CD-ROM/XA wurde für Personal Computer entwickelt, wogegen die CD-i ein eigenständiges Systemkonzept auf der Basis des Motorola-Prozessors 680X0 darstellt. Die Darstellung erfolgt auf einem TV-Bildschirm.

Aus Microwares Betriebssystem OS-9 wurde speziell für CD-i das CD-RTOS (Compact Disc Real Time Operating System) entwickelt. Dieses Betriebssystem ist fest in einem ein Megabyte großen EPROM des Abspielgerätes gespeichert. RTOS ist ein Echtzeit-Betriebssystem, das multitaskingfähig ist.

Das "Green Book" fordert eine Kompatibilität mit der Audio-CD. CD-i-Spieler könne folgende CD-Formate wiedergeben:

Audio-CD

CD-i Ready

CD-ROM/XA Bridge Disc

Photo-CD

CD-i

Movie-CD, Video-CD**

**(optional mit MPEG-Cartridge)*

Zur Grafikdarstellung stehen bei CD-i neben dem MPEG-1-Standard für Bewegtbild weitere Bildcodierungs-verfahren wie DYUV, RGB 5:5:5, CLUT und RLE (siehe 7.2) zur Verfügung.

Fünf verschiedene Möglichkeiten der Audio-Wiedergabe stehen mittlerweile bei CD-i zur Auswahl. Zum ersten können CD-i-Geräte Audio nach dem "Red Book"-Standard wiedergeben, weiter stehen drei verschiedene Level von ADPCM zur Auswahl, und das MPEG-Audio-Verfahren Musicam wird auch unterstützt [vgl Steinbrink].

Kapazitäten und Datentransferraten entsprechen denen der
CD-ROM / XA:

650 bis max. 738 MByte
150 bis max. 170 kByte/s

Um einen Realtime- Betrieb
von Audio und Video zu gewährleisten, müssen zum Beispiel ADPCM-Level-A-Dateien
in jedem zweiten Sektor vorkommen, da sonst die benötigte Datentransferrate nicht eingehalten werden kann (analog
ADPCM-Level B in jedem vier-
ten Sektor).

Tabelle 19:
CD-i Audio-Codierung

	CD-DA Red Book	CD-i Level A	CD-i Level B	CD-i Level C
Abtastfrequenz in kHz	44,1	37,8	37,8	18,9
Bandbreite in kHz	20	17	17	8,5
Codierung	16 bit PCM	8 bit ADPCM	4 bit ADPCM	4 bit ADPCM
max. Aufzeichnungs- dauer in Std. (Stereo/Mono)	74 min/-	2,4/4,8	4,8/9,6	9,6/19,2
max. Anzahl simultaner Kanäle (Stereo/Mono)	1/-	2/4	4/8	8/16
prozent. Anteil am Gesamtdatenstrom (Stereo/Mono)	100/-	50/25	25/12,5	12,5/6,25
Geräuschspannungs- Abstand (S/N) in dB	98	96	60	60
Qualitätsambivalenz	Audio- CD	Langspiel- platte	UKW- Rundfunk	Mittel- wellen- radio

Video-CD: *genaue Bezeichnung* *Compact Disc Digital Video*
Im "White Book" wurde die von Philips und JVC entwickelte Video-CD spezifiziert. Die Version 1.1 erschien im September 1993. Eine Version 2.0 erschien 1994. Für die Anwendung dieses Standards werden entsprechende Lizenzen benötigt.

Die als Compact Disc Digital Video bezeichnete Video-CD basiert auf dem Bridge-Disc-Konzept, d. h. sie läßt sich auf dem PC, sowie auf CD-i-Playern abspielen. Weiter ist die Video-CD auf Karaoke-Playern, Amigas CD 32 und in Zukunft auch auf 3DO-Playern spielbar. Für Personal Computer wird eine entsprechende Zusatz-Hardware, welche die MPEG-Streams liest und decodiert, benötigt.

Die Video-CD bietet sich als plattformübergreifendes Medium für elektronische Publikationen an.

Die einzelnen Video-Sequenzen befinden sich in maximal 98 Tracks des Programmbereichs der Video-CD. Bei den Tracks handelt es sich um zusammengehörige Datengruppen, auf die vom TOC (Table of Contents im Lead-in-Bereich) aus direkt zugegriffen werden kann. Neben der Start- und Endposition dieser Tracks lassen sich weitere 98 Zugriffspunkte pro Track definieren. Die maximale Anzahl an Zugriffspunkten ist jedoch auf 500 beschränkt. Ein Video-CD-Player steuert diese Informationen.

Die Daten werden auf Sektoren im CD-ROM/XA-Form-2-Modus geschrieben (siehe 5.3.1.2). Auf die zusätzliche Fehlerkorrektur des CD-ROM/XA-Form-1-Modus wird dabei verzichtet. Die 2324 Byte Nutzdaten sind mit MPEG-Packets gefüllt, welche einen Datenstrom mit ineinander verschachtelten Audio- und Video-Packets enthalten. Durch eine definierte Auslese-Geschwindigkeit von 75 Sektoren pro Sekunde resultiert eine fixe, maximale Datenrate von 170 kByte/s. Um ein kontinuierliches AV-Signal zu gewährleisten, muß dazu alle 5 Video-Packets ein Audio-Packet folgen (siehe Abb. 55).

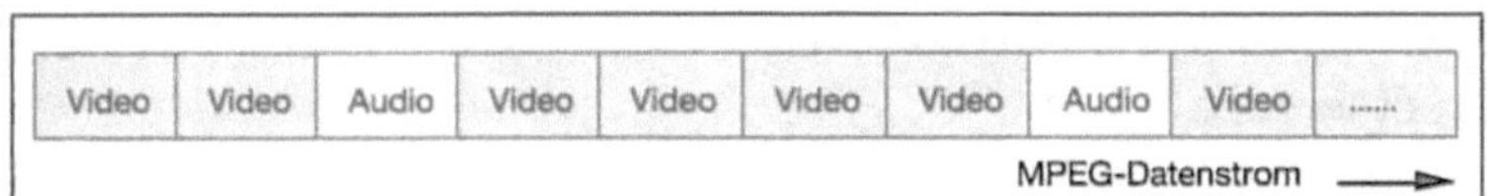

Abb. 55:
AV-Packets

Die Musicam-Audiosignal-Codierung entspricht MPEG 1, Layer 2 (siehe 4.3.9).

Für Video ist das vom MPEG-1-Standard vorgesehene SIF-Format möglich. Dabei wird eine Auflösung von 352 x 288 Pixel bei 25 Bildern pro Sekunde erreicht.

Die erreichte Bildqualität über einen CD-i-Player, vorausgesetzt das Ausgangsmaterial entsprach professionellem Studio-Standard, läßt sich mit S-VHS vergleichen [vgl. Steinbrink(3)].

Mit der Version 2.0 der Video-CD sollen die schon hervorragenden Eigenschaften dieses Video-Verteilermediums noch erweitert werden. 74 Minuten digitales Video in einer für Multimedia guten Qualität passen auf eine CD und sind von dieser direkt abspielbar. Zukünftig sollen auch Standbilder, sogenannte Still-MPEGs (24 bit Farbe, 704 x 576 Pixel Auflösung), hinzugefügt werden können. Denkbar wäre, mit "Red Book-Audio" gemischt, eine Anwendung à la Portfolio-CD. Bei Verwendung von MPEG-1-Audio könnten die etwa 8000 möglichen Bilder kontinuierlich mit Musik unterlegt werden.

5.3.1.5 CD-WORM

CD-WORM: *Compact Disc-Write Once Read Many*

Die CD-WORM wird oft auch als CD-R (Recordable) bezeichnet. Die CD-WORM wird nicht, wie alle anderen CD's, gepreßt, sondern kann mit einem handelsüblichen CD-Writer beschrieben werden. Dabei kann es vorkommen, daß in mehreren Sessions geschrieben wird. Jede dieser Sessions hat einen Lead-in- und Lead-out-Bereich mit einem TOC. Ältere CD-Laufwerke sind nicht multisessionfähig, und können daher nur die erste Session lesen. Nahezu alle derzeit angebotenen CD-Writer können mehrere Sessions schreiben.

Die CD-WORM wurde im zweiten Teil des "Orange Book" festgeschrieben, wo sie in reguläre (Singlesession) und hybride CD-WORM (Multisession) unterteilt wird. Der erste Teil des "Orange Book" beschreibt die CD-MO, auf die nicht weiter eingegangen wird, da sie zu allen anderen CD-Formaten nicht kompatibel ist und in der Praxis keine Rolle spielt. Die CD-WORM eignet sich zum Aufzeichnen aller CD-Formate:

CD-DA, CD-ROM, CD-ROM/XA, CD-i, Photo-CD, Video-CD, Movie-CD (zukünftig)

Ursprünglich für professionelle Anwender gedacht, wandert "CD-Recording" immer mehr in Richtung Consumer, zur Datenarchivierung, zum Datentransport und zur Vorbereitung für Großserienfertigung. Heute liegen die anfangs sehr hohen Preise für CD-Recorder schon teilweise unter DM 3000,-. Dazu benötigt man Software für ca. 500 bis 2000 DM und Rohlinge zu ca. DM 30,- pro Stück (Stand Mai '95). Diese Rohlinge werden mit 63 und 74 Minuten angeboten. 63 Minuten für ca. 550 MByte und 74 Minuten für ca. 650 MByte. Acht-Zentimeter Rohlinge fassen noch gut 150 MByte.

Ein ideales Medium stellt die CD-WORM für interaktive Applikationen mit digitalem Video dar. Da in der Regel bei interaktiven Produktionen der Stückzahlbedarf nicht sehr hoch ist, können auf diese Weise die hohen Speichermengen sehr kostengünstig abgelegt und transportiert werden. Das Herstellen eines Testexemplars, an dem sämtliche Funktionen praxisgerecht getestet werden können, ist vor einer industriellen Pressung unabdingbar. Da die CD-WORM auf jedem handelsüblichen CD-ROM-Laufwerk funktioniert, sind diesbezüglich keine Einschränkungen zu machen.

Prinzipiell ist eine hybride CD-ROM eine CD, die mehrere Sessions enthält, wie zum Beispiel die Photo-CD, bei der in mehreren Zeitabständen Bilder aufgespielt werden können.

Von hybrider CD-ROM wird auch gesprochen, wenn sich zwei verschiedene Abspielprogramme, wie zum Beispiel für Apple- und für DOS/ Windows-Rechner, auf einer CD befinden. Man spricht dann von hybriden ISO/HFS-CDs. Der entsprechende PC erkennt nur das ihm zugehörige Dateisystem.

5.3.2 Datenstruktur, ISO 9660

Bisher wurde in der Beschreibung der Sektoren lediglich die physikalische Struktur der CD-ROM beschrieben. Die Dateien werden je nach Rechnerplattform unterschiedlich organisiert. Das bedeutet, daß ein entsprechendes Dateisystem vorhanden sein muß. Naheliegend ist, daß man das zum Rechner gehörende Dateisystem auf die CD überträgt. Der Nachteil daran ist, daß diese CD dann auch nur von diesem Rechner gelesen werden kann. Man unterscheidet in erster Linie das HFS

(Hierarchical File System) des Apple Macintosh und das Filesystem von MS-DOS.

Die Hersteller erkannten sehr schnell, daß die Normierung eines Dateisystems notwendig war, welches die Nutzung auf den verschiedenen Plattformen ermöglichte. Vorgesehen war eine Anpassung an Microsoft DOS, Unix und an Apples System. Die High-Sierra-Group, die sich aus namhaften Vertretern der Industrie zusammensetzte, legte 1986 den Vorschlag des Internationalen CD-ROM-Standards vor. Hieraus entstand die ISO-9660-Norm. In der Praxis muß dennoch zwischen High Sierra und ISO unterschieden werden, denn die ISO 9660 ergänzt den "High Sierra Proposal" um einige wesentliche Punkte.

Dieses hierarchische Dateisystem ermöglicht den drei genannten Plattformen, Dateien von einer CD-ROM zu lesen. Das jeweilige Dateiformat muß jedoch immer noch von dem entsprechenden Rechner interpretiert werden können, da die ISO-Norm lediglich dafür sorgt, daß der Name der Datei gelesen werden kann. Den jeweiligen Rechnerwelten entsprechende Ablaufprogramme müssen zudem vorhanden sein.

Es wird von der ISO 9660 eine maximale Datei-Hierarchietiefe von acht Ebenen festgelegt. Der Dateiname ist auf acht Buchstaben, plus drei für die Extension, beschränkt. Zu diesem beschriebenen Interchange Level 1 existiert noch ein Level 2 mit längeren Dateinamen, welcher in der Praxis kaum Bedeutung hat. Lediglich Commodore verwendet Level 2 für das CDTV.

Bei MS-DOS ist *MSCDEX. EXE* die entsprechende Software, welche jedoch erst ab der Version 2.2 MPC-fähig ist. Dieses Programm wird über einen speziellen Treiber in die CONFIG.SYS eingebunden. Auch Apple liefert einen speziellen ISO 9660-Treiber, der beim Apple-System zu den Systemerweiterungen gelegt wird. Spezielle High-Sierra-Treiber sind auch erhältlich [vgl. Steinbrink, Klaes].

Abb. 56: Beispiel einer ISO 9660 CD

Lead in
Programm für DOS/Windows-PC
Programm für Apple-Macintosh-PC
Programm für Unix-PC
Daten
Daten
Daten
Daten
Lead out

5.3.3 CD-ROM und Multimedia

Eine kleine Silberscheibe hat sich in den letzten 10 Jahren zum Star der Audiobranche gemausert. War sie für digitales Audio bald nicht mehr zu ersetzen, so wurde ihr Bedarf in der PC-Welt noch lange nicht erkannt. Entscheidend für ihren Erfolg war der Gewinn an Benutzerfreundlichkeit, wozu auch die praktische Größe und das geringe Gewicht zählen. Daß die Musik digital abgespeichert wurde, war ein weiteres Argument für die Compact Disc. Obwohl schon vor fast zehn Jahren die CD-ROM als Datenträger für Computerdaten spezifiziert wurde, erlebt sie doch erst viel später ihren Durchbruch. Mit der Steigerung der Rechenleistung der Personal Computer stieg auch die Anforderung an Speicherkapazitäten. Die Software steigerte mit der Leistung auch ihren Speicherplatzanspruch. Vor wenigen Jahren waren die eingebauten Festplatten gerade mal 20 MByte groß, heute belegen einzelne Programme 20 MByte auf der Festplatte. Eine weitere enorme Steigerung des Speicherbedarfs entstand durch Multimedia. Die Diskette, bis heute noch sehr beliebt, kann bei Multimedia nicht mehr mithalten. Das Rennen um einen würdigen Nachfolger hat begonnen. Wechselmedien, wie MODs, SyQuest-Medien, Zip-Drive, Metal-Servo Floppy, MiniDisc-Data... sind die Akteure. Unbeeindruckt davon, steigert die ohnehin schon kräftig auf dem Markt präsente CD-ROM ihre Fähigkeiten und wird preislich gesehen fast unwiderstehlich. Ändern wird sich die ungewisse Situation um einen möglichen Gewinner wohl nicht, lebt doch der Consumer-Markt von Veränderungen und Neuerung. Der Produzent von interaktiven Multimedia-Applikationen, der auf andere Werte wie z. B. Betriebssicherheit achten muß, kann dem Marktanteilgerangel gelassen zusehen. Solange die Preise fallen, und das tun sie kräftig, profitiert er. Die CD gilt nach wie vor als das geeignetste Medium zur Distribution von Multimedia-Anwendungen.

Tabelle 20:

CD-ROM	
Größe	12 cm ø
Stärke	1,2 mm
Gewicht	17 g
Preis (CD-R)	ca. 30 DM
mittlerer Zugriff	180-300 ms
Datentransferrate	
Single Speed	ca. 150 kByte/s
Double Speed	ca. 300 kByte/s
Triple Speed	ca. 450 kByte/s
Quadra Speed	ca. 600 kByte/s
Sechsfach Speed	ca. 900 kByte/s
Laufwerk, Preise in DM	ca. 200 bis 2000

Quadraspeed – Sechsfach Speed

Laufwerke erreichen mittlerweile nahezu die sechsfache Datentransferrate von einfachen Single-speed-Laufwerken. Die höhere Geschwindigkeit wirkt sich dabei auch positiv auf die Zugriffszeiten aus, jedoch nicht in gleich hohem Maße. Das Arbeiten wird zunehmend flüssiger, die Multimedia-Performance wird damit ständig verbessert. Besonders Daten, die einen hohen kontinuierlichen Datenstrom erfordern, wie z. B. Video, profitieren von den Neuerungen.

Cache-Speicher können die Zugriffszeit auf eine Compact Disc weiter steigern. In neueren CD-ROM-Laufwerken sind Laufwerks-Caches von 128 bis 1 MByte in der Regel integriert. Eine "read ahead"-Funktion nimmt in diesen Cache-Speicher die Daten auf, die den gerade gelesenen folgen. Damit kann zum Beispiel bei der Wiedergabe von Video immer das nächste Bild im Cache bereitgehalten werden, während das erste am Monitor erscheint. Bei gut abgestimmter Datenrate ist so eine ruckelfreie Wiedergabe von guter Videoqualität möglich. Je größer der Cache, desto schneller erfolgt auch der Lesevorgang.

Zukünftiges zur CD

Präzision: Daß die Compact Disc noch nicht an ihrer physikalischen Grenze angelangt ist, wird schon deutlich, wenn man sich deren Spurdichte betrachtet. Die Breite einer Spur beträgt 0,6 µm, der Abstand von Spurmitte zu Spurmitte beträgt 1,6 µm. Zwischen den einzelnen Spuren verbleibt ein Rest von 1 µm, auf den theoretisch noch eine weitere Spur paßt.

Zudem ist man heute in der Lage, den roten Laser alleine durch eine Verbesserung der Optik enger zu fokussieren, um dadurch eine präziseres Auslesen zu ermöglichen. Theoretisch ist eine Verdoppelung der Kapazität möglich.

Samsung stellte 1993 den ersten Prototyp eines digitalen Video-Disc- Recorders vor, der nach MPEG-2-Norm aufzeichnen soll und damit das bestehende Fernsehsystem unter-stützen wird. Dazu wird ein so-genannter "grüner Laser" eingesetzt, der eine kürzere Wellenlänge als herkömmliche CDs hat.

Pioneer stellt 1993 das Alpha-Vision-System vor, das über eine Verbesserung des optischen Systems mit einem roten Laser, dessen Wellenlänge zusätzlich verkürzt wird, eine

Kapazitätserhöhung auf nahezu zwei Gigabyte erreicht. Man will jedoch nicht in erster Linie die Kapazität, sondern die Datentransferrate erhöhen. Damit könnten etwa 60 Minuten digitales Video in einer Qualität der Laser-Vision-Disc von der 12-cm-Scheibe abgespielt werden. Es wird dabei auf die Reduzierung der Ortsauflösung auf ein Viertel, die bei der Video-CD von Philips und JVC angewandt wird, verzichtet.

Noch dieses Jahr (1995) will IBM eine marktreife CD-ROM-Technologie mit etwa 6 Gigabyte präsentieren. Bis zu 10 durchsichtige Schichten werden mittels eines auf unterschiedliche Höhen fokussierbaren Lasers ausgelesen.

5.3.4 High-Density-CD

High-Density-CD: *High-Density-Compact Disc*
Der HD-CD Standard wird von Philips, Sony und 3M mit einer Speicherkapazität von 3,7 Gigabyte als "Golden Book" vorgestellt. Durch Verdoppelung der Speicherschichten soll eine Speicherkapazität von 7,4 Gigabyte erreicht werden, ohne daß die Disc gewendet werden

muß. Dazu wird auf die bestehende reflektiere Schicht eine halbreflektierende geklebt. Die Technologie hierfür kommt von 3M. Die Erhöhung der Kapazität wird durch bessere Ausnutzung der physikalischen Gegebenheiten (siehe vorige Seite: *Präzision*) erreicht. Mit dem erreichten Wert von 3,7 GByte will man jedoch bewußt nicht an die Grenze des Systems gehen, um fehlertolerant zu bleiben.

An einer Erweiterung des ISO 9660 Standards für die HD-CD wird mit IBM, Microsoft, Apple, Hewlett Packard und Compaq gearbeitet, was darauf schliessen läßt, daß Kompatibilität zu den bestehenden CD-Formaten angestrebt wird.

Die Markteinführung ist als HDCD-ROM für Computerdaten und als DVD für Spielfilme auf Video für 1996 geplant. Bereits für 1997 ist auch eine wiederbeschreibbare HDCD-R, jedoch nur als Daten-CD in Single-Layer-Technik (eine Schicht mit 3,7 MByte), angekündigt.

Tabelle 21:

Neue CD-Formate

	HD-CD	SD
Kapazität (GByte)	7,4 (2x3,7)	2x5
Kapazität Single (80mm)	2,6 (2x1,3)	
Größe (mm)	120/80	120
Dicke (mm)	1,2	1,2
Track Abstand (µm)	0,84	0,725

SD: Super Density Disc

Toshiba, Matsuhita, Pioneer, Time Warner und Thomson präsentieren zur gleichen Zeit wie Philips/Sony ihren Vorschlag der SD, deren Kapazität mit 5* bzw. 10 Gigabyte angegeben wird. Dazu werden einfach zwei halbdünne CD's Rücken an Rücken aneinandergeklebt, sodaß sie nach der halben Spielzeit gewendet werden muß oder man verwendet beidseitige Auslesemechanismen. Diese Disc wird sehr oft schlicht als DVD (Digital Video Disc) bezeichnet, da sie in erster Linie als solche, ausschließlich für den Consumermarkt, konzipiert wurde.

**(Die angegebene Kapazität spiegelt wohl das derzeit theoretische Maximum wieder.)*

5.4 Multimedia und
Speicher

Die Gegenüberstellung der verschiedenen Sekundär- und Tertiärspeichermedien ist in fünf verschiedene Anforderungsbereiche von Multimedia aufgeteilt. Bearbeitung, Archivierung, Transport, Distribution und Anwendung. Innerhalb der einzelnen Bereiche werden dann die einzelnen Medien anhand mehrerer relevanter Kriterien beurteilt, jedoch immer in Bezug zur entsprechenden Anforderung.

Ziel ist ein allgemeiner Überblick und eine gegenseitige Abgrenzung der verschiedenen Medien. Eine Einzelbetrachtung ist den entsprechenden Kapiteln zu entnehmen, da eine solche in diesem Rahmen nur eingeschränkt aussagekräftig ist.

Auf Primärspeichermedien wird nicht eingegangen, da zu diesem Zweck ausschließlich Halbleiterspeicher eingesetzt werden. Im allgemeinen kann gesagt werden, daß immer möglichst viel Arbeitsspeicher installiert werden sollte. Oft entscheidet in diesem Fall der Preis, der für Halbleiterspeicher immer noch sehr hoch ist.

Beispiele für Speicherplatzbedarf	
100 Seiten Text	1 MByte
Photo-CD-Bild	4 MByte
DIN-A4-Repro-Farbbild	50 MByte
1 Minute Audio in CD-Qualität	10 MByte
1 Minute Video in PAL-Qualität	1,3 GByte
1 Minute Video MPEG 1	9 MByte

Tabelle 22:
Beispiele für
Speicherplatzbedarf

Datentransferraten im Vergleich	MByte/s
Diskette	0,03
Single-speed-CD, MiniDisc Data	0,15
Quadra-speed-CD	0,6
MOD, ZIP-Drive	0,6 - 1
SyQuest	1 - 2
Festplatte	1 - 3
Disk-Arrays	3 - 6

Abb. 57:
Typische Datenraten

Untersucht werden Diskette, Festplatte, SyQuest, Disk-Array, DAT, MD-Data, MOD und CD-ROM.

Bearbeitung

Die Bearbeitungsgeschwindigkeit steht hier im Vordergrund. Hohe Kapazität, da in der Regel aufwendiges Rohmaterial bearbeitet werden muß, ist ein wichtiger Faktor. Datenraten, die an die Grenzen heutiger Personal Computer gehen, sind Vorraussetzung für das Bearbeiten von zeitabhängigen Daten wie z. B. Video. Im Schaubild wird die Ausrichtung nach Leistung deutlich, trotz der mittlerweile guten Performance bilden Wechselmedien keine Alternative.

Tabelle 23:
Bearbeitung-
Auswertung

Kriterium \ Medium	Festplatte	SyQuest	Disk-Array
Kapazität	+	O	+
Datentransferrate	O	O	+
Zugriffszeit	+	O	+
Benutzerkomfort	+	O	+
Kompatibilität	+	−	O
Interaktivität	+	O	+
Videoeignung	O	O	+

− *schlecht*   O *gut*   + *ideal*

Archivierung

Wichtigstes Kriterium bei der Archivierung ist die Kapazität und die Haltbarkeit der Tertiär-Medien. Die magneto-optischen Speicher eignen sich sehr gut für die Sicherung von multimedialen Daten, da gute Leistungswerte beim Datentrans-

Tabelle 24:
Archivierung-
Auswertung

Kriterium \ Medium	Diskette	SyQuest	DAT	MD-Data	MOD	CD
Kapazität	−	O	+	O	+	+
Haltbarkeit	−	O	+	O	+	+
Datensicherheit	−	−	+	+	+	+
Videoeignung	−	+	O	−	+	+
Preis	−	O	+	−	+	O
Abmessungen	O	O	+	+	O	+
Gewicht	O	O	+	+	O	+

− *schlecht*   O *gut*   + *ideal*

fer erreicht werden. Es können hochwertige Videodaten, wie mit der Compact Disc, abgelegt werden. Da sich die Compact Disc jedoch gleichzeitig als hervorragendes Distributions- und Anwendermedium eignet, sollten deren Eigenschaften weitsichtiger betrachtet werden. Die Floppy-Disk hat, bis auf wenige Ausnahmen, für Multimedia-Daten keine Bedeutung mehr.

Eindeutiges Highlight der Backup-Medien stellt das DAT-Band dar. Derzeit liegt der Preis für ein Gigabyte etwa bei 17,50 DM, das entspricht der Hälfte des Preises für MOD-Speicher. Der Platzbedarf eines DAT-Bandes ist enorm gering, Versand und Transport sind somit völlig unproblematisch.

Transport

Beim Transportieren von Daten kommt es zum einen darauf an, daß möglichst große Kapazitäten auf geringstem Raum bei niedrigem Gewicht gespeichert werden können. Zweiter wichtiger Faktor ist, daß die Medien auch überall eingesetzt werden können, was eine Verbreitung der Abspielgeräte und deren Kompatibilität vorraussetzt. Das Medium mit der besten Eignung für dieses Einsatzgebiet ist ohne Zweifel die Compact Disc, was auch der Grund für den Erfolg dieses Datenträgers sein dürfte. In einzelnen Fällen kann der Transport mit der Floppy-Disk sinnvoll sein, da diese die beiden letztgenannten Kriterien gut erfüllt.

Kriterium \ Medium	Diskette	SyQuest	DAT	MD-Data	MOD	CD
Kapazität	−	O	+	O	+	+
Datensicherheit	−	O	+	+	+	+
Verbreitung	+	−	−	−	−	+
Kompatibilität	O	−	−	−	O	+
Videoeignung	−	+	+	O	+	O
Preis	−	O	+	O	O	O
Abmessungen	−	O	+	+	O	+
Gewicht	−	−	+	+	−	+

− schlecht O gut + ideal

Tabelle 25:
Transport-Auswertung

Distribution

Die Betrachtung des Vertriebs von Speichermedien für Multimedia geschieht in erster Linie nach wirtschaftlichen Gesichtspunkten. Da die Zielrichtung bei dieser Aufgabe der Consumer-Markt ist, fallen SyQuest- und MOD-Medien aufgrund der vergleichsweise geringen Akzeptanz weg. Das DAT-Band wurde zum Vergleich mit einbezogen. Es kann die Anforderungen der Verbreitung und der Kompatibilität nicht erfüllen. DAT ist als reines Backup-Medium zu betrachten, das jedoch im Einzelfall eine durchaus interessante Distributionslösung sein kann. Die MD-Data wird in Sachen Verbreitung und Kompatibilität noch schlecht beurteilt, jedoch sind die Zukunftsaussichten dieses noch junge Medium positiv einzuschätzen. Die Compact Disc ist in diesem Zusammenhang als das Distributionsmedium schlechthin zu sehen, das sich sehr eindrucksvoll durchgesetzt hat. In hohen Auflagen dürfte die CD derzeit preislich nicht zu unterbieten sein. Ihre Größe und ihr geringes Gewicht, bei hoher Speicherkapazität, prädestinieren sie zum Verteilermedium.

Tabelle 26:
Distribution-Auswertung

Kriterium \ Medium	Diskette	DAT	MD-Data	CD
Kapazität	−	+	O	+
Datensicherheit	−	+	+	+
Verbreitung	+	−	−	+
Kompatibilität	+	−	−	+
Videoeignung	−	+	O	+
Preis	O	O	+	+
Abmessungen	+	+	+	+
Gewicht	+	+	+	+

− schlecht O gut + ideal

Anwendung

Benutzerkomfort und Interaktivität sind die zwei entscheidenden Kriterien für die Eignung als Anwendermedium. Damit sind eindeutig Festplatten und Disk-Arrays mit dieser Aufgabe am besten vertraut. Grundsätzlich hat man die Möglichkeit, bei Compact-Disc-Applikationen Daten in den Arbeitsspeicher oder auf die Festplatte auszulagern, um die Performance zu steigern. Wie bei der CD-i, die oft benötigte Soundfiles in den Arbeitsspeicher auslagert. In der Auswertung wird somit deutlich, daß prinzipiell das schnellere Medium auch das besser geeignete ist. Eine Steigerung der Geschwindigkeit über das Maß hinaus, das der derzeitige Personal-Computer-Markt vorgibt, bedeutet eine enorme Kostensteigerung. Disk-Arrays stellen hierzu die ersten Lösungsansätze dar, von denen weitere folgen werden. Dieser Engpaß ist jetzt und in Zukunft eine große Herausforderung an Hardware- und Software-Entwickler.

Medium / Kriterium	Festplatte	SyQuest	Disk-Array	MD-Data	MOD	CD
Kapazität	+	o	+	o	+	+
Datentransferrate	o	o	+	–	+	+
Zugriffszeit	+	o	+	–	o	–
Benutzerkomfort	+	o	o	o	o	o
Interaktivität	+	+	+	–	–	o
Videoeignung	+	+	+	–	+	+
Preis	o	o	–	o	o	+

– schlecht o gut + ideal

Tabelle 27:

Anwendung-Auswertung

6 Hardware-Technik

Der Personal Computer steht heute im Mittelpunkt jeder Multimedia-Präsentation. Da er jedoch nicht für diese Aufgabe konzipiert wurde, treten immer mehr Engpässe zutage. Das geeignete Betriebssystem sollte in Echtzeit operieren, denn ein interaktives System sollte prompt auf Benutzereingaben reagieren. Der Prozessor steht im Mittelpunkt des Marktinteresses und kann genau aus diesem Grund den meisten Anforderungen genügen. Unterstützt von den digitalen Signal-Prozessoren zur AV-Beschleunigung sind derzeit mit handelsüblichen Rechnern gute Ergebnisse zu erzielen. Will man jedoch eine höhere Qualität von digitalem Video, vergleichbar mit SVHS und besser, erreichen, dann bilden Busse, Schnittstellen und Speicher noch erhebliche Engpässe. Viele Neuerungen und Standardfestlegungen zeigen,

daß die Bemühungen der Computerhersteller sich nach dieser gestellten Aufgabe richten.

Auf längere Sicht hin sollte sich Video in interaktiven Medien mit den steigenden Qualitätsansprüchen weiterentwikkeln. Zur Realisierung dieser Anforderung bietet die Erweiterung der PC-Architektur um DSPs einen beachtlichen Lösungansatz.

6.1 Digitale Signal-Prozessoren (DSP)

Die immens hohe Rechenleistung, die zeitbasierte Daten beanspruchen, verursacht bei konventionellen CISC- oder RISC-Mikroprozessoren sehr oft noch Wartezeiten. Eine wichtige Anforderung, die Multimedia immer mehr an die Systeme stellen wird, ist die Echtzeit-Verarbeitung der Operationen. Um dieser Aufgabe gerecht zu werden, wurden auf der Hardware-Seite die DSPs entwickelt. Hierbei handelt es sich um Mikroprozessoren, die speziell für die Signalverarbeitung in Echtzeit auf Computern konzipiert und optimiert wurden. Sprache, Musik, Bilder, Animationen und Video können von diesen DSPs verarbeitet werden, um so die CPU zu entlasten.

Da im Gegensatz zu den zeitunabhängigen Daten, wie Texte und Bilder (z. B. Desktop Publishing), die Qualität von zeitbasierten Daten durch Wartezeiten wesentlich beeinträchtigt wird, stellen DSPs eine ideale Lösung dar.

6.1.1 Video-RISC-Prozessor (VRP)

Der mikrocodeprogrammierbare DSP CL 4000 von C-Cube ist in der MPEG-Encoderhardware für den PC von Optibase und in den CD-i-Playern von Philips integriert. Die MPEG-Encoderkarte ermöglicht mit Hilfe dieses DSP Echtzeit-Encoding von MPEG-Video auf dem PC. Bei CD-i wird er zum Decodieren des MPEG-Streams eingesetzt. Grundsätzlich kann dieser DSP auch mit MPEG 2, JPEG und H.261 u. a. Codecs programmiert werden, so daß er auch für zukünftige Kompressionsverfahren gerüstet ist. Als Video-Quell-Signal kann ein digitalisiertes Videosignal nach CCIR 601 (Y,CB,CR - 4:2:2) dienen. Am Video-Port A wird im Encoding-Mode je nach Auflösung des anliegenden Signals entschieden, ob eine Anpassung auf das SIF-Format (siehe 4.3.7) vorgenommen wird oder nicht. Im Decoding-Mode kann im Port A ein Interpolationsfilter für die Fullscreen-Wiedergabe programmiert werden. Am Ausgang Port B kann optional ein Interpolationsfilter zugeschaltet werden, der Auflösungen von bis zu 720 Linien pro Zeile aus SIF und QSIF generieren kann.

Abb. 58: C-Cube-DSP

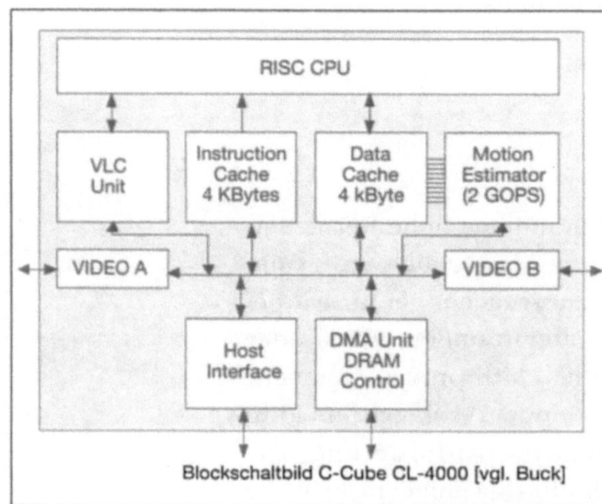

Blockschaltbild C-Cube CL-4000 [vgl. Buck]

Beim Encoding berechnet die RISC-CPU, mit Hilfe des Motion Estimators als Coprozessor, den günstigsten Verschiebungsvektor. Die DCT-Berechnung erfolgt dann durch die CPU. Der Variable Length Coder (VLC) übernimmt im Anschluß die Huffman-Codierung. In inverser Reihenfolge erfolgt das Decoding – die CPU mit dem Motion Estimator als FPU berechnet die Motion Compensation.

6.1.2 Multimedia-Video-Prozessor (MVP)

Aus der DSP-Technologie konsequent weiterentwickelt und mit entsprechendem Namen versehen, stellt der Multimedia-Video-Prozessor (MVP) von Texas Instruments TMS 320C80 eine neue Generation der DSP-Chips dar. Dieser Super-DSP ist mit seinen zwei Milliarden Operationen pro Sekunde vielleicht der derzeit leistungsstärkste DSP-Chip der Welt. Dieser voll programmierbare Chip besteht aus vier parallel arbeitenden 32-Bit-Advanced-DSPs, einer integrierten RISC-CPU mit FPU, einem Transfercontroller sowie zwei separat ansprechbaren Videocontrollern, die über eine sogenannte Crossbar gemeinsam auf einen integrierten Cache-Speicher (50 kByte zugreifen). Die integrierte RISC-CPU mit FPU ist für die relativ aufwendigen DSP-Algorithmen, die sonst den Systemprozessor ausbremsen würden, zuständig. Die Rechenleistung wird über eine 400 MByte/s-Schnittstelle (50 MHz Taktfrequenz) von dem jeweiligen System nutzbar.

Der Baustein basiert auf einer MIMD-Architektur (siehe nächsten Abschnitt). Sein Echtzeit-Multitasking erlaubt das Abarbeiten von parallelen Vorgängen, wie Komprimierung und Dekomprimierung von Audio- und Videodaten, Videoskalierung, Farbraum-Umwandlungen, Fehlerkorrektur usw. Da der MVP vollprogrammierbar ist, unterstützt er alle Standards für Datenkomprimierung wie MPEG, JPEG und H.261 sowie herstellerspezifische Algorithmen. MPEG-1-Encoding rückt in greifbare Nähe.

Abb. 59: Texas Instruments-DSP

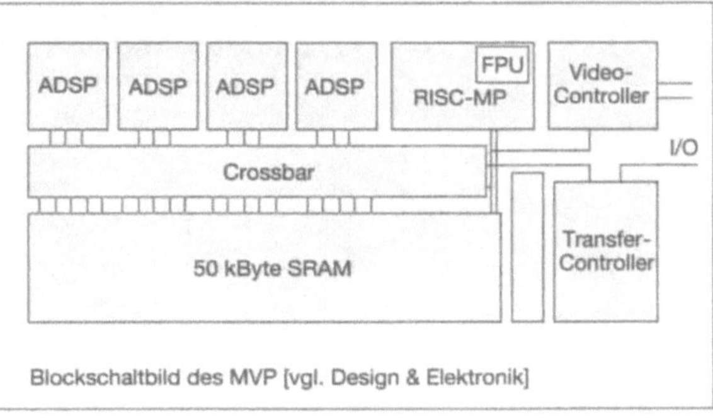

Blockschaltbild des MVP [vgl. Design & Elektronik]

MIMD: Multiple Instruction, Multiple Data

In jedem Taktzyklus werden mehrere parallele Befehle ausgeführt. Gleichzeitig kann auf mehrere Datenworte zugegriffen werden. Dadurch wird die 20- bis 50-fache Grafik-Leistung eines Pentium-Chips erreicht.

Die Leistungsdaten dieses Multimedia-Prozessors sprechen für sich. Texas Instruments hat eine umfangreiche Entwicklerunterstützung angeboten, zu der jetzt auch schon Muster in begrenzter Anzahl zur Verfügung stehen. Eine vollständige Palette von Entwicklungs-Tools und ein Hardware-Emulator auf einer Sparc-Workstation sind verfügbar.

Auch eine reine Softwarelösung für Entwicklung und Emulation, die auf Windows NT portiert werden soll, ist in Entwicklung. Der Preis wird bei 300 bis 400 Dollar liegen. Die Voraussetzungen für einen Erfolg dieses Konzeptes sind auch durch das Interesse namhafter Firmen gegeben.

Ein auf dem Texas Instruments MVP TMS320 DSP basierendes Hardwareboard (UWGSP5) wurde von der IEEE 1994 vorgestellt. Es ermöglicht Echtzeit-MPEG-, -H.261-, -JPEG- Codierung und Decodierung, interaktive Bildbearbeitung und erweiterte Windows-Unterstützung [vgl. Kim].

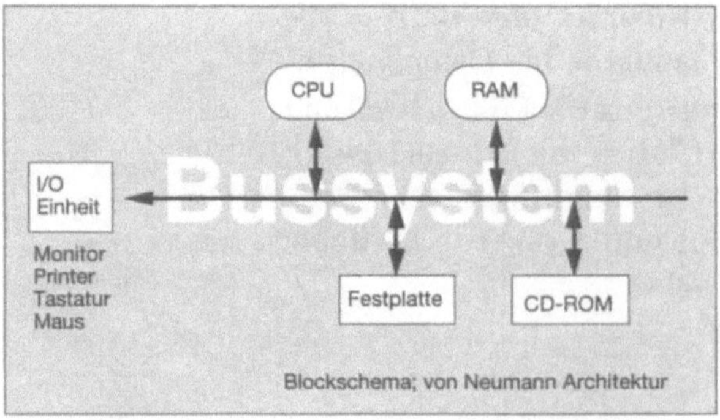

6.2 Bus-Technologien

Je höher die Prozessorleistungen und je höher die Grafikauflösungen, desto mehr wurden bestehende Bussysteme wie ISA und NuBus zu Engpässen zwischen Mikroprozessor und Grafikcontroller. Die Geschichte der rettenden Hochgeschwindigkeitsbusse begann mit der Einführung der lokalen Bussysteme VLB und PCI.

Abb. 60: Bussystem

6.2.1 Peripherie-
Bussysteme

ISA: Industrial Standard Architecture

AT-Bus – wurde zum ersten Mal 1985 durch IBM in den 80286-Rechnern eingesetzt. Dieser Bus sollte zu den noch älteren XT-Rechnern (8088) kompatibel sein, was eine spätere Beschleunigung verhinderte. Das war auch der Grund, warum der ISA-Bus schon kurz nach seiner Einführung als veraltet galt. Er wird schon seit längerer Zeit als Leistungsbremse bezeichnet. Trotzdem ist er bis heute das am weitesten verbreitete PC-Bussystem.

> Daten 16 bit
>
> Taktfrequenz 6 MHz,
>
> später 8 MHz
>
> Datentransferrate 8 MByte/s
>
> effektiv 5 bis 6 MByte/s

EISA: Extended Industrial Standard Architecture

Der EISA-Bus wurde als Konkurrenzprodukt zu IBMs MCA (Micro Channel Architecture)-Standard unter der Führung von Compaq entwickelt. Damit gewannen die Windows-Anwendungen entscheidend an Performance. Hohe Hardware-Preise und schlechte Datentransferraten verhinderten eine breite Akzeptanz und förderten die Entwicklung des Nachfolgers – VESA. Eine neuere Entwicklung der EISA ist der Enhanced Master Burst (EHB), welcher Datenraten bis zu 66 MByte/s erlaubt – in einer 64 bit Version sogar 133 MByte/s.

> Daten 32 bit
>
> Adreßraum max. 4 GByte
>
> Taktfrequenz 8 MHz
>
> Datentransferrate 16 MByte/s
>
> Burst-Mode 33 MByte/s

NuBus

Bis heute wird dieser Bus noch bei Apple eingesetzt. Der NuBus besitzt zwei entscheidende Nachteile: Er ist teuer und langsam. Teuer, weil bis heute noch Lizenzgebühren für NuBus-Implementationen an Texas Instruments als Entwickler abzuführen sind. Langsam, weil er schon vor acht Jahren zum ersten Mal eingesetzt wurde und daher seine Geschwindigkeit nicht mehr den heutigen Anforderungen gerecht wird.

> 32 bit Daten
>
> 10 MHz Taktfrequenz
>
> Datentransferrate
>
> effektiv 7 MByte/s

6.2.1.1 Lokale Bussysteme

Es handelt sich bei den lokalen Bussen nicht um ein neues Bussystem, sondern lediglich um eine Erweiterung des bestehenden um maximal drei Steckplätze.

Vesa-Local-Bus: *Video Electronics Standards Association*

Auch VL-Bus. Ein nur für Intel-Architektur entwickelter Bus, der auf die 32-Bit-Intel-Prozessoren abgestimmt ist. Die Grafikkarten arbeiten direkt auf einer eigenen Verbindung mit dem 80X86 zusammen, mit dessen Taktrate. Damit wurde zum ersten Mal eine reelle Grundlage für Video am PC geschaffen. Da der Vesa-Local-Bus VLB Version 1.0 nur für einen Takt von 40 MHz konstruiert wurde, wirkt er sich auf höhere Taktfrequenzen wie ein Filter aus. Aus diesem Grund gibt es Probleme mit höheren Taktraten. Erst mit der Version 2.0 wurde dieses Problem behoben, so daß jetzt auch höhere Übertragungsgeschwindigkeiten möglich sind. Seit 1992 gilt das VL-Bussystem als preiswert und zuverlässig. Der Erweiterungsbus für Ein- und Ausgabegeräte ist von diesem getrennt und arbeitet nur mit der ISA- bzw. EISA-typischen Taktfrequenz.

PCI: *Peripheral Component Interface*

Von Intel, IBM und DEC. Erster in seiner Leistung angemessener Bus für die neuen Prozessorgenerationen - Pentium, Alpha-Prozessor und PowerPC. Die Taktrate, sie ist für die Geschwindigkeit des Datentransports ausschlaggebend, beträgt maximal 33 MHz synchron

Tabelle 28, 29:
Local-Bus Daten

	VLB 2.0	VLB 64 bit
Busart	Synchronbus	
Daten	32 bit	64 bit
Adressen 32Bit	32 bit	
Taktrate	25 - 50 MHz	
Datentransferrate max.	80 MByte/s	160 MByte/s
Steckplätze	max. 3	

	PCI 32 bit	PCI 64 bit
Busart	Synchronbus	
Daten	32 bit	64 bit
Adressen 32Bit	32 bit	
Taktrate	25 - 33 MHz	
Datentransferrate max.	110 MByte/s	230 MByte/s
Steckplätze	max. 3	

zum Prozessortakt. Die CPU kann parallel zu Datentransfers auf den Bus weiterarbeiten, was die Multitaskingfähigkeit unterstützt. Bei schnelleren Prozessoren wird der Bustakt synchron zum Prozessortakt reduziert: 60-MHz-Prozessor - 30 MHz Bustakt. Im Burst-Modus wird überflüssiger Verwaltungsaufwand bei der Adressierung weggelassen. Nur die Anfangsadresse wird angegeben, die Daten folgen sequentiell. Besonders bei großflächigen Daten wie Grafik und Video, bewirkt dies eine hohe Beschleunigung. In der Praxis bietet der Einsatz des PCI-Busses eine deutlich bessere Grafik-Performance.

Über sogenannte "Bridges" auf der Hauptplatine des PCI-Rechners kann dieser problemlos mit allen möglichen anderen Systembussen (NuBus, ISA, EISA, Vesa-Local-Bus) kommunizieren. Dieser Schritt dient der Öffnung gegenüber neuen Technologien, zum ersten Mal wird dabei nicht mehr ausschließlich nach hinten geschaut.

Der PCI-Bus ist ein sehr stabiler, durch enge Richtlinien bestimmter Bus, der nicht allein die Grafikausgabe, sondern

auch SCSI- und LAN-Interface beschleunigt. Ein Betrieb an Notebooks ist mit einer 3,3-Volt-Spannungsversorgung ebenfalls vorgesehen. Zur Zukunftssicherung dieses PCI-Bussystems hat Intel die Weiterentwicklung an ein unabhängiges Komitee abgegeben.

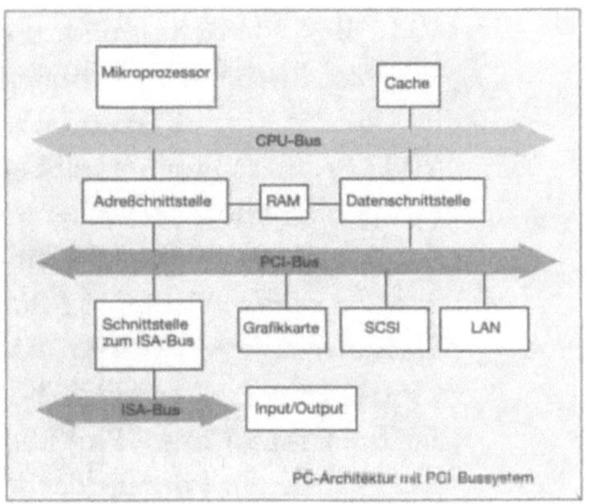

Abb. 61:

PCI-Bus

6.2.1.2 Video-Einsatz

Zwei neue Bussysteme, die speziell für den Einsatz von digitalem Video entworfen wurden, bewerben sich derzeit um eine Standardisierung. Parallel zum Bildaufbau und zum Grafikcontroller dürfen über diese Video-Busse auch noch weitere Komponenten auf den Bildspeicher zugreifen, wie zum Beispiel digitale Videoplayer.

VMC: *Vesa Media Channel*

Anwenderfreundlich und kostengünstig soll der neue Videobus sein, dessen wesentliches Merkmal die Verarbeitung des Videosignals durch einen geeigneten Prozessor auf der Grafikkarte ist. Die Daten werden dem Prozessor über den VMC-Bus von der Grafikkarte geliefert. An diesen Bus können bis zu 15 Videokarten, wie MPEG-Karten, Frame-Grabber usw., angeschlossen werden..

Der Vesa Media Channel wird in seiner neusten 32-Bit-Variante als VAFC (Vesa Advanced Feature Connector) bezeichnet. Bis zu 16 AV Ein- und Ausgabekarten können daran angeschlossen werden. Die Performance wird dann nicht mehr durch eine Umrechnung auf 8-bit oder zu niederen Video-RAM ausgebremst.

Abb. 62:

Vesa-Media-Channel

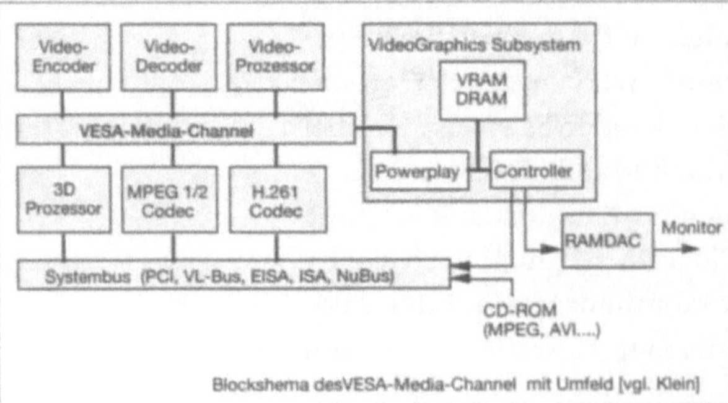

Blockshema desVESA-Media-Channel mit Umfeld [vgl. Klein]

SFBI: *Shared Frame Buffer Interconnect*

Wurde von ATI und Intel entwickelt. Eine sehr kostengünstige Variante, die jedoch eine aufwendige Definition erfordert. Dieser Bus ermöglicht eine gemeinsame Nutzung des Bildspeichers von der Grafik- und der Videokarte. Der unmittelbare Zugriff ist dabei besonders schnell. Dieser Standard ist "offen", jeder Chiphersteller kann entsprechende Bausteine fertigen. Dieses Konzept eignet sich besonders für die Integration von Grafikchips, Videoprozessoren und Frame-Grabbern auf einer Karte [vgl. Klein (2)].

6.2.2 Zukunftsaussicht

Ob die speziellen Videolösungen – VMC, SFBI – sich durchsetzen werden, hängt stark von der Unterstützung der Hersteller ab. Für die Verbindung von Grafik- und Videokarte stellen VMC oder SFBI einen sehr guten Lösungsansatz dar. Möglicherweise kommt jedoch der neue PCI-Bus auch ganz ohne speziellen Videobus aus.

Es ist nicht damit zu rechnen, daß die Busse in Zukunft immer breiter (> 64 bit) werden. Der Trend geht in Richtung serieller Übertragung. Peripheriebusse und interne Systembusse könnten seriell werden. Oft ist schon die Rede von dem aus der Netzwerktechnik bekannten ATM (Asynchronous Transfer Mode). Die vorgesehenen Datentransferraten beginnen bei 20 MByte/s. Der Hauptvorteil sind die deutlich niedrigeren Kosten der Verbindungen. Seagate forciert zum Beispiel das Fibre Channel (FC)-Konzept, das nicht nur für Fiberglas-Kabel, sondern auch für handelsübliches Koax-Kabel steht. Datenraten von 100 MByte/s werden hierfür erwähnt. IBM entwickelt die Serial Storage Architecture (SSA) zur bidirektionalen Vernetzung.

6.2.3 DRAM/VRAM

Um nicht die gewonnenen Performance-Vorteile der neuen Bussysteme wieder zu verlieren, sollte bei der Grafikdarstellung auf einen weiteren Bremser geachtet werden.

Grafikkarten benutzen unterschiedliche Arten von Bildspeicher-Chips. Die kostengünstigere Variante stellen DRAMs dar. Ein entscheidender Nachteil dieser dynamischen Speicher ist jedoch ihre begrenzte Geschwindigkeit, welche die darstellbare Videobandbreite begrenzt. Durch den Einsatz von VRAM (VideoRAM) wird diese Begrenzung aufgehoben. VideoRAMs können im Gegensatz zu DRAMs gleichzeitig geschrieben und gelesen werden, wodurch die Refresh-Rate praktisch beliebig hoch ist. Die Geschwindigkeit des Bildaufbaus wird unabhängig von Farbtiefe und Bildwiederholfrequenz.

6.3 Schnittstellen

IDE-Schnittstelle

Sehr kostengünstige Variante, bei der sich der Controller auf der Festplatte befindet. Enhanced IDE ist die im Hinblick auf höhere Datentransferraten verbesserte Version.

> *Daten 16 bit*
> *Datentransferrate*
> *max. 3 MByte/s*
> *effektiv ca. 1,5 MByte/s*

SCSI-Schnittstelle: *Small Computer Systems Interface*

SCSI 1: erlaubt den Anschluß von bis zu acht Peripheriegeräten, von denen jedes eine ID-Nummer von 0 bis 7 erhält. Je höher die ID, desto höher die Priorität des angeschlossenen

Geräts. Vorteilhaft für den Anwender ist die Tatsache, daß ein SCSI-Gerät sich beim Rechner selbst identifizieren kann. Es sind also außer der ID-Kennzeichnung keine Installationsmaßnahmen nötig.

Nachträglich wurde von Festplattenspezialisten im X-3-Komitee der Befehlssatz CCS (Common Command Set) hinzugefügt. Wesentliche Formatierungskommandos und ein Defekt-Management wurden damit spezifiziert. So erscheint eine SCSI-Festplatte nach außen hin immer als fehlerfrei, da defekte Sektoren ausgemappt werden. Genaue Konfigurationstabellen (Mode-Pages), über die sich das Geräteverhalten einheitlich steuern läßt, wurden festgelegt. Heute unterstützen alle am Markt gängigen Festplatten das CCS.

Datentransferrate:
max. 5 MByte/s
effektiv ca. 4 MByte/s

SCSI 2: eine abwärtskompatible Erweiterung von SCSI 1 mit dem Ziel, die effektive Datenrate zu steigern. Nach dem Muster der CCS wurden für weitere Peripheriegeräte neue Befehlssätze definiert. Eine neue Option ist das "Command Queuing" – jetzt können bis zu 256 SCSI-Befehle zwischengespeichert werden. Diese können dann entweder geordnet oder wahlfrei sortiert abgearbeitet werden. Diese Fähigkeit wirkt sich besonders positiv auf die Multitaskingfähigkeit der neueren Betriebssysteme aus. Praktisch wird dadurch der effektive Datendurchsatz erhöht, da der Bus schneller für neue Befehle freigegeben wird. Naheliegend ist dann ein weiteres Feature von SCSI 2, der Cache.

Zur Leistungssteigerung wurde zusätzlich die neue Betriebsart "Fast SCSI" definiert, sie ermöglicht synchronen Datentransfer von bis zu 10 MByte/s [vgl. Huber].

Daten 8 bit
Datentransferrate:
max. 5 MByte/s
Fast SCSI max. 10 MByte/s

Wide-SCSI: kann die Daten über einen 16 bit bzw. 32 bit breiten Bus bewegen. Bei 16-Bit-Wide-SCSI können jetzt 16 Geräte angeschlossen werden, bei 32-Bit-SCSI analog dazu 32 – die Anzahl der Datenleitungen entspricht der Anzahl der möglichen IDs.

Wide-SCSI
Daten 16 bit, 32 bit
Datentransferrate max. 40 MByte/s

SCSI 3: der Nachfolger des aktuellen SCSI-2-Busses befindet sich bereits in der Entwicklung. Interessant ist die Aufteilung in mehrere Teildokumente. Neben den Spezifikationsdokumenten für die unterschiedlichen Geräte findet man dort auch Standards für verschiedene Übertragungsmedien. Der Trend zu seriellen Übertragungskanälen zeichnet sich hier deutlich ab.

Drei verschiedene serielle Verbindungen sind vorgesehen: Fibre Channel (FC) ist so ausgelegt, daß sie der optischen Datenübertragung genügen kann. Prinzipiell lassen sich jedoch konventionelle Koaxialkabel verwenden, was der Mehrzahl der realen Implementierungen auch entsprechen dürfte. Beim zweiten Modus, ebenfalls einem FC, handelt es sich um eine Low-cost-Variante. In der neusten Spezifikation ist FC auch zur isochronen Datenübertragung geeignet.

Diese dritte Variante beruht auf dem IEEE-Standard P1394 (auch FireWire). Datenraten von bis zu 200 MByte/s werden über drei Leitungspaare übertragen. Die Zielrichtung dieser Schnittstelle ist Multimedia, da sie kontinuierlich sehr hohe Datenraten sicherstellt (Isochronous Data Transfer).

SCSI 3 wird breiten Raum für die Spezifikation der SCSI-Hardware verwenden. Erfahrungen haben gezeigt, daß enge Designrichtlinien dem Anwender Nutzen bringen und somit den Erfolg des Busses stabilisieren.

Datentransferraten:

seriell   100 MByte/s

IEEE P1394 200 MByte/s

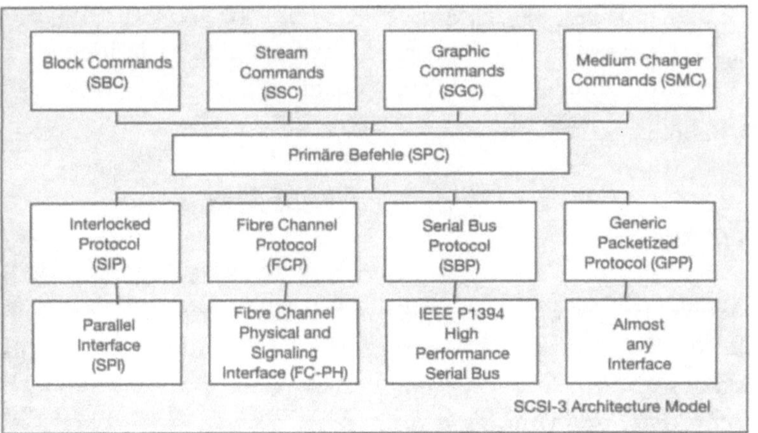

Abb. 63: SCSI-3

*Serielle Peripherie-
Schnittstellen*

Daß die zukünftige Hardware-Schnittstelle seriell sein wird, dafür sprechen zum einen die praktischen Vorteile der weniger aufwendigen Kabel und Steckverbindungen. Weiter lassen sich längere Kabelwege und höhere Datenübertragungsraten realisieren. Zum dritten sind die wirtschaftlichen Vorteile sicher ein sehr wichtiges Argument, das für serielle Übertragung spricht. Durch die mit sechs bis neunadrige serielle Verkabelung und deren Verbindung gegenüber einer 72-adrigen Verkabelung bei Wide-SCSI können Kosten gespart werden.

Drei neue innerhalb des SCSI-Protokolls beschriebene serielle Schnittstellen stehen derzeit zur Auswahl: Apple mit FireWire; IBM, Micropolis und Conner mit SSA (Serial Storage Architecture) sowie Seagate, Quantum und HP mit Fibre Channel.

FireWire

Apples neue, serielle Schnitstelle ist unter IEEE p1394 bereits standardisiert. Sie soll als neue Schnittstellentechnologie für Macintosh sowie IBM-kompatible PC eingeführt werden. Die zukünftigen Anforderungen, wie hohe Datenübertragungsraten (bisher 50 MByte/s, 75 MByte/s in Vorbereitung), einfache Handhabung und geringer Preis, kann FireWire erfüllen. Ein besonderer Vorteil von FireWire ist der isochrone Datentransfer, der kontinuierlichen Datentransfer garantiert.

SSA: Serial Storage Architecture

Besondere Vorteile zeigt SSA bei Raid-Systemen, da auf vier parallelen Leitungen eine Datenrate von bis zu 80 MByte/s erreicht werden kann. Die bei Einzelsystemen angegebene Datenrate von 20 MByte/s fällt dagegen sehr bescheiden aus. Mittels geeigneter Konfiguration läßt sich ein nahezu kontinuierlicher Datenstrom erreichen. Isochronen Datentransfer, wie bei FireWire und Fibre Channel gibt es jedoch hier nicht.

Fibre-Channel

Da Fibre Channel, wie auch SCSI sehr umfassend protokolliert ist, sodaß es z. B. auch für ATM offen ist, eignet es sich hervorragend im Netzwerkverbund. Für Multimedia bringt

Fibre Channel durch Isochronen Datentransfer und die vielfältigen unterstützten Medien die idealen Vorraussetzungen mit. Mit gewöhnlichen Video-Koax-Kabel werden Datenraten von bis zu 100 MByte/s erreicht, bei einer Kabellänge von immerhin 25 Metern. Per Glasfaser kann die gleiche Datenrate über eine Strecke von 10 km überbrückt werden.

7 Systeme

In diesem Kapitel sollen vier konkrete Systeme angesprochen werden, die die Darstellung von digitalem Video in interaktiven Medien ermöglichen. Darüber hinaus wird auf Aspekte der Produktion kurz eingegangen. Während auf Personal Computern die Bereiche Darstellung und Produktion Hand in Hand arbeiten können, besteht für CD-gestützte Plattformen hier eine klare, technisch bedingte Trennung.

Wir haben uns entschlossen, nur die wesentlichen Systeme, die am Markt gut eingeführt sind und als technisch ausgereift gelten können, hier vorzustellen.

Neben drei Systemen, die auf Personal Computern basieren, wird auch ein System auf CD-Basis vorgestellt. Hierbei liegt der Schwerpunkt nicht so sehr auf dem allerletzten technischen Detail. Vielmehr soll ein Überblick über die gebräuchlichsten technischen Plattformen und gängigsten Software-Voraussetzungen im Zusammenhang mit digitalem Video in interaktiven Medien gegeben werden.

Multimedia stellt heute ein sehr dynamisches Feld dar, auf dem ständig neue Ansätze sowohl technischer als auch geistiger, konzeptioneller Art entstehen. Die Vielzahl der neu erscheinenden Hardware- und Softwareprodukte ist hier kaum noch zu überblicken. Viele Techniken und Verfahren, die gestern noch als revolutionäre Neuerungen galten, sind heute schon wieder überholt.

Manches, das in vieler Hinsicht als überlegen galt, konnte sich nicht recht durchsetzen und war zum Scheitern verurteilt. Oft ist dabei eine breite Verteilung, die sogenannte installierte Basis, wichtiger als die technische Überlegenheit.

Wen wundert es daher, daß sich wieder einmal die großen Anbieter mit ihren Plattformen klar durchsetzen konnten, während die Kleinen das Nachsehen hatten. Lösungen wie Commodores Amiga als Rechnerplattform oder auch die CD-Systeme CDTV und CD 32 vom gleichen Hersteller konnten sich nicht behaupten, trotz einiger technischer Vorteile.

In letzter Zeit hat sich mit 3DO ein weiterer Herausforderer in die Schlacht gewagt. Mit modernster Technik und beeindruckenden Daten schien ihm eine große Zukunft beschert zu sein. Doch nun wird es zunehmend ruhiger um 3DO, und Philips scheint mit CD-i weiterhin erfolgreicher zu sein, trotz klarer technischer Unterlegenheit gegenüber 3DO. Alle diese Ansätze werden hier nicht weiter verfolgt.

Von den vier Technologien, die im folgenden näher behandelt werden, stellt DVI eine offene Entwicklerlösung, CD-i eine abgeschlossene Consumer-Plattform und sowohl Apples AV-Technologie als auch der IBM-kompatible MPC jeweils eine Mischung aus Consumer- und Entwickler-Lösung dar.

7.1 Digital Video Interactive (DVI)

Ein für professionelle Anwendungen am David Sarnoff Research Center der Firma RCA in Princeton entwickeltes Verfahren. Intel und IBM erwarben die maßgeblichen Rechte an dieser Technologie. Bewegtes digitales Video soll auf den Computerbildschirm gebracht werden. Die Voraussetzungen, Full-screen-/Full-motion-Video, PCM-Audio und 2D- bzw. 3D- Grafik auf einer CD-ROM zu speichern, sind mit DVI geschaffen worden. DVI war 1992 das erste fertige System am Markt, das digitales FMFS-Video abspielen konnte. Erst durch die Einführung von MPEG 1 auf CD-i hat sich diese Situation geändert [vgl. Steinbrink].

DVI ist eine Technologie und daher nicht an eine spezielle Hardware-Architektur oder Betriebssystemumgebung gebunden. DVI wird somit auf Intel-CPU-basierenden PCs (IBM-kompatible) sowie auf Motorola-CPU (Macintosh, Amiga, Atari...) lauffähig, vorausgesetzt, die nötige Zusatzhardware wird für die verschiedenen Systeme angeboten.

Diese Zusatzhardware besteht grundsätzlich aus zwei ActionMedia-II- Erweiterungskarten, dem Delivery- und dem Capture-Board. Beide basieren auf dem Intel-Videoprozessor i750. Zum Digitalisieren von Videosignalen ist dieses Capture-Board notwendig. DVI-Videos abzuspielen, ist mit Hilfe des ActionMedia-II-Delivery-Boards möglich.

Zahlreiche Produkte von Drittanbietern, welche Video-Hardware für IBM-kompatible PC und auch für Macintosh anbieten, basieren auf DVI-Technik (z. B.: Fast, EyeQ von New Video ...). Fast Elektronik, München hat mit der Digital Machine für Windows 3.1 eine Lösung, die auf DVI-Technologie basiert. Diese Steckkarte entspricht dem ActionMedia-Board I und ist zu ActionMedia-Board II kompatibel. Fast bietet die Karte auch mit einem speziellen Adapter passend zum Toshiba Laptop T6400/T6600 an. Damit können Indeo-Movies oder komprimierte DVI-Movies (PLV, RTV) von dessen Festplatte oder von CD-ROM abgespielt werden.

Konzipiert wurde DVI also als "offenes System". Die Hard- und Software wird Entwicklern von Multimedia-Applikationen zur Verfügung gestellt. Wesentliche Bestandteile sind ein VLSI-Chip-Set für das Video-Subsystem (Abb. 64), ein festgelegtes Format für Audio- und Video-Daten, eine Benutzerschnittstelle (Audiovisual Kernel AVK) und Kompressions- und Dekompressions-Algorithmen [vgl. Steinmetz].

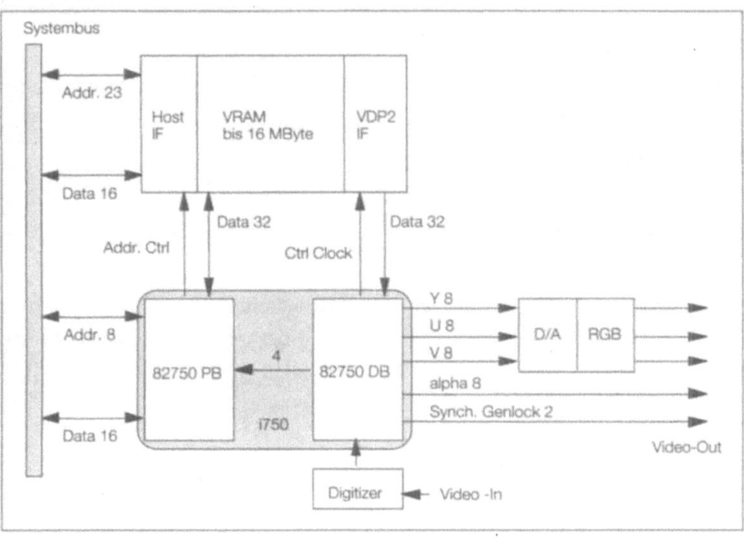

Abb. 64:
DVI-Video-Subsystem

Dieser Video-Prozessor-Chipsatz zeichnet sich durch die Fähigkeit zur Mikroprogrammierung aus. Beim Booten werden die aktuellen Codecs programmiert. Auf Änderungen im Kompressions- und Dekompressions-Algorithmus kann daher nachträglich eingegangen werden. Unterstützt werden von der C-Generation dieses i750-Chipsatzes folgende Video-Codecs:

PLV, RTV

JPEG

MPEG 1

CCITT H.261

Indeo

u. a.

Die Audio-Signale werden entweder nur PCM-codiert (16 bit) oder nach dem ADPCM-Verfahren (nicht CD-i-kompatibel) komprimiert. Man erreicht dadurch eine Reduktion der Datenmenge auf etwa ein Viertel (4 bit) des PCM-codierten Signals. Folgende Abtastfrequenzen für einen oder zwei PCM-Kanäle werden unterstützt:

11025 Hz

22050 Hz

44100 Hz

Videosubsystem: Das Video-Subsystem, basierend auf dem i750-Chipsatz, kann extern die Videoformate FBAS-Composite oder auch RGB verarbeiten. Intern wird mit dem effizienteren YUV-Signal gearbeitet.

vereinfacht:

$$Y = R + G + B \qquad \textit{Helligkeit}$$
$$U = B - Y \qquad \textit{Farbe}$$
$$V = R - Y \qquad \textit{Farbe}$$

Die Farbanteile werden zu 4x4-Pixel-Blöcken zusammengefaßt. Der Wert des linken, oberen Pixels bestimmt dann den Wert des gesamten Blocks. Bei der Wiedergabe wird zur Steigerung der Bildqualität eine Interpolation der Farbwerte des rechts und des unten anliegenden Blocks durchgeführt. Man erhält ein:

9-bit-YUV-Format (4:0,25:0,25).

Weitere, von DVI unterstützte Formate sind:

16 bit YUV (4:2:2)

24 bit YUV (4:4:4)

Grundsätzlich arbeitet DVI mit zwei unterschiedlichen Algorithmen für das Bewegtbild, mit RTV und PLV.

7.1.1 PLV-Modus

PLV: *Presentation Level Video*
Dieses Kompressionsverfahren wurde speziell für professionelle Anwendung konzipiert. Hierbei handelt es sich um ein asymmetrisches Verfahren. Im Gegensatz zum symmetrischen Verfahren, bei dem komprimiert und im inversen Verfahren wieder dekomprimiert wird, kann die PLV-Kompression nur auf leistungsstarken Parallelrechnern bewältigt werden. Dazu wird das entsprechende Material zum Dienstleister gebracht. Für Europa ist die Firma Tel&Tota in Paris oder Pixelpark in München zuständig. Ein weiterer Dienstleister ist Horizons Technology, San Diego / Kalifornien. Echtzeitkompression ist derzeit nicht möglich. Eingesetzt wird hier z. B. ein Meico-Transputersystem mit über 60 Transputern. In 30 Sekunden kann so ein Bild komprimiert werden.

Zum Abspielen des einmal komprimierten Videomaterials reicht dann ein Hardware-Board nach der Spezifikation des Action-Media-II Boards [vgl. Steinmetz].

Auflösungen:
256 x 240 Pixel
interpoliert:
512 x 480 Pixel
bei 16 Mio. Farben (True color)
reduzierte Farbauflösung

Kompressionsrate: etwa 150:1

Der Qualitätseindruck entspricht etwa VHS-Qualität, vorausgesetzt, daß das Ausgangsmaterial professionellem Komponenten-Standard entsprach.

7.1.2 RTV-Modus

RTV: *Real Time Video*
RTV ist ein Echtzeitverfahren zur Kompression von Video auf dem PC. Über ein Capture-Board, eine Erweiterung zum Delivery-Board (ActionMedia-II-Spezifikation), kann Video digitalisiert werden, um es dann in Echtzeit zu komprimieren. Dieses symmetrisch arbeitende Kompressionsverfahren wurde ursprünglich mit ELV (Edit Level Video) abgekürzt, was die eigentliche Zielrichtung beim Entwurf dieses Levels erkennen läßt.

Die Qualität dieser Kompression hängt im wesentlichen davon ab, ob das Video auf der

Festplatte oder auf CD-ROM gespeichert werden soll. Die gewünschte Datentransferrate kann per Softwaretools direkt voreingestellt werden.

Darstellbar ist 1/4 Screen, 1/2 Screen und Full Screen. Dabei werden Bitraten von 10 bis 30 Bildern pro Sekunde unterstützt.

Auflösungen:

128 x 120 Pixel

interpoliert und verdoppelte

Zeilen:

256 x 240 Pixel

Heute ist diese Technik im weitesten Sinne durch *Indeo* (*Intel Video*) abgelöst.

Systemvoraussetzung: Als Hardwarevoraussetzung kann der derzeitige Stand der Technik bei Personal Computern angegeben werden. Mit Intels Pentium- und Motorolas PPC-Prozessor sind gute Ergebnisse zu erwarten.

Eine den zu digitalisierenden Daten entsprechende Festplatte sollte vorhanden sein. Im RTV-Modus fallen z. B. für 5 Minuten Video etwa 50 MByte Daten an.

IBM-Kompatible und Apple Macintosh: Für beide Rechnersysteme ist derzeit ernstzunehmende DVI-Hardware auf dem Markt. Die DVI-Daten sind auf diesen beiden Systemen binärkompatibel, was einen problemlosen Datenaustausch ermöglicht.

Professionelle, nichtlineare Offline-Schnittsysteme arbeiten zum Teil mit DVI-Hardware (Bsp. Montage).

CD-i (Compact Disc interactive) von Phillips stellt eine abgeschlossene Multimedia-Plattform auf der Basis von Compact Discs dar. Der Anwender benötigt lediglich einen CD-i-Player, eine CD-i, einen handelsüblichen Fernseher und eine Zusatzkarte, falls er Vollbild-Video genießen möchte.

Es sind *keinerlei Computerkenntnisse* nötig. Nur eine gewisse Fertigkeit im Umgang mit Heimelektronik, wie Fernseher oder Hifi-Anlage, wird vorausgesetzt. Die Bedienung eines CD-i-Players gleicht weitgehend der eines handelsüblichen Audio-CD-Players.

Philips stellte dieses System 1987 erstmals der Öffentlichkeit vor. Ab 1989 waren die ersten CD-i-Spieler im Handel erhältlich. 1993 wurde die Möglichkeit geschaffen, Vollbild-Video im *MPEG-1-Standard* von der CD-i abzuspielen.

CD-i ist ein weltweiter Standard, der von Philips und Sony gehalten wird. Sony bietet allerdings keine eigene Hardware mehr an und hat sich von CD-i weitgehend zurückgezogen.

Geräte kann man daher vor allem bei Philips kaufen, aber auch Dritt-Anbieter, wie Goldstar und andere, sind heute auf dem Markt zu finden.

Alle CD-i-Player gehorchen einem gemeinsamen Standard, der von Philips als das *Base-Case-System* bezeichnet wird und garantiert, daß jede CD-i auf jedem CD-i-Player lauffähig ist. Dies gilt sogar für CD-is, die für den amerikanischen NTSC-Fernseh-Standard hergestellt sind. Sie können problemlos auf einem europäischen CD-i-Player nach dem PAL- oder SECAM-Standard wiedergegeben werden. Hierfür hat Philips ein eigenes Austauschformat geschaffen. Es kann auch für Video verwendet werden. Somit können auch europäische CD-is in Amerika abgespielt werden.

Das Daten-Format auf der CD-i ist im Kapitel über Speichermedien genau beschrieben (siehe 5.3.1.3). Durch den speziellen Aufbau dieses Formates und die gekonnte Verschachtelung der Daten entfallen bei CD-i meist die langen Wartezeiten, wie sie bei CD-ROM-Titeln oft vorkommen. Dies kommt der Interaktivität zugute.

Ist die Nutzung von CD-i für den Anwender spielend leicht, so muß der Produzent von CD-i schon weit mehr Sachkenntnis haben. Die Programmierung von CD-i stellt hohe Anforderungen, handelt es sich bei dem verwendeten Betriebssystem OS-9 doch um ein ausgewachsenes Echtzeit-Betriebssystem aus der Industrie.

Auch das Authoring von CD-i-Titeln setzt genaue Kenntnisse der Hardware und ihrer Einschränkungen voraus. Erleichtert wird die Erstellung von CD-i-Titeln durch eigene spezialisierte Autorensysteme, wie Media Mogul und andere. Dennoch kommt man häufig nicht um echte Programmierung in C oder C++ herum.

CD-i nutzt weitgehend eigene Datei-Formate, so daß viele Konvertierungen anfallen. Zur Produktion von CD-i ist eine Entwicklungsstation nötig. Es werden Systeme auf der Basis von Sun-Stations, Apple-Macintosh-Rechnern und IBM-kompatiblen PCs angeboten.

Im Hinblick auf digitales Video sind bei der CD-i zwei Techniken interessant. Zum einen ist dies der sogenannte *DYUV-Partial-Screen Movie*, der auf allen CD-i-Base-Case-Playern lauffähig ist. Zum anderen *Full-motion-Video (FMV)*, das auf MPEG 1 beruht und nur mit einer steckbaren Zusatz-Karte, der sogenannten *Full-motion-Cartridge*, abspielbar ist.

DYUV-Partial-Screen Movies

Das DYUV-Format ist ein spezielles Format der CD-i. Es ist für Bilder im Format 384 x 280 Pixel und 24 bit Farbtiefe ausgelegt. Die Pixelauflösung wird bei der Darstellung auf die doppelte Größe von 768 x 560 durch Interpolation vergrößert (bezogen auf europäische Norm). Das DYUV-Format verwendet zunächst ein Colour-Subsampling im 4:2:2-Format und unterzieht das Ergebnis anschließend einer Differenzbildung, ähnlich der DPCM. Es wird eine Kompressionsrate von ungefähr 3:1 erreicht [vgl. Steinbrink]. Die so komprimierten Bilddaten können mit 8 bit / Pixel gespeichert werden.

DYUV-Bilder können von CD-i auf zwei völlig unabhängigen Bildebenen dargestellt werden, wobei jeweils eine Ebene zum Vordergrund, die andere zum Hintergrund erklärt werden kann. Hierbei können in der jeweiligen Vordergrundebene Pixel als transparent definiert werden, so daß hier der Hintergrund erscheint, ähnlich den Keying-Verfahren der Videotechnik.

Eine Darstellung von Video auf Vollbild ist mit DYUV aufgrund der begrenzten Lesegeschwindigkeit von der CD-i nicht möglich, wohl aber eine Form von Teilbild-Video. Sie ähnelt stark den Videos der PC-Plattformen, wird als Partial-Screen Movie bezeichnet und entsteht dadurch, daß die Frames der Videosequenz als einzelne DYUV-Bilder so schnell wie möglich nacheinander auf den Bildschirm gebracht wer-

den. Hierbei wird die Tatsache genutzt, daß einfarbige Flächen im DYUV-Format durch die Differenzbildung nahezu keine Daten benötigen. Nur ein Teil des Vollbildes einer Ebene enthält also das bewegte Bild, der Rest ist einfarbig. Somit können akzeptable Bildraten direkt von der CD-i gelesen werden.

Für Partial-Movies wird die vordere Bildebene für das Hintergrundbild im DYUV-Format verwendet. In dieser Ebene wird ein beliebiges Rechteck an irgendeiner Stelle auf transparent gesetzt. Durch dieses Rechteck wird der Film, ebenfalls in DYUV, auf der hinteren Bildebene dargestellt (Abb. 65).

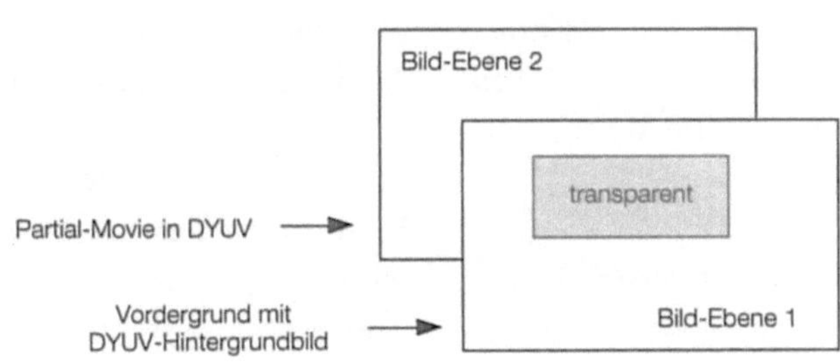

Abb. 65:
DYUV-Partial-Screen-Movie in CD-i

Die Bildrate wird bei diesem Verfahren durch die Lesegeschwindigkeit des Laserkopfes des CD-i-Players vorgegeben. Sie liegt bei 172 kByte/s. Daraus läßt sich leicht die mögliche Performance von DYUV-Partial-Screen-Movies errechnen. Bei 10 Bildern/sec. ist die max. Größe des Filmes 140 x 116 Pixel, wenn für den Ton nur ADPCM-Level C (siehe 4.3.8) verwendet wird. Diese 140 x 116 Pixel werden ja bekanntlich zur Darstellung auf die Größe von 280 x 232 hochinterpoliert, und stellen so ein akzeptables Format dar.

Andere Bildfrequenzen oder Bildgrößen sind möglich und müssen je nach Situation neu berechnet werden, wobei der jeweilige Audio-Level und die Anzahl der Audio-Kanäle berücksichtigt werden müssen. Dies geschieht nach folgender Formel:

(Bildgröße x 1 Byte/Pixel)

x Bilder/s + Audio-Bytes/s

< 172 kBytes/s.

Full-motion-Video (FMV)

Seit der Einführung dieser Technik hat der DYUV-Partial-Screen Movie stark an Bedeutung verloren. FMV ermöglicht die Darstellung von Vollbild-Video mit voller Farbtiefe bei einer Bildrate von 25 bis 30 Bildern pro Sekunde. Dies wird erreicht durch den Einsatz von *MPEG 1* (siehe 4.3.7). Benötigt wird dazu eine Zusatzkarte (*Full-Motion-Cartridge*) zum Decodieren der MPEG-Streams, die mit einem Chip-Satz von C-Cube arbeitet (siehe 6.1.1). Diese Karte übernimmt alle Aufgaben im Bezug auf digitales MPEG-Video, das auch auf einer speziellen Bildebene, der *Backdrop-Plane*, dargestellt wird. Somit ist es möglich, FMV mit Ton direkt von der CD-i zu lesen, zu dekomprimieren und darzustellen, ohne daß dabei die interaktiven Funktionen des CD-i-Players lahmgelegt wären. Das eigentliche CD-i-System hat ja währenddessen "nichts zu tun", die Aufgabe wird voll von der FMV-Cartridge erledigt.

Es besteht die Möglichkeit, Teile des Videos durch Bildinhalte auf den beiden Bildebenen zu verdecken (maskieren), da die beiden Bild-Ebenen vor der Backdrop-Plane liegen (Abb. 66).

Die dargestellte Bildqualität der digitalen Videos ist überzeugend. Allerdings nur, wenn das MPEG-Encoding auf höchster Qualitätsstufe stattgefunden hat (siehe 4.4).

Das Video-Material kann voll in interaktive Programme eingebunden werden. Mit Hilfe spezieller Routinen kann der MPEG-Stream bei jedem einzelnen I-Frame (siehe 4.3.7) direkt angesprungen werden. Das Playback des Videos und des Tones beginnt dann sofort, ohne jede Zeitverzögerung. Lediglich die Suchzeit des Laser-Kopfes auf der CD-i muß bedacht werden. Diese Suchzeit läßt sich dadurch optimieren, daß die Dateien auf der fertigen CD-i ideal angeordnet werden.

Man legt die Dateien, die nach den möglichen Verzweigungen von einem Punkt aus direkt benötigt werden, auf der CD-i alle unmittelbar nebeneinander, so daß der Lesekopf keine weiten Wege ausführen muß. Dieser Vorgang wird als *Disc-Mapping* bezeichnet.

MPEG-Streams werden mit einer maximalen Datenrate von 174 kByte/s von der CD-i gelesen. Hierbei fallen in der Regel ungefähr 150 kByte/s für Video und ungefähr 24 kByte/s für Audio an. Diese Raten sind allerdings nicht starr definiert, sondern können vom Programmierer der jeweiligen Situation angepaßt werden.

Zum Beispiel können für eine Schulungsanwendung mehrere Tonspuren in verschiedenen Sprachen angelegt werden, die synchron zum Video während des Ablaufs direkt vom Anwender umgeschaltet werden können. Allerdings sollte der Datenstrom für Video nicht zu stark beschnitten werden, da sonst Qualitätseinbußen unvermeidlich sind.

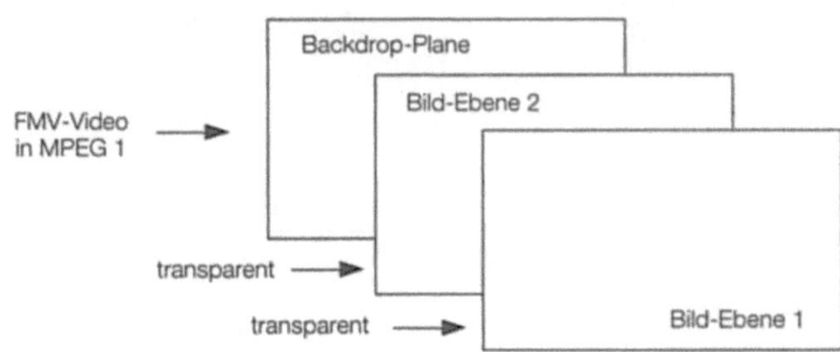

Abb. 66:
FMV-Movie in CD-i

Es gibt weiterhin die Möglichkeit, ungewöhnliche Bildformate zu nutzen. So können Hoch- oder Querformate, deren Pixelanzahl dem Normalformat von 384 x 280 Pixeln entspricht, dargestellt werden. Der Teil, der nun über das sichtbare Bildfenster hinausragt, kann während des laufenden Videos durch *Scrolling* sichtbar gemacht werden. Eine ideale Funktion für Spiele.

CD-i-FMV bietet noch viele weitere Funktionen, wie Standbild, Slow-Motion oder Zeitraffer. Hier sind recht interessante Möglichkeiten geboten.

Safety Area

Im Hinblick auf Video ist zu beachten, daß eine Safety Area eingehalten werden sollte, wie bei traditionellen Videoproduktionen, um einen Verlust von wichtigen Bildelementen (z. B. Text oder Hot Spots) an den Bildrändern zu vermeiden. In diesem Bereich des Bildes ist die Wiedergabe garantiert, unabhängig von allen Toleranzen der jeweiligen Abspielgeräte und Monitore (Abb. 67).

Da CD-i intern nur ungefähr mit der halben Pixel-Auflösung von herkömmlichen Fernsehsystemen arbeitet, fallen die Zahlen hier entsprechend kleiner aus. In der Darstellung wird dann aber wieder die volle Auflösung von PAL oder NTSC unterstützt, indem die fehlenden Werte nachträglich interpoliert werden.

Philips empfiehlt für die PAL / NTSC-Kompatibilität eine "NTSC Title Safe Area", die

Abb. 67:
PAL-Safety-Area
bei CD-i

Tabelle 30:
Monitor-Auflösung und
PAL/NTSC-Safety-Area
bei CD-i

Monitor	Auflösung	PAL Safety Area	NTSC Safety Area
525 Zeilen (NTSC)	384 x 240	320 x 210	316 x 191
625 Zeilen (PAL)	384 x 280	320 x 250	316 x 191

garantiert, daß ein Titel auf jeder CD-i-Plattform weltweit abgespielt werden kann. In Europa sollte auf jeden Fall die "PAL Safety Area" beachtet werden (Tabelle 30).

CD-i und Video-CD

Diese beiden Begriffe werden häufig verwechselt. Die Video-CD ist eine Speziallösung auf der Basis des **CD-ROM/XA-Standards** zum Abspielen von MPEG-1-Video inklusive Audio direkt ab CD (siehe 5.3.1.4).

Ein interaktiver Zugriff auf die Video-Sequenzen ist nur im Rahmen normaler Bedienungselemente, wie Start, Stop, Forward, Rewind etc. möglich. Es können keine Programm-Daten von der CD gelesen werden. Ein interaktives Programm kann nicht erstellt werden. *Jeder CD-i-Player kann solche Video-CDs wiedergeben.* Ein spezieller Video-CD-Player kann jedoch keineswegs eine CD-i vollständig abspielen. Hierzu fehlt ihm die Möglichkeit, die interaktiven Befehle und Programm-Codes auf der CD-i abzuarbeiten, die ja auf OS/9 basieren. Möglicherweise sind die digitalen Video-Sequenzen alleine abspielbar, wofür aber keine Garantie besteht.

Auch ein Computer mit XA-fähigem CD-ROM-Laufwerk und MPEG-Decoder-Karte, der Video-CDs wiedergeben kann, kann damit noch nicht automatisch CD-i vollwertig abspielen. Er kann lediglich die digitalen Videos im MPEG-1-Format lesen, nicht jedoch den Programmcode für die interaktiven Funktionen. Dazu benötigt er zusätzlich eine neuerdings im Handel erhältliche CD-i-Erweiterungskarte, die die Programmumgebung der CD-i zur Verfügung stellt (CD-i RTOS).

Im Gegensatz zu CD-i kann die Video-CD-Technik als weitgehend ungeeignet für digitales Video in interaktiven Medien gelten, da ein interaktiver Zugriff auf die Video-Sequenzen nicht ohne weiteres möglich ist.

Lediglich als Speichermedium für Video-Sequenzen könnte Video-CD genutzt werden, wobei die Programm-Daten und Grafiken etc... auf einem anderen Medium, wie Festplatte oder CD-ROM abgelegt sein müßten.

7.3 Apple Macintosh und PowerPC

Apple hat sehr früh einen Trend erkannt, welcher heute unter der Bezeichnung Multimedia firmiert. Die Schöpfung dieses Begriffes wird von Szenekennern Steve Jobs, einem der Väter des Apple Macintosh, zugeschrieben. Steve Jobs soll als erster von "interactive Multimedia" gesprochen haben. Konsequenterweise hat Apple dann auch als erster Hersteller von Personal Computern in seinen Rechnern den Einsatz von Farbgrafik, Ton, und später auch Video ermöglicht. So hatte der "MAC" schon früh eine komplette Soundhardware an Bord, konnte MIDI-Daten generieren und verarbeiten, fotorealistische Bilder in Echtfarben darstellen, Animationen herstellen und konnte auch als erster Personal Computer am Markt mit einer kompletten Software-Lösung für digitales Video aufwarten.

Diese wurde 1991 unter der Bezeichnung *QuickTime* vorgestellt. Es handelt sich um eine Erweiterung des Betriebssystems, mit deren Hilfe die Besitzer der meisten Macs ohne jede Hardware-Erweiterung direkt in den Genuß digitalen Videos kamen. Dazu wurde für Produzenten von digitalem Video ein Satz von nötigen Entwicklungs- und Bearbeitungs-Tools angeboten. Führende Software-Hersteller integrierten den neuen Standard schnell in ihre Produkte, und so kam es, daß auf so manchem Mac plötzlich viele bunte Filmchen flimmerten. Diese Entwicklung wurde anfangs viel belächelt, und die QuickTime-Movies aufgrund ihrer damals noch recht geringen Größe als völlig ungeeignet für ernsthafte Anwendungen bezeichnet.

Als Apple sich aber anschickte, seine Entwicklung auch noch für IBM-kompatible Computer unter Windows auf den Markt zu bringen, zog Microsoft schleunigst mit seinem Video for Windows nach. Damit wurde endgültig klar, welche Bedeutung den damals noch eher briefmarkengroßen, ruckelnden Filmschnipseln bereits zugemessen wurde.

Mittlerweile hat sich die Technik der Computer rasant entwickelt, und so kommt es, daß aus ruckelnden Schnipseln nach und nach ernsthafte digitale Videos von beachtlicher Größe wurden, die ohne Rukkeln bei 25 Bildern pro Sekunde und 24 bit Farbtiefe durchaus schon den halben Bildschirm füllen können, und dies ohne zusätzliche Hardware.

An dieser Entwicklung hat Apple mit Sicherheit entscheidenden Anteil. Lediglich Intel konnte mit seiner DVI- und später Indeo-Technologie hier Vergleichbares vorweisen, und so scheint es logisch, daß Apple die neueste Version des Indeo-Codecs von Intel in sein QuickTime integrieren wird.

Als Pendant zum MPC-Standard auf der Seite der IBM-Kompatiblen kam Apple mit der AV-Technologie auf den Markt. Diese bietet eine komplette Ausstattung für die Herstellung und die Wiedergabe von multimedialen Programmen und deren Bestandteilen. Die AV-Technologie wird von Apple sowohl für Macintosh-Rechner als auch für die neuen PowerPC-Modelle angeboten. AV-Rechner bieten alle wichtigen Ein- und Ausgänge sowie sämtliche Technik, aber auch die wichtigste Software für Multimedia als komplette Lösung in einem Gerät. Dennoch tummeln sich diverse Zusatzkarten auf dem Markt. Von einigen wichtigen soll hier ebenfalls die Rede sein.

7.3.1 AV-Technologie

Apple hat mit seiner AV-Technologie ein hohes Maß an Medienintegration verwirklicht. Mit der Einbindung von Video, Ton, Sprache, Grafik und Telekommunikation wird allen wesentlichen Bestandteilen von Multimedia mit der AV-Technologie Rechnung getragen.

Obwohl es auch interessant wäre, sich hier tiefer mit Spracherkennung, Grafik oder Telekommunikation zu befassen, beschränkt sich dieser Abschnitt auf Bewegtbild und Ton als wesentliche Bausteine von digitalem Video in interaktiven Medien. So unterstützt das hier dargestellte Video-System der AV-Macs die Fernseh-Standards PAL, SECAM und NTSC, und dabei die Video-Formate Composite, S-Video und digitales YUV. Letzteres allerdings nur über einen spezialisierten internen Steckplatz, den Digital Audio Video Connector (DAV). Intern wird digitales RGB in 5:5:5:1, und zur Ausgabe an den Monitor analoges RGB verwendet. Selbstverständlich ist auch der Anschluß eines Video-Monitors am Video-Ausgang möglich (Abb. 68).

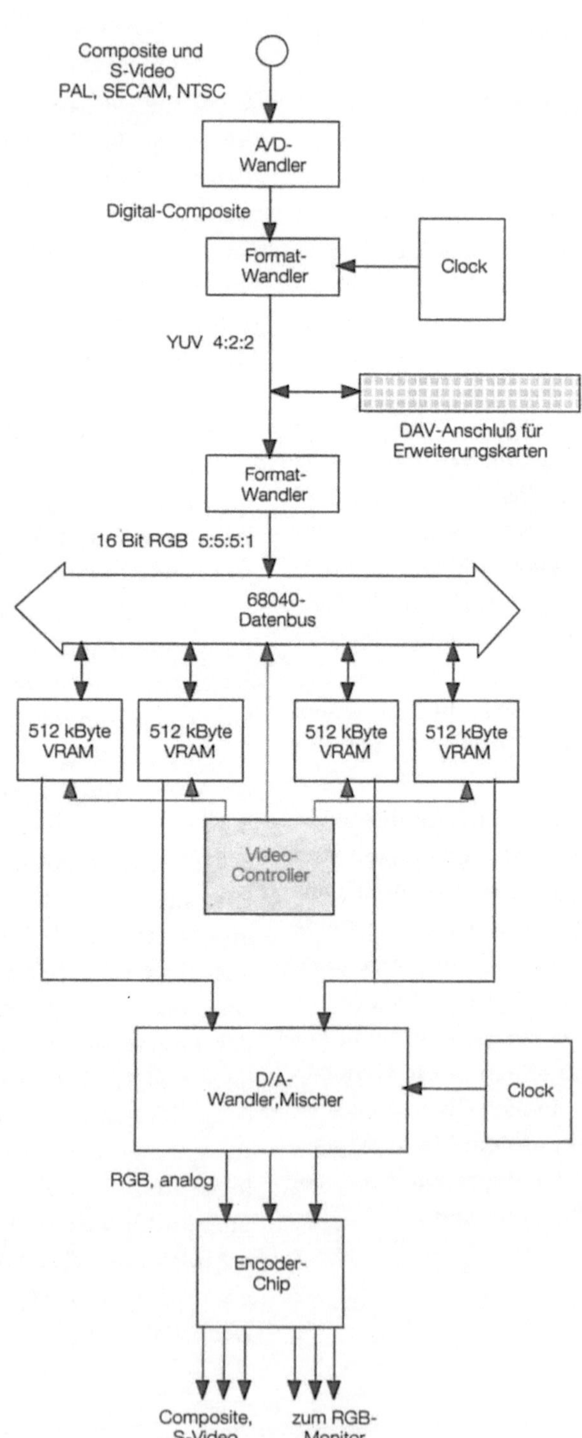

Abb. 68:

Apple's AV-Technologie

In den vier VRAM-Bausteinen lassen sich gleichzeitig Video- und Grafik-Daten halten, die dann im Mischer-Baustein zusammengefaßt werden zur Darstellung. Die digitalen Video-Daten, die in den VRAMs lagern, stehen auf dem Systembus zur Verfügung und können nun gespeichert, editiert, komprimiert oder sonst irgendwie manipuliert werden.

Das mitgelieferte Programm *FusionRecorder* erlaubt die Digitalisierung von 10 Bildern/s bei einem Format von 320 x 240 Pixeln, oder von 20 Bildern/s bei 160 x 120 Pixeln ohne Kompression direkt auf die Festplatte. Diese Werte reichen für professionelle Produktionen nicht aus. Hier sollte eine Zusatzkarte verwendet werden, die höhere Leistung bringt (siehe 7.3.3). Zur Herstellung von einfachen QuickTime-Movies reichen diese Werte jedoch aus.

Die Darstellung von Video, das direkt von einer Videoquelle stammt und nicht gespeichert werden soll, kann allerdings auf Vollbild mit voller Bildrate geschehen. Hierzu dient das Programm *VideoMonitor*, das Video darstellen, aber auch einzelne Frames grabben kann [vgl. Ehrmann].

Ein weiteres Merkmal der AV-Technik von Apple ist ein *DSP-Chip* (siehe 6.1). Es handelt sich um den DSP 3210 von AT&T. Dieser tut seinen Dienst in sämtlichen AV-Macs, die mit Motorola-68040-Prozessoren als CPU arbeiten. In den neueren Modellen mit einem Power-PC-Chip als CPU übernimmt dieser die Arbeit des DSP mit. Dies ist aufgrund der hohen Prozessorleistung der Power-PC-Chips leicht möglich.

Die Aufgabe des DSP-Chips besteht darin, die CPU bei der Verarbeitung digitaler Signale zu unterstützen und damit zu entlasten. Diese Möglichkeit muß allerdings von entsprechenden Programmen gezielt genutzt werden und steht somit nur speziell darauf zugeschnittenen Software-Produkten zur Verfügung. Einige werden von Apple mitgeliefert, andere gibt es von Drittanbietern. Im Zusammenhang mit Video- und Tonsignalen bieten sich hier interessante Möglichkeiten, die Routinen des DSP-Chips durch neue Programme zu nutzen.

Für die Aufzeichnung und Wiedergabe von Audiosignalen stellt die AV-Technologie ebenfalls gute Möglichkeiten zur Verfügung. So sind Eingänge und Ausgänge für Stereo-Audio-Signale mit Samplingraten bis zu 48 kHz bei 16 bit vorgesehen. Diese können sowohl in analoger wie in digitaler Form vorliegen. Der DSP-Chip unterstützt auch die Kompression und Nachbearbeitung von Audiosignalen. Inzwischen gibt es Programme, die unter Ausnutzung der AV-Technologie und des DSP-Chips einen AV-MAC in ein *komplettes Tonstudio* für professionelle Audiobearbeitung verwandeln, wohlgemerkt ohne jegliche Zusatzhardware.

Ein weiteres sinnvolles Feature der AV-Technologie ist die *DMA-Architektur* (Direct Memory-Access). Sie bietet die Möglichkeit, Daten direkt zwischen Peripherie und Speicher zu bewegen, ohne damit die CPU zu belasten.

Der *DAV-Anschluß* ermöglicht direkten Zugriff auf die digitalen Audio- und Video-Signale im Rechner. Er bietet somit eine ideale Schnittstelle für Zusatz-Hardware, wie hochwertige Video-Digitalisierer, MPEG-Decoder, Audio-Hardware etc.

In den neuen PowerPC-Rechnern von Apple befindet sich die gesamte AV-Technologie nicht mehr auf dem Motherboard des Rechners, sondern auf einer Erweiterungskarte, die sich in einem speziellen Steckplatz (PDS-Slot) befindet.

Die AV-Technologie bietet gute Möglichkeiten, Multimedia auf der semiprofessionellen Ebene komplett in einem Gerät zu produzieren. Hierzu sind alle nötigen Anschlüsse und Programme vorhanden. Der professionelle Produzent wird allerdings für speziellere Aufgaben, wie hochwertiges Video-Capturing oder Tonmischung, vielleicht doch lieber auf Zusatz-Hardware ausweichen.

7.3.2 QuickTime

Dieser Begriff steht für eine Erweiterung des Betriebssystems der Apple-Rechner, aber im weiteren Sinne auch für die Integration digitaler, zeitbasierter Daten in Personal Computern, nicht nur von Apple.

Auf allen Apple-Macintosh-Rechnern ist QuickTime als Systemerweiterung die Basis für *echtes Multimedia direkt im Betriebssystem*. Es bietet hierbei eine ganze Reihe von zusätzlichen Toolbox-Routinen. Zur Erklärung sei gesagt, daß Toolbox-Routinen das Kernstück des Apple-Betriebssystems bilden. Sie residieren großteils in ROMs auf dem Motherboard oder werden mit dem Betriebssystem hochgeladen. Anwender-Programme müssen diese Routinen nur aufrufen und können somit viele Funktionalitäten direkt aus dem Betriebssystem nutzen.

Einen Fundus solcher *Routinen, speziell für die Verarbeitung von medialen Daten,* stellt QuickTime den Anwendungsprogrammen zusätzlich zur Verfügung. Dies reicht von Formatdefinitionen über Synchronisation, von Kompression über Einbindung in Programme bis zum Audio-Handling und vieles mehr.

QuickTime besteht eigentlich aus drei Bausteinen. Da wäre zunächst die *Movie Toolbox*, die die besagten Routinen enthält, weiterhin gibt es den *Image Compression Manager*, der für die Verringerung von großen Bilddatenmengen zuständig ist, und schließlich noch den *Component Manager*, der hierbei die Verwaltung der beteiligten Elemente übernimmt (Abb. 69).

Der Component Manager erlaubt es zum Beispiel, eine externe Digitizer-Karte über einen einzigen Treiber, der beim Component Manager registriert ist, aus jedem Digitalisier-Programm heraus zu benutzen. Er ist es auch, der die verschiedenen Codecs beim System anmeldet und so für alle Anwendungen nutzbar macht. QuickTime arbeitet mit einem eigenen Dateiformat, das als Movie (moov) bezeichnet wird. Dieses Format ist abwärtskompatibel zum PICT-Format und kann daher ähnlich wie dieses gehandhabt werden. Ein Kopieren über die Zwischenablage ist so zum Beispiel möglich.

Das Movie-Format kann man sich als eine Art *Container für zeitbasierte Daten* vorstellen. Es können parallel verschiedene Spuren (*Tracks*) angelegt werden. Dabei kann es

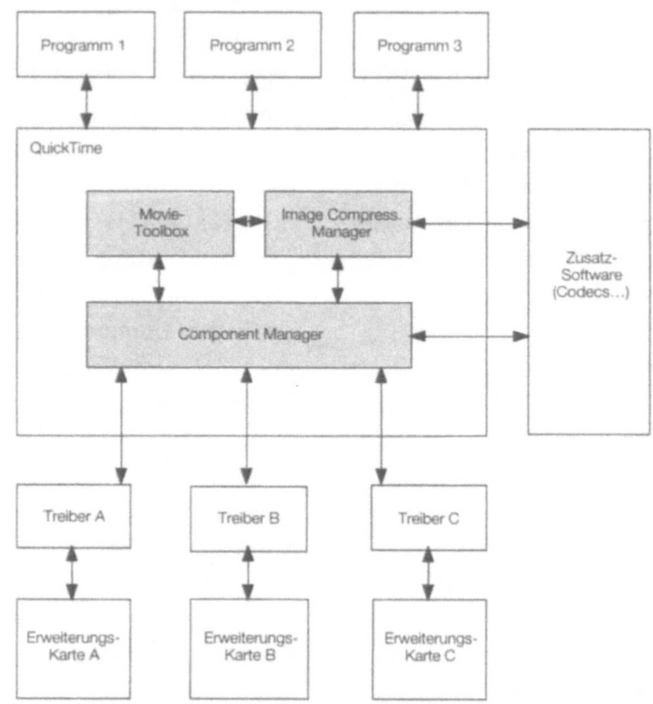

Abb. 69: Apple's QuickTime-Architektur

sich um Video, Animationen, Ton, MIDI, ASCII-Text, Timecode oder Apple-Events handeln. Das System sorgt für eine Verschachtelung der Daten, in der Art, daß sie *synchron* wiedergegeben werden können. Stößt es dabei an eine Leistungsgrenze, so werden einzelne Bilder übersprungen, während der Ton so lange wie möglich vollständig bleibt. Die Zeit-Basis wird dabei immer erhalten, unabhängig vom Rechnertyp. In dieser Hinsicht kann QuickTime als skalierbares System gelten.

Es werden aber nicht unbedingt die ganzen Originaldaten direkt in die Tracks eingebunden, es können auch nur Verweise auf die Daten und deren Reihenfolge, Größe, Geschwindigkeit, Lautstärke etc. angelegt werden. So können QuickTime-Movies leichter editiert werden und sogar Daten von externen Medien zu anderen Tracks synchronisiert werden, ein Verfahren, das auch beim MIDI-Standard in der Tontechnik oder bei OPI-Servern im Druckbereich erfolgreich angewandt wird. [vgl. Steinbrink].

Als Systemvoraussetzungen für die Nutzung von QuickTime gibt Apple folgendes an:

- mindestens 68020-Prozessor
- mind. Systemsoftware 6.0.7.
- 4 MByte RAM
- CD-ROM-Laufwerk mit Zugriffszeit unter 400 ms

QuickTime läuft auf allen farbfähigen Macintosh-Rechnern inklusive der neuen PowerPCs von Apple und einigen Power-Books. Zusätzliche Hardware, intern oder extern, läßt sich problemlos über einen Treiber beim Component Manager registrieren. Auf diese Weise kann auch eine MPEG-Karte oder ein DVI-Board mit QuickTime zusammenarbeiten, genau wie ein Video-Recorder oder ein Bildplattenspieler.

QuickTime bildet logischerweise auch den Rahmen für die Anwendung von *Codecs* zur Kompression (siehe 4.3). Es liefert dabei alle Funktionen zum sinnvollen Betrieb dieser Codecs. Hierbei können laufende Bilder genauso komprimiert werden wie Standbilder was zum Beispiel im Falle des Photo(JPEG)-Codecs durchaus Sinn macht (siehe 4.3.1).

In der aktuellen Version 2.0 bietet QuickTime eine Anti-Alias-Funktion für Filmuntertitel, einen rein software-gestützten MIDI-fähigen Synthesizer mit 30 polyphonen Stimmen zur Wiedergabe von MIDI-Tracks, einen MPEG-Codec, der allerdings zusätzliche Hardware voraussetzt, deutlich verbesserte Wiedergabe von Movies, schnellere Kompression, Routinen zur Konvertierung von Datenformaten, die Einblendung von Timecode im Bild und verbesserte Nutzung der Power-PC-Architektur. Auf schnellen 68040-Macs und allen Mac-PowerPCs ist damit die ruckfreie Darstellung von Movies mit einer Größe von mindestens 320 x 240 Pixeln bei 30 Bildern/s in voller Farbtiefe von 24 bit möglich. QuickTime 2.0 ist auch schon für die Wiedergabe von Video aus Netzwerken oder von File-Servern speziell vorbereitet (Video on demand).

7.3.3 QuickTime-Erweiterungen

Aufsetzend auf der QuickTime-Technologie werden sowohl von Apple als auch von Drittanbietern interessante zusätzliche Möglichkeiten angeboten. Von einigen soll hier die Rede sein.

Navigable Movies

Hierbei handelt es sich um eine Technik, die eine Art von Rundum-Blick gestattet. Der Betrachter hat dabei den Eindruck, auf einem Punkt zu stehen und den Kopf in alle Richtungen drehen zu können, wenn er mit gedrückter Maustaste den Pfeil-Cursor über das Bildfenster bewegt. Erreicht wird dies, indem mit einer speziellen Kameravorrichtung mehrere Reihen von Standbildern aufgenommen werden, jeweils verteilt auf 360° und mit variiertem Anstellwinkel gegenüber dem Horizont. Diese sogenannten Panorama-Reihen werden anschließend wie Videodaten mit einem geeigneten Codec zu einem QuickTime-Movie komprimiert. Dabei müssen sie in einer ganz bestimmten Weise angeordnet sein.

Eine spezielle Programmlogik auf Hypercard-Basis übernimmt die Cursor-Steuerung und das Anspringen der jeweils passenden Frames.

Navigable Movies können in interaktive Programme eingebunden werden, oder als eigenständige Programme kompiliert werden.

QuickTime Virtual Reality

Eine Weiterentwicklung der navigable Movies. Das digitalisierte Bildmaterial der Panorama-Reihen wird dabei von einer speziellen Routine zu einem nahtlosen Rundum-Bild zusammengefügt und anschließend speziell komprimiert. Diese ausgeklügelte Technik ermöglicht ruckfreien Ablauf während der Bewegung und sogar Zoom, in gewissen Grenzen ohne Auflösungsverlust.

Als Bildmaterial kommt Realbild, 3D-Computergrafik und auch eine Kombination aus beidem in Frage. Erfahrene Programmierer können in den so geschaffenen virtuellen Raum auch Objekte einfügen, die sich vom Anwender kontrollieren lassen. Dies wird ebenfalls von QuickTime VR unterstützt.

Es lassen sich außerdem aktive Flächen (*Hot Spots*) in die Rundum-Bilder einbauen, die nach Mausklick dann Aktionen auslösen können. Von großem Vorteil ist, daß die Hot Spots stets ihre Position gegenüber dem Hintergrund beibehalten, auch wenn sich das ganze Bild bewegt.

Das System läuft auf Apple-Rechnern sowie auf IBM-Kompatiblen. Es wird keine sehr schnelle Hardware vorausgesetzt, ein durchschnittlicher Rechner ist ausreichend. Damit wird virtuelle Realität, die bisher stets mit enormem finanziellem Aufwand verbunden war, auch für Multimedia im Consumerbereich erreichbar. Einem Einsatz auch auf CD-ROMs steht nichts im Wege.

QT-Movies mit Hot Spots

Die Firma Mürner u. Richter, eine kleine süddeutsche Software-Schmiede, hat sich des Problems der Hot-Spots in herkömmlichen digitalen Videos angenommen. Mürner u. Richter bietet neben eigenen Multimedia-Projekten einen Service an, der es Multimedia-Produzenten ermöglicht, Personen oder Objekte in Filmsequenzen anklickbar zu machen, unabhängig davon, wie sich die Person oder das Objekt im Filmausschnitt bewegt. Der Klick kann dabei entweder zu einer anderen Szene des Films führen, oder als Event an eine Programm-Umgebung, wie Director, Toolbook etc.. weitergegeben um dort abgearbeitet zu werden. Somit ist diese Technik in jede Art von Multimedia-Titeln integrierbar. Wie bei den navigable Movies können aber auch komplett selbstständige Movies mit allen Verzweigungen kompiliert werden.

Diese Technik funktioniert für alle Codecs unter QuickTime. Mit Cinepak ist eine Bildgröße von max. 384 x 288 bei 25 Bildern/s und 24 bit Farbtiefe möglich. Als Plattform kommen Apple-Rechner und mit Einschränkungen auch IBM-Kompatible in Frage. Ein Einsatz auf CD-ROM ist mit reduzierter Bildgröße/Bildrate ebenfalls möglich.

Eine verwandte Technik von Mürner u. Richter ermöglicht es, sich auf einem Grundriß mit dem Mauszeiger zu bewegen, während in einem benachbarten Video-Fenster die passende Szene innerhalb des Gebäudes als digitales Video erscheint (siehe Anhang).

7.3.4 Zusatz-Hardware

Wer einen Macintosh ohne die AV-Technologie besitzt oder wem deren Möglichkeiten nicht ausreichen, der wird auf Zusatz-Hardware zurückgreifen. Im Zusammenhang mit digitalem Video in interaktiven Medien sind hier Erweiterungskarten vor allem für fünf Bereiche sinnvoll: Digitalisierung, Kompression, Dekompression, Grafik-Beschleunigung, Audio-Verarbeitung. Es gibt Karten, die sich speziell um einen dieser Bereiche kümmern, und solche, die gleich mehrere Bereiche abdecken.

Bei der großen Vielzahl der am Markt angebotenen Produkte ist es in diesem Rahmen nicht möglich, einen Überblick zu bieten. Vielmehr sollen stellvertretend nur einige hochwertige Produkte vorgestellt werden.

Radius VideoVision Studio

Hierbei handelt es sich um eine Kombinations-Karte, die alle fünf genannten Bereiche abdeckt, wobei der Schwerpunkt auf der Video-Seite liegt. Die Kompression erfolgt nach einem *Motion-JPEG-Verfahren* (siehe 4.3.6), das die VideoVisi-on Studio in die Lage versetzt, 30 Vollbilder pro Sekunde mit 768 x 576 Pixeln auf die Festplatte zu digitalisieren. Die Qualität hängt dabei von der erreichbaren Datenrate bei der Aufzeichnung ab. Hier sollte auf jeden Fall ein schneller Rechner mit einer ebenso schnellen Festplatte zur Anwendung kommen. Radius bietet zu diesem Zweck ein spezielles Raid-System (siehe 5.1.4) und neuerdings auch eigene Rechner auf Apple-Basis an. Das digitalisierte Material läßt sich von der Festplatte im Vollbildmodus direkt wiedergeben oder über QuickTime und einen entsprechenden Codec in einen QuickTime-Movie umrechnen.

Die Karte unterstützt PAL, SECAM, NTSC in den Formaten Composite und S-Video, sowohl eingangs-, als auch ausgangsseitig. Auf der Audio-Seite wird eine Digitalisierung mit 8 bit und 22 kHz in Stereo unterstützt, was nicht professionellem Standard entspricht, aber für Multimedia eventuell ausreicht. Die Radius VideoVision Studio wird mit verschiedenen Programmen zur Video-Bearbeitung ausgeliefert und stellt insgesamt eine ausgereifte Lösung dar.

New Video EyeQ-Karten

Diese Karten bringen Intels *DVI-Technik* auf den Macintosh (siehe 7.1). Hierbei wird RTV und die Wiedergabe von PLV sowie Indeo (siehe 4.3.3) unterstützt. Die EyeQ-Karten beinhalten den *i750-Prozessor von Intel*, der eine stark beschleunigte Wiedergabe und eine *Echtzeit-Kompression* von digitalem Video möglich macht.

Die EyeQ-AV-Karte arbeitet direkt mit Apples AV-Technologie zusammen. Sie wird dabei vom DAV-Steckplatz mit Daten versorgt und speist hier auch ihre Ergebnisse wieder in den Rechner ein (siehe 7.3.1).

DigiDesign Audio Media II

Diese Karte bietet *professionelle Tonbearbeitung* auf dem Macintosh. Sie kann Stereo-Signale mit Sampling-Raten bis zu 48 kHz digitalisieren und wieder analog wandeln, natürlich in Echtzeit. Es gibt inzwischen verschiedene professionelle Soundbearbeitungs- und Sampler-Programme, die mit dieser Karte direkt zusammenarbeiten und speziell auf sie zugeschnitten sind. Die Karte ist

der Soundhardware von Apples AV-Technologie überlegen. Sie bietet einen deutlich *höheren Rauschabstand* und unterstützt auch digitale Soundeffekte, wie Echo, Hall und ähnliches. Es können mehrere Spuren gemischt werden, wie in einem Tonstudio.

Wired Mason III

Die Mason III bietet *MPEG-1-Decoding für den MAC* und den PowerPC. Mit ihrer Hilfe können Video-CDs und MPEG-1-Streams auf allen AV-Rechnern direkt in Echtzeit abgespielt werden. Für nicht AV-Macs ist dazu noch eine Video-Overlay-Karte oder ein analoger Video-Monitor zusätzlich nötig.

Die Karte arbeitet direkt mit QuickTime 2.0 zusammen. Programmierer können sie über das API (Application Programmer's Interface) in ihre Programme integrieren. Es existiert auch ein *XObject für Macromedia-Director*, so daß MPEG 1 unter Director genutzt werden kann (siehe 8.3).

Die Mason III unterstützt den vollen MPEG-1-Standard inclusive Dolby-Surround-Audio und bietet dabei 24-Bit-Bild- und 16-Bit-Ton-Qualität.

7.4 IBM-kompatible PCs

Nachdem der Macintosh, der Amiga und der Atari schon früh Multimedia-Fähigkeiten vorweisen konnten, wurde es 1991 höchste Zeit für die Hersteller von IBM-kompatiblen PCs, hier nachzuziehen. So entstand in diesem Jahr der Standard des *Multimedia-PC (MPC)*. Hierbei ging es aber vorwiegend um das Lesen von CD-ROMs und das Abspielen von Tönen und MIDI. An digitales Video oder professionelles Multimedia-Authoring war zunächst weniger gedacht.

Intel konnte zwar mit seiner DVI-Technologie (siehe 7.1) schon früh ein ernstzunehmendes Instrument zur Produktion und Nutzung von digitalem Video vorstellen, doch DVI blieb auf Grund seiner Hardware-Abhängigkeit und seiner Kosten stets einem kleinen Kreis von meist professionellen Anwendern vorbehalten. Als dann aber 1991 *QuickTime* und 1993 *Video for Windows* die Basis für rein Software-gestütztes digitales Video auf Personal Computern schufen, konnte auf dem MPC-Standard aufgesetzt werden. Somit war auch in der Welt der IBM-kompatiblen PCs der Weg frei für die Nutzung von Multimedia-Titeln mit digitalem Video durch breite Anwenderschichten.

Es erschienen nun zunehmend Produkte auf dem Markt, die die Erstellung von Multimedia auf IBM-kompatiblen PCs erleichterten. Von Steckkarten zur Digitalisierung, Kompression und Darstellung von Video über Audio-Hardware bis hin zu Software für Nachbearbeitung und Authoring wurde das Angebot ständig erweitert. Heute ist man auch auf IBM-kompatiblen PCs in der Lage, ernsthafte Produktionen im Bereich von Multimedia durchzuführen, inklusive Einsatz von digitalem Video.

Gerne wird aber auch auf Apple-Rechnern produziert und anschließend auf IBM-kompatible PCs portiert.

Ein großes Problem stellt die Uneinheitlichkeit der großen Zahl von installierten PCs dar. Da es hier keine verbindlichen Standards gibt und das Heer der Anbieter nahezu unüberschaubar geworden ist, sind IBM-kompatible PCs in verschiedensten Konfigurationen beim Endanwender von Multimedia anzutreffen. Dies führt häufig dazu, daß man sich auf einen kleinsten gemeinsamen Nenner einigt. Dabei bleibt oft ein großer Teil der eigentlich möglichen Performance ungenutzt. Wird jedoch eine Anwendung speziell auf einen bestimmten Rechner, mit genau bekannten Hardware-Erweiterungen zugeschnitten, so lassen sich überzeugende Resultate erzielen. Hierbei kann dann auch digitales Video von hoher Qualität eingebunden werden. Diese Situation ist zum Beispiel bei einem Messe-Terminal oder bei Kiosk-Systemen gegeben.

Angemerkt werden soll hier noch, daß der Begriff Multimedia, speziell in der Welt der IBM-kompatiblen PCs, einer stark inflationären Abnutzung zu unterliegen scheint. Alles, was dem PC ein paar Töne oder ein paar bewegte Bildchen entlocken kann, läuft bereits unter Multimedia. Dieser Begriff wird von einigen Anbietern nur als billiger Marketing-Gag eingesetzt. Hier soll minderwertige Hard- oder Software einen pseudo-professionellen Stempel aufgedrückt bekommen. Dies gilt leider manchmal auch für digitales Video. Wir verwenden in diesem Buch bewußt den Begriff "interaktive Medien", um damit einen gewissen Qualitätsgedanken aufrecht zu erhalten.

7.4.1 Multimedia-PC (MPC)

Der MPC-1-Standard sorgte im Jahre 1991 für eine gewisse Vereinheitlichung der Abspielplattform für Multimedia auf IBM-kompatiblen Personal Computern. Ein Gremium aus verschiedenen Firmen der Industrie legte mit diesem Standard eine Anzahl von Mindestanforderungen fest. Diese waren unter anderem:

- 80286-Prozessor
- 2 MByte RAM
  (4 empfohlen)
- 30-MByte-Festplatte
- 3,5"-Diskettenlaufwerk
  (1,44 MByte)
- VGA-Karte (4 oder 8 bit)
- Soundkarte
  (8 bit / 22 kHz, MIDI)
- CD-ROM-Laufwerk
  (Single speed)
- Microsoft Windows 3.0
- DOS 3.1
- volle Kompatibilität der System-Software zu den Application Programming Interfaces (API)

Es ist leicht zu erkennen, daß mit diesen minimalen Voraussetzungen, als kleinstem gemeinsamen Nenner, eine Wiedergabe von anspruchsvollen

Multimedia-Titeln kaum möglich ist. Ganz zu schweigen von echtem Multimedia-Authoring oder der Erstellung und Wiedergabe von digitalem Video. Daher wurde Ende 1991 der MPC-Standard etwas nachgebessert. Man verlangte nun mindestens einen 80386SX-Prozessor mit 16 MHz. Aber auch diese Verbesserung war nicht durchgreifend genug. Nach wie vor war keinerlei Vorgabe über Hard- oder Software-Voraussetzungen für digitales Video gemacht worden.

1993 hat das Multimedia PC Marketing Council den MPC-Standard dann erneut erweitert. Um dieses kenntlich zu machen, nennt er sich jetzt MPC-2-Standard. Darin sind folgende weitere Anforderungen definiert:

- 80486SX-Prozessor (25 MHz)
- 4 MByte RAM
  (8 empfohlen)
- CD-ROM / XA-Laufwerk,
  multisessionfähig
  (Datenrate 300 kByte / s,
  Zugriffszeit 400 ms)
- Soundkarte
  (16 bit / 44,1 kHz)
  MIDI und Synthesizer
  mindestens achtstimmig

- 4-Kanal-Tonmischer
  mit Zusatz-Eingang
  (z. B. Mikrofon)
- Grafikkarte und Monitor
  mit 640 x 480 Bildpunkten
  und dabei 16 bit Farbtiefe
- technische und softwaremäßige Voraussetzungen, um digitales Video mit einer Bildgröße von mindestens 320 x 240 Pixeln und 15 Bildern / s bei 256 Farben darstellen zu können.
- volle Kompatibilität mit den Multimedia-Extensions-API Version 1.0 von Microsoft.

In dieser Austattung kann der MPC 2 nun als wirkliche Multimedia-Plattform gelten, im Gegensatz zum MPC 1.

Unter Microsoft Windows 3.1 ist eine Software-Schnittstelle zur Ansteuerung von Peripherie-Geräten, wie Video-Recorder, Bildplattenspieler, oder CD-ROM-Laufwerk, sowie zur Verbindung mit anderen Programmen, wie Audio-, Animations- oder Video-Programmen, eingerichtet.

Sie wird als das Media Control Interface (MCI) bezeichnet und ermöglicht Windows-Programmen einen Zugriff auf unterschiedlichste Hard- und Software. 1992 wurde MCI durch eine zusätzliche Spezifikation erweitert, speziell für den Einsatz von digitalem Video, *Digital Video MCI (DV-MCI)*. Dabei handelt es sich um eine Software-Schnittstelle, die sowohl die Anwendung von digitalem Video, das auf Hardware-Unterstützung baut wie Intels DVI (siehe 7.1), als auch von rein Software-gestütztem digitalem Video ermöglicht.

DV-MCI erlaubt Programmierern, Treiber zu schreiben und diese in ihren Programmen zu nutzen. Somit kann jedes dafür ausgelegte Programm digitales Video einbeziehen [vgl. Steinbrink, S. 335].

Noch 1992 fehlte eine spezielle System-Umgebung zur Produktion und Anwendung von digitalem Video auf IBM-kompatiblen Personal Computern. Mit Video for Windows (VfW) stellte Microsoft in Zusammenarbeit mit Intel Anfang 1993 eine solche Lösung vor. Mit VfW können alle Anwender von Windows 3.1 digitales Video ohne Zusatzhardware nutzen [vgl. Börner].

Video for Windows ist sowohl eine Softwarearchitektur als auch ein Programmpaket zum Umgang mit digitalem Video, das folgende Bestandteile enthält:

- den erweiterten Media-Player, der Video-, Ton-, oder MIDI-Dateien abspielen oder Peripherie-Geräte ansteuern kann
- eine Runtime-Version von VfW zur freien Weitergabe. Sie dient dazu, Videos auch auf Rechnern ohne VfW darstellen zu können
- wichtige Systemdateien, wie die AVI-Engine, DV-MCIs, DLLs etc.
- das Programm VidEdit zum Bearbeiten, Schneiden, Vertonen, Komprimieren und Konvertieren von Videos

- das Programm VidCap zum Digitalisieren von Video und Ton
- das Programm BitEdit zur pixelweisen Bearbeitung einzelner Video-Bilder
- das Programm PalEdit zur Arbeit an Farbpaletten
- das Programm WaveEdit zur Tonbearbeitung
- einen Konverter zur Umwandlung von Apple-QuickTime-Movies für Video for Windows. Er läuft nur auf Macs

Die Daten eines Videos legt VfW in einem speziellen Dateiformat ab. Dieses Format verschachtelt Bild- und Tondaten untereinander. Daher wird es als *Audio Video Interleaved (AVI)* bezeichnet. Töne werden dabei im WAVE-Format, Bilder im DIB-Format gespeichert. Das DIB-Format ähnelt stark dem BMP-Format, einem Standard-Format von Microsoft Windows.

Mit Hilfe von *OLE* (Object Linking and Embedding) können Videos sogar in andere Dokumente eingebunden werden. Diese können dann auch auf einem anderen Rechner dargestellt werden, sofern dort VfW oder das VfW-Runtime-Modul vorhanden ist [vgl. Börner].

Zur Kompression mit VidEdit kommen Microsoft-Codecs und der Indeo-Codec zur Anwendung (siehe 4.3). Dabei kann man Farbtiefen von 8, 16 und 24 bit wählen. Bei 8 bit wird üblicherweise nur mit Graustufen gearbeitet. Möchte man dennoch Farbe, so muß eine eigene Farbtabelle (siehe 4.2.5.4) in einem zweiten Arbeitsschritt erzeugt werden.

Es können Audio-Auflösungen von 8 und 16 bit in Mono oder Stereo verwendet werden. Sie werden mit dem Programm WaveEdit bearbeitet.

VfW 1.0 legte die Größe von Videos auf 160 x 120 Bildpunkte fest, bei einer Bildrate von 15 Bildern/s. Eine Größe von 320 x 240 konnte über Interpolation erreicht werden, allerdings dann nur auf Kosten der Bildrate [vgl. Börner]. Die modulare Architektur von VfW im Zusammenspiel mit Windows wird aus der Abbildung ersichtlich (Abb. 70).

Im Februar 1994 hat Microsoft nun mit seinem Video for Windows in der Version 1.1 ordentlich nachgelegt. So unterstützt es jetzt mehrere Datenspuren (*Tracks*) in einem AVI-Dokument. Damit ist es zum Beispiel möglich, einen Film

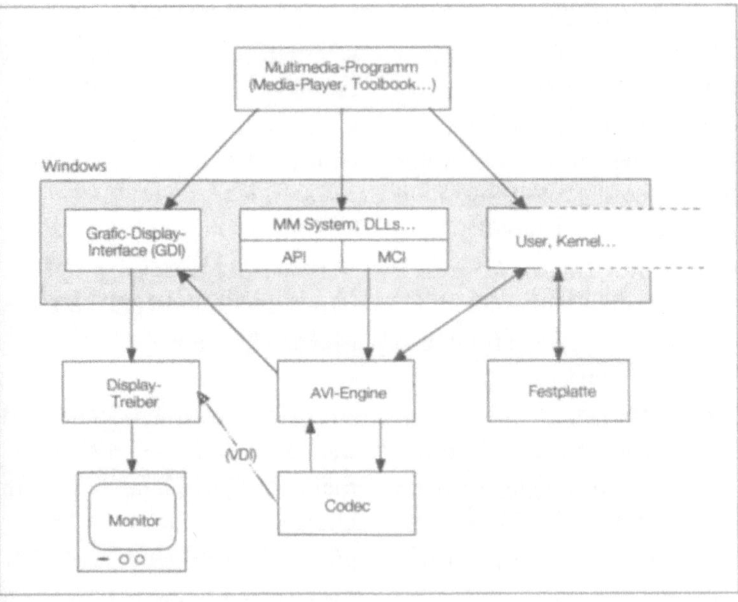

Abb. 70:
modulare Architektur
von VfW und Windows

mit mehreren synchronen Tonspuren zu erstellen, etwa für mehrsprachige Projekte. Es wurde, neben WAVE, mit dem ADPCM-Codec ein weiteres Tonformat eingeführt (siehe 4.3.8). Das macht insofern Sinn, als ADPCM auch im CD-ROM/ XA-Standard enthalten ist. Alle Microsoft-Codecs wurden gründlich überarbeitet, um bessere Performance zu ermöglichen. Zudem wurde der Indeo-Codec in der Version 3.1 und der *Cinepak-Codec* fest in VfW 1.1 integriert (siehe 4.3). Damit sind jetzt auf schnellen Rechnern Videos mit 320 x 240 Punkten bei 30 Bildern/s möglich.

Weiterhin wird ein zusätzlicher Konverter angeboten, der VfW-Videos in Apples QuickTime-Format, zur Wiedergabe auf dem Macintosh, umwandelt.

Außerdem wurden die Tools VidEdit und VidCap neu überarbeitet. Neu dazugekommen ist das Hilfsprogramm CapScrn, mit dem man das Geschehen auf dem Bildschirm quasi filmen kann, zum Beispiel für Software-Tutorials.

Die Firma Intel stellte Anfang 1994 eine Neuentwicklung vor, die die Wiedergabe von digitalen Videos unter VfW deutlich beschleunigt. Intel nennt diese

Entwicklung Video Device Interface (VDI). Eine Beschleunigung wird dadurch erreicht, daß es dem Codec ermöglicht wird, seine Daten nach der Dekompression direkt an den Display-Treiber zu senden, unter Umgehung des Windows-GDI (siehe Abb. 70). Microsoft war jedoch mit diesem Verfahren von Intel nicht einverstanden.

Mitte 1994 gaben Intel und Microsoft dann jedoch bekannt, eine gemeinsame Lösung zu dieser Problematik gefunden zu haben. Das Display Control Interface (*DCI*) soll die Wiedergabe von Video-Clips unter VfW um ungefähr 50 % steigern, nach demselben Prinzip wie VDI, also durch Umgehung des GDI von Windows. Dabei werden die Hardware-Eigenschaften moderner Grafikkarten, wie Farbraumkonversion, Clipping, Skalierung und Chroma-Keying gezielt einbezogen. DCI ist kompatibel zu VDI und zu Indeo. Es ist im Software-Developers-Kit zu VfW 1.1 enthalten und frei von Lizenzgebühren.

VfW ist in gewissen Grenzen in der Lage, sich auf die Performance des jeweiligen Rechners einzustellen. Die Abbildung gibt eine grobe Übersicht über die zu erwartenden Leistungen (Abb. 71).

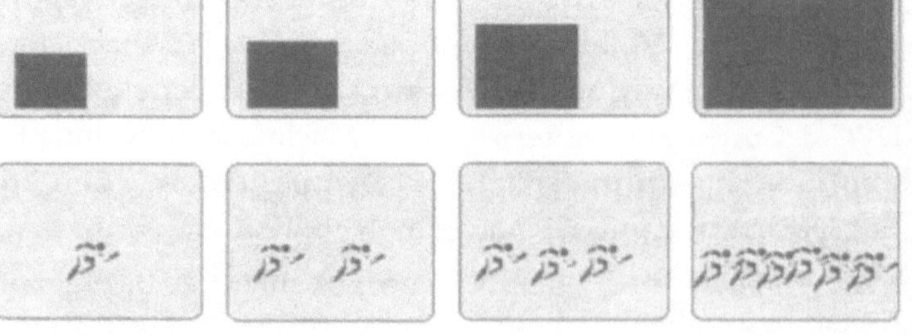

Abb. 71:
Performance von VfW
in Abhängigkeit
von der Hardware

7.4.3 QuickTime for
Windows (QfW)

Mit dieser Software-Umgebung ermöglicht Apple die Wiedergabe seiner QuickTime-Movies auch auf IBM-kompatiblen Computern unter Windows. Eine Herstellung solcher Movies ist aber nur auf Apple-Rechnern möglich.

Apple bietet sein QfW in zwei Teilen an. Zum einen gibt es einen Movie-Player, der lediglich QuickTime-Clips abspielen kann. Er ist frei verteilbar und kann von Netz-Diensten wie CompuServe oder Internet heruntergeladen werden.

Zum anderen gibt es ein Paket für Software-Entwickler, die QuickTime in ihre Windows-Applikationen integrieren möchten. Dieses beinhaltet Libraries und Tools, die es ermöglichen, Movies von jedem Windows-Programm aus zu starten. Dazu muß das Programm aber neu compiliert, und dabei mit den diversen QuickTime-Libraries gelinkt werden [vgl. Behr].

Entwickler können seit *QfW 1.1* bei der Einbindung in Windows-Programme auch *MCI* und *OLE* nutzen (siehe 7.4.1.1 und 7.4.2). Außerdem wird Microsofts Visual Basic 2.0 zur Programmierung unterstützt.

QfW unterstützt alle Apple-Codecs sowie Indeo und Cinepak (siehe 4.3). Weitere Codecs können eingebunden werden. Ein Encoding ist aber nur auf dem Mac möglich.

QuickTime-Movies vom Mac müssen speziell konvertiert werden, um unter Windows laufen zu können. Sie müssen dabei "*self-contained*" gemacht und "*flattened*" werden. Dies ist auch nur auf dem Mac möglich. Ein eigenes Dateiformat mit der Extension ".mov" wird dabei für die konvertierten Movies verwendet.

Es ist auch die Wiedergabe von QuickTime-Navigable-Movies möglich, bei denen der Nutzer mit Hilfe der Maus ein Objekt von allen Seiten betrachten oder sich in einem Raum umblicken kann (siehe 7.3.3).

An Hardware-Voraussetzungen gibt Apple folgendes an:

- 80386er-CPU
- 4 MByte RAM
- VGA-Karte
  (256 Farben empf.)
- DOS 5.0, Windows 3.1

Die Performance von QuickTime unter Windows steht der von VfW in nichts nach. Eher liegt hier QuickTime vorn.

Seit Mitte 1994 liegt QfW in der **Version 2.0** vor. Sie beinhaltet im wesentlichen alle Verbesserungen der Version 2.0 für Macintosh (siehe 7.3.2). So wurde die Wiedergabe stark beschleunigt. Damit ist auf schnellen Rechnern auf jeden Fall eine Bildgröße von 320 x 240 Pixeln bei voller Bildrate von 30 Bildern/s möglich. Unter Umständen kann sogar Vollbild erreicht werden. Es werden auch mehrere parallele Spuren (Tracks) sowie Untertitel, Timecode etc. unterstützt.

Weiterhin sind der Indeo-Codec in der Version 3.2 sowie ein Decoder für MPEG fester Bestandteil von QfW 2.0. MPEG kann allerdings zur Zeit nur mit zusätzlicher Hardware wiedergegeben werden. Apple hat in QfW 2.0 auch das *DCI* implementiert (siehe 7.4.2). Damit können QuickTime-Movies noch deutlich zügiger ablaufen.

7.4.4 IBM OS/2, Ultimedia

Seit der aktuellen Version des IBM-Multimediasystems unter OS/2 2.1 ist die Anwendung auf einem Standard-PC möglich. Bisher war dies nur mit viel Extra-Hardware auf Micro-Channel-Basis möglich. Ultimedia wurde speziell auf die Funktionen des Betriebssystems OS/2 2.1 abgestimmt. Eine Kompatibilität oder zumindest eine Verbindung zu Windows-Dateiformaten soll gegeben sein. Daher können WAV- und MIDI-Dateien sowie AVI-Videodaten, die den Indeo-Codec von Intel nutzen, abgespielt werden. Das IBM-eigene Video-Datenformat ist *Ultimotion*. Von Intel speziell aufbereitete AVS-Video-Dateien können ebenfalls unter Ultimedia abgespielt werden.

Bei den bisher erwähnten Dateiformaten handelt es sich um reine Software-Lösungen, deren Voraussetzungen sich im wesentlichen auf eine S-VGA-Grafikkarte und auf die Installation der IBM-eigenen Multimedia-Software-Systemerweiterung *MMPM/2* (Multimedia Presentation Manager) beschränkt.

Um Ton oder Video zu digitalisieren, werden entsprechende Hardware-Erweiterungen vorausgesetzt, die jedoch auch schon von Drittanbietern (oft preiswerter) angeboten werden. Die amerikanische Firma Red Shark hat sich auf diese Videofähigkeiten spezialisiert. Deren Produkt Nymbus Multimedia Tool Suite digitalisiert Video von unterschiedlichen Quellen.

Das Abspielen von DVI-Videodaten ist nur mit dem Action-Media-II-Adapter möglich. Dieser ist als Hardware-Zusatz nur von IBM erhältlich.

Die Möglichkeiten von preemptivem Multitasking (gleichzeitiges, paralleles Bearbeiten von Programmen und Vorgängen) des OS/2-Betriebssystems erleichtern den Steuerprogrammen die *Synchronisation von Bild und Ton*. Bei Multimedia-Anwendungen verwaltet ein Streaming Manager eine störungsfreie Performance während des Ablaufs.

Die Standard-Video-Performance wird mit 15 Bildern pro Sekunde, einer Auflösung von 320 x 240 Bildpunkten und 8 bit Farbtiefe angegeben. Maximal möglich ist eine Auflösung von 640 x 480 Pixeln bei 30 Bildern je Sekunde und 16 bit Farbtiefe. Bei diesen Angaben handelt es sich um rechnerabhängige

Größen, deren Maximalwert derzeit nur über Zusatzhardware zu realisieren ist.

Zum Vergleich: Microsoft gibt für VfW eine entsprechende Performance auf einem PC mit Intel-486DX/33-CPU an.

Grundsätzlich ist Multimedia unter OS/2 systemübergreifend angelegt. Die IBM-Software arbeitet mit Hilfe von IBMs LAN-Server 3.0 netzwerkorientiert und bindet DOS-, Windows- sowie Macintosh-Clients mit ein.

Ultimedia Builder/2 ist ein zugehöriges Autorensystem zur Erstellung interaktiver Anwendungen auf einer OS/2-Plattform. Als Schnittstelle zur Peripherie ist *MCI* (Multimedia Control Interface) implementiert. CD-ROM/XA wird unterstützt.

Audiodaten können in Samplingraten von 11,02 und 22,05 sowie 44,1 kHz bei Auflösungen von 8 oder 16 bit vorliegen.

Ist schon die Vielfalt der angebotenen Zusatz-Hardware für den Macintosh kaum noch zu überblicken, so geht das Angebot für IBM-kompatible PCs erst recht ins Uferlose.

Andererseits bleibt hier oft nur der Griff zur Zusatzkarte, da es für IBM-kompatible PCs keine Standard-Lösung gibt, wie sie Apple mit der AV-Technologie anbietet. Der MPC-2-Standard bietet allenfalls im Ton-Bereich Vergleichbares an, im Video-Bereich sieht er nur Wiedergabe vor, aber keine Digitalisierung.

Im Zusammenhang mit digitalem Video in interaktiven Medien sind auf IBM-kompatiblen PCs Zusatzkarten vor allem für folgende fünf Bereiche sinnvoll: Digitalisierung, Kompression, Dekompression, Grafik-Beschleunigung und Audio-Verarbeitung. Es gibt Karten, die sich speziell um einen dieser Bereiche kümmern und solche, die mehrere Bereiche abdecken.

Dieser Abschnitt möchte nur einige wenige Produkte, die aus dem großen Angebot durch überdurchschnittliche Merkmale und Funktionen herausragen, kurz vorstellen:

Miro Video DC1 tv

Es handelt sich hierbei um eine Digitalisier-Karte, die mit dem ***Motion-JPEG-Verfahren*** arbeitet. Sie ist dadurch in der Lage, 25 Vollbilder pro Sekunde bei 24 bit Farbtiefe direkt auf die Festplatte zu bannen.

Bilder im PAL-Format von 768 x 576 Pixeln werden mit maximal 384 x 288 Pixeln pro Bild gespeichert. Zur Wiedergabe werden sie dann wieder auf die volle Größe hochinterpoliert. Die Wiedergabe erfolgt entweder über einen Fernsehmonitor, für den die Karte einen Anschluß bietet oder über eine Grafik-Beschleunigerkarte, wie der MiroMovie Pro, auf dem Computer-Monitor.

Die Ton-Digitalisierung kann in Mono mit einer Auflösung von 16 bit bei einer Samplingrate von 22 kHz durchgeführt werden. Dabei sinkt dann aber die Performance im Videobereich. Die digitalisierten Sequenzen können geschnitten, das Ergebnis in AVI-Movies für Video for Windows umgerechnet und dabei durch einen der bekannten VfW-Codecs komprimiert werden (siehe 4.3). Die Karte stellt, trotz Mängeln im Tonbereich, aufgrund ihrer guten Video-Qualität eine brauchbare Lösung dar. Sie wird mit einigen Software-

Tools zur Videobearbeitung ausgeliefert. Auf Wunsch kann ein Bundle mit Adobes Video-Schnittprogramm Premiere 1.1 für Windows geliefert werden.

Miro Sound PCM1 Pro

Von der Firma Miro in Braunschweig stammt auch diese Audio-Zusatzkarte. Sie unterstützt alle wichtigen Sound- und CD-ROM-Standards inklusive der IDE-CD-ROM. Bei der Installation werden alle Einstellungen per Software vorgenommen, man muß also keinerlei Jumper oder dergleichen bedienen.

Die Karte digitalisiert ein Stereo-Signal mit 16 bit bei 44,1 kHz Samplingrate. Es kann dabei auch während der Aufnahme synchron wiedergegeben werden (voll duplex), was zusammen mit dem 7-kanaligen Stereo-Mischpult und einem 16-Kanal-MIDI-Sequenzer gute Vertonungsmöglichkeiten für Multimedia bietet. Weiter bietet die Karte einen 20-stimmigen FM-Synthesizer und einen 24-stimmigen Wavetable mit über 160 Samples. Dabei wird der General-MIDI-Standard unterstützt.

Im Lieferumfang der Karte ist auch eine Anzahl von Programmen enthalten. Von speziellen Treibern, die die CPU von Audio-Aufgaben stark entlasten, über Programme zum Mischen, zur Effekt-Bearbeitung, zur Kompression bis hin zu einem 16-spurigen MIDI-Sequenzer mit Notation.

Die Miro Sound PCM1 Pro gibt als Soundkarte eine gute Figur ab, obwohl sie noch nicht dem professionellen Bereich zugerechnet werden kann.

FAST Movie Line

Die Elektronik-Schmiede FAST aus München bietet mit der Movie Line gleich ein ganzes System von drei Zusatzkarten und dazugehörigen Erweiterungsboards für digitales Video an. Die Spanne reicht dabei von einfachem Framegrabbing über Video-Digitalisierung und Offline-Schnitt mit M-JPEG bis hin zu AVI-Beschleunigung, TV-Tuner und MPEG-1-Decoding.

Die *Movie Machine II* ist dabei eine Allround-Karte, die *FPS 60* eine Speziallösung für digitalen Offline-Schnitt und die *PCI-Video* eine optimal auf PCI-Rechner zugeschnittene Karte. Alle drei Boards von Fast können mit einer M-JPEG- und einer MPEG-Erweiterung aufgerüstet werden.

VideoLogic 928 Movie

Hier handelt es sich um eine Grafikbeschleuniger-Karte, speziell für Video for Windows. Auf Wunsch kann sie auch mit Sound-Funktionen geliefert werden und so eine Sound-Karte überflüssig machen.

Die Besonderheit dieser Karte ist das sogenannte *Smooth-Scale-Verfahren*. Dieses ermöglicht es, Video-Sequenzen, die mit einem der Microsoft-Codecs, mit Cinepak oder mit Indeo (siehe 4.3) komprimiert worden sind, frei zu skalieren.

Damit können solche Video-Clips in einem Fenster beliebiger Größe auf dem Bildschirm dargestellt werden. Das Verfahren arbeitet in Echtzeit und weitgehend ohne die oft störenden Pixelations- oder Treppen-Effekte. Dabei bleibt die ürsprungliche Bildrate erhalten. Ermöglicht wird dieses Verfahren durch den Einsatz von speziellen DSP-Chips. Der Grafikprozessor 80C928E von S3 ist mit einer der schnellsten 32-Bit-Grafikbeschleuniger. Er ist in der Lage, Bildwiederholraten bis zu 75 Hertz zu erzeugen [vgl. Klein]. Er kann auch schon die Grafik-Darstellung unter Windows erheblich beschleunigen.

Für die Video-Beschleunigung und Skalierung ist der *Powerplay-DSP von VideoLogic* verantwortlich, der hierbei Bildraten bis zu 30 Bildern/s liefert, bei freier Skalierung. Dabei glättet er auch wirkungsvoll die Kanten, die sonst bei skaliertem Video zu sehen sind. Die Skalierung kann bei 16 oder 24 bit Farbtiefe erfolgen, nicht aber bei 8 bit. Hier kann jedoch die Beschleunigung alleine verwendet werden.

Die optionalen Soundfähigkeiten entsprechen dem üblichen Standard. So können Stereo-Sounds mit 16 bit und 44,1 kHz gesampelt und wiedergegeben werden. Weiterhin ist MIDI und ein FM-Synthesizer vorhanden. Ein Vollduplex-Betrieb zur gleichzeitigen Aufnahme und Wiedergabe von Ton ist möglich [vgl. Klein].

Die 928 Movie bietet einiges für ihren Preis. Sie kann sowohl Windows als auch die Video-Darstellung deutlich beschleunigen und ist auf Wunsch auch Audio- und MIDI-fähig. Damit dürfte sie für Messeterminals und Kiosksysteme sehr interessant sein. Dem Heimanwender könnte sie allerdings etwas zu teuer sein.

Sigma Designs ReelMagic

Die ReelMagic war 1993 eine der ersten Karten am Markt, die *MPEG 1* inklusive Audio auf IBM-kompatiblen PCs darstellen konnte, und das zu einem Consumer-freundlichen Preis. Die Karte kann dabei MPEG-1-Streams in 24, 25 oder 30 Hz und die Audio-Layers 1 und 2 in 16 bit Stereo decodieren.

Die Ausgabe von Video erfolgt in einer Größe von 354 x 288 Pixeln und kann durch Interpolation stufenlos bis auf 1024 x 768 Pixel/Bild gebracht werden. Die Darstellung erfolgt als analoges Overlay, wodurch die CPU des Host-Rechners bekanntlich nicht belastet wird. Dazu wird die Karte über den VESA-Standard-Feature-Connector mit der Grafik-Karte des Computers verbunden.

Der einzige echte Haken an der ReelMagic ist, daß sie nur in der Lage ist, 32768 Farben darzustellen, anstatt 16,7 Millionen, also 24 bit.

Die Karte kann dennoch, über ein geeignetes CD-ROM-Laufwerk, die Video-CD (siehe 5.3.1.4) auf dem Computer wiedergeben. Über einen Anschluß für Video-Monitore verfügt sie allerdings nicht. Auf dem Computer-Monitor fallen jedoch, aufgrund der höheren Auflösung, die Kompressions-Artefakte von MPEG 1 stärker auf als auf einem normalen Fernseh-Monitor. Unter anderem deshalb kommt die ReelMagic an die Darstellungs-Qualität von Philips' CD-i nicht ganz heran. Hier macht sich doch die deutlich reduzierte Farbtiefe bemerkbar.

Trotz einiger Schwächen ist die ReelMagic eine brauchbare Lösung zur Darstellung von MPEG 1 auf dem PC. Daher hat die Firma Radius unlängst eine Lizenz erworben und plant, eine Karte auf Basis der Reel-Magic auch für den Macintosh herausbringen.

Das Haus der Geschichte der Bundesrepublik Deutschland in Bonn, das Anfang 1994 eröffnet wurde, nutzt in seinen ungefähr 40 Info-Terminals, die in allen Ausstellungsräumen verteilt sind, MPEG 1 mit Hilfe der ReelMagic-Karte.

Spea Showtime Plus

Diese Karte ist ein echter Alleskönner. Sie verbindet dabei die Funktionen einer vollwertigen Graphikkarte gekonnt mit der Beschleunigung und Skalierung von Video-for-Windows und der Decodierung von MPEG-1-Streams inklusive der Audio-Spuren. Zusätzlich kann sie noch einzelne Video-Frames oder Video-Sequenzen digitalisieren und externe Video-Quellen auf dem Computer-Monitor darstellen.

Sie läßt sich komfortabel per Software völlig "jumperfrei" installieren und kommt mit allen Treibern und MPEG-Playern für DOS und Windows sowie allerhand Hilfsprogrammen und Beispielen auf CD-ROM.

Die Videosequenzen werden auf der Karte mithilfe von digitalem Overlay in das Monitorbild eingeblendet, was allerdings die Rechner-CPU mitbelastet. Dadurch sinkt die allgemeine Rechnerleistung während der Videowiedergabe etwas ab. Um das digitale Overlay kümmert sich auf der Showtime Plus ein Tseng-Viper-Videoprozessor, der auch die interpolierende Skalierung der Videos mit übernimmt.

Damit ist es der Karte möglich, VfW-Videos einer Größe von 320 x 240 Pixeln, die mit dem Indeo-3.2-Codec (siehe 4.3.3) komprimiert wurden auch auf Vollbild in brauchbarer Qualität darzustellen. Die interpolierende Skalierung sorgt dabei dafür, daß keine auffällige Pixelierung oder Treppenbildung im Bild zu erkennen ist.

Somit hat man die Möglichkeit für Vollbildvideo auf Indeo 3.2 oder auf MPEG 1 zurückzugreifen. Die erforderliche Hardware hat man auf jedenfall an Bord. *MPEG 1* kann dabei von der Showtime Plus mit *voller Farbtiefe von 24 bit* dargestellt werden. Etwas unangenehm fällt auf, daß kein Video-Ausgang im Composite-Format für die Ansteuerung eines herkömmlichen Fernsehmonitors vorhanden ist.

Ansonsten kann die Karte aber durch ihre Vielseitigkeit und hohe Integration sowie durch ihre Bildqualität überzeugen und stellt bei ihrem günstigen Preis eine überzeugende Lösung dar.

Optibase MPG-4000

Die Firma Optibase aus Israel stellte mit der MPG-4000 weltweit die erste Zusatz-Karte für IBM-kompatible PCs vor, die *MPEG-1-Encoding in Echtzeit* durchführen kann. Dabei wird der MPEG-1-Standard inklusive Audio komplett erfüllt (siehe 4.3.7 und 4.3.9).

Die generierten MPEG-1-Streams sind kompatibel zu allen MPEG-1-Anwendungen, wie der Video-CD oder Philip's CD-i. Es können Datenraten der fertigen MPEG-Streams von 150 bis 500 kByte/s vorgegeben werden.

Als Systemvoraussetzungen gibt Optibase folgendes an:

- 80486er-CPU mit
  mind. 66 MHz Taktrate
- MS Windows 3.1
- mindestens 12 MByte RAM
- mindestens 500 MByte
  freie Festplattenkapazität

Die MPG-4000 wird im Paket mit einer Kontroll-Software für Microsoft Windows, der Optibase-PCMotion-Pro-Karte zur Darstellung von MPEG 1 und zur Audio-Codierung und einer Zusatzsoftware für die Einbindung von Animationen als *MPEG Lab Pro* zum Preis eines komfortablen Kleinwagens angeboten. Damit wird klar, daß es sich bei MPEG Lab Pro von Optibase um eine professionelle MPEG-1-Encoding-Lösung für Produzenten von Video-CD, CD-i oder anderen Multimedia-Anwendungen handelt.

Der Einsteiger wird sich zum MPEG-Encoding wohl eher eines der Shareware-Tools, die man zum Beispiel vom Internet downloaden kann, bedienen. Hier erhält er bei weitem nicht dieselbe Qualität, wie mit MPEG Lab Pro, kann aber erste Erfahrungen sammeln.

Auch gibt es reine Software-MPEG-Encoding-Tools im professionellen Bereich, die durchaus hochwertige Bildqualität liefern, jedoch nicht in Echtzeit codieren können. Erst Hardware für sehr viel Geld kann dies sonst leisten, und so hat Optibase mit ihrem MPEG Lab Pro durchaus einen Meilenstein gesetzt, was das Preis/Leistungs-Verhältnis angeht.

8 Praxis

8.1 Video-Bearbeitung

Vorliegendes Videomaterial, sei es vom Drehort oder aus Archiven, kann in den wenigsten Fällen direkt verwendet werden und muß entsprechend bearbeitet werden. Die Spanne der Möglichkeiten reicht vom einfachen Hartschnitt über Blenden bis zum aufwendigen Videotrick.

8.1.1 Professioneller Anspruch

Wenn Video speziell für eine Multimedia-Produktion neu gedreht wird, so sollte Video-Bearbeitung am professionellen Video-Schnittplatz vorgenommen werden. Erst das fertig geschnittene Master-Band sollte dann eindigitalisiert werden.

Für ein Multimedia-Projekt, das Vollbild-Video mit einer Bildrate von 25 Bildern/s in bester Qualität nutzen möchte, kommen Video-Schnitt und Video-Nachbearbeitung nur auf einem High-End-Schnittplatz mit Betacam SP in Komponenten-Technik oder gleich mit voll digitaler Videotechnik in Frage. Im Idealfall wird das Video-Material auf einem digitalen High-End-Video-Schnittplatz geschnitten, bearbeitet und dann direkt digital auf eine Workstation zur Kompression übertragen. Der Vorgang der Digitalisierung wird somit vom High-End-System in bestmöglicher Qualität ausgeführt. Leider ist dies aufgrund der zu unterschiedlichen digitalen Formate im Moment noch problematisch, Lösungsansätze liegen allerdings schon vor.

Besteht diese Möglichkeit nicht, so sollte das professionell erstellte Master-Band bei einem Encoding-Dienstleister, wie Valkieser in Holland oder AVM in Weil am Rhein, auf höchster Qualitäts-Stufe zu MPEG 1 codiert werden.

Nur so kann maximale Bildqualität bei akzeptablem Speicherbedarf und CD-ROMtauglicher Datenrate erreicht werden. Diese Vorgehensweise könnte für ein Image-Projekt am POI, zum Beispiel zur Produkt-Einführung eines neuen Automodells auf einer Messe, Sinn machen.

8.1.2 Semi-professioneller Anspruch

Liegen die Ansprüche nicht so hoch oder soll aus Kostengründen auf schon vorhandenes Material zurückgegriffen werden, so bietet es sich an, dieses auf einem Mac oder PC zu schneiden und dadurch Kosten zu sparen. Dann sollte man beim Vorgang des Eindigitalisierens möglichst wenig komprimieren.

Digitale Videotechnik kann zwar als verlustfrei gelten, auf dem Personal Computer aber nur bedingt. Der Vorgang der Digitalisierung ist immer mit Verlusten behaftet, da eine PC-taugliche Datenrate erreicht werden muß. Ein Schneiden auf dem PC kann außerdem mehrfaches Komprimieren und Dekomprimieren mit sich bringen. Dies mindert die Qualität.

Einen gangbaren Weg bilden hier Systeme, die mit Codecs wie M-JPEG, Raw, None oder Component-Video arbeiten (siehe 4.3). Wird hier Material eindigitalisiert und anschließend zusammengeschnitten, so treten durch den Schnitt keine weiteren Verluste auf. Das liegt daran, daß bei diesen Codecs auf eine Interframe-Kompression verzichtet wird. Jedes Frame steht also für sich allein, ist ein Keyframe. Dadurch ist beim Schneiden keine neue Codierung des Materials nötig.

Es spielt also keine Rolle, ob zwei aufeinanderfolgende Bilder aus derselben Einstellung stammen oder ob sie durch einen Schnitt zusammengefügt wurden. Ohnehin wird der "Schnitt" ja oft dadurch simuliert, daß die Leseköpfe der Festplatte schnell genug von einer Sequenz zur nächsten springen. Dadurch treten keinerlei weitere Verluste auf.

Für weniger aufwendige Projekte, bei denen keine so hohe Video-Qualität verlangt wird und die Videos nur in relativ kleinen Fenstern auf dem Bildschirm zu sehen sind, kann die Video-Nachbearbeitung also durchaus auf PCs durchgeführt werden. Hier können dann die vielen neuen Möglichkeiten der modernen PCs und der spezialisierten Software voll genutzt werden.

Diese PC- oder Mac-basierten Systeme stellen eine Alternative zu herkömmlichen Video-Schnittsystemen dar. Alle am Markt erhältlichen Offline-Schnittsysteme arbeiten mit Kompression, meist M-JPEG (siehe 4.3.6). Dabei entstehen in jedem Fall Verluste. Auch wenn sie manchmal vielleicht für unser Auge nur schwer zu erkennen sind, technisch meßbar sind sie immer.

Der auf den Schnitt folgende, zweite Kompressionsvorgang mit dem endgültigen Codec wird durch diese Verluste ebenfalls erschwert, da sie oft in Form von Rauschen auftreten. Rauschen erhöht aber die Entropie und damit den Informationsgehalt. Dies verringert die erreichbare Kompressionsrate (siehe 4.2.1).

Offline-Schnittsysteme sind damit als Vorstufe zum professionellem Encoding von digitalem Video heute noch problematisch.Spitzen-Qualität, wie sie zum Beispiel Fullmotion-Video auf Philips CD-i vorführt, ist auf diesem Wege heute nicht erreichbar. Durch eine Steigerung der gesamten Performance von PC-gestützten Schnittsystemen könnte sich hier in naher Zukunft eine veränderte Situation ergeben. Dies wäre auch deshalb wünschenswert, weil dann möglicherweise der gesamte Vorgang der Video-Bearbeitung inklusive des Encodings auf ein und demselben Computer machbar wäre. Für den Bereich der Workstations, wie Sun oder Silicon Graphics, ist dies schon heute keine Zukunftsmusik mehr. Wann auch auf Personal Computern solche Möglichkeiten bestehen werden, muß die Zukunft zeigen.

Das Macintosh-basierte Offline-Schnittsystem AVID bemüht sich derzeit bereits darum, direkt auf MPEG-1- und MGEG-2-Format ausgeben zu können. Hier zeichnet sich ein neuer Trend zur Komplettlösung im PC ab. Von der Digitalisierung über den Schnitt bis zum Encoding von Video, alles in einem Gerät.

Für die tägliche Praxis in einem Multimedia-Produktionshaus im Rahmen von gängigen Produktionen ohne höchsten Qualitätsanspruch können Offline-Syteme als geeignet gelten.

Adobe Premiere

Programme wie Adobes Premiere bieten vielseitige Möglichkeiten bei Videoschnitt und Effektbearbeitung. In Zusammenarbeit mit einer M-JPEG-Digitalisier-Karte sind sie in der Lage, einen schnellen PC oder Mac in ein Offline-Schnittsystem zu verwandeln.

Premiere liegt für Macintosh und für IBM-Kompatible in der Version 4.0 vor. Es kann als das vielseitigste und ausgereifteste Programm seiner Art gelten. Von der Digitalisierung über den Schnitt, von Effektbearbeitung über Vertonung, von der Kompression über die Einbindung von Standbildern: Premiere bietet überall Möglichkeiten an. Dennoch ist es nach kurzer Einarbeitung angenehm und intuitiv zu bedienen.

Außerdem können Video-Clips als Folge von Einzelbildern aus Premiere exportiert werden und anschließend mit Programmen zur digitalen Bildverarbeitung, wie Adobes Photoshop 3.0, das ebenfalls für Macs und IBM-kompatible PCs vorliegt, Bild für Bild bearbeitet werden (Rotoscoping). Das Ergebnis wird dann an Premiere zurückgegeben und wieder zu einem normalen Video zu-

sammengesetzt. So lassen sich sehr selektiv Retuschen und Korrekturen durchführen.

Die mit Premiere erzielbare Qualität hängt stark von der Güte der M-JPEG-Karte sowie von der allgemeinen Performance des verwendeten Rechners ab. Entscheidend ist, daß beim Vorgang des Digitalisierens möglichst wenig komprimiert werden muß und somit möglichst viel Qualität erhalten bleibt.

8.1.4 Audio-Bearbeitung

Mit zur Video-Bearbeitung gehört auch der Ton. Sollen Tonspuren nur zum Bild angelegt oder geschnitten werden, so kann bei kleineren Produktionen auch hier Premiere seine Dienste anbieten. Soll das Ton-Material aber weitergehend bearbeitet werden, so kommen entweder spezialisierte Audio-Programme auf Basis von Personal Computern, meist mit Zusatz-Hardware, in Frage, oder man bemüht gleich die Dienste eines professionellen Ton-Studios.

Audio-Produktion auf Macs, aber auch auf IBM-kompatiblen PCs hat zwar inzwischen ein hohes Niveau erreicht, die wirklich professionellen Programme und Geräte hierfür trifft man aus Kostengründen aber meist nur im professionellen Ton-Studio an. Mit vertretbarem Kostenaufwand können bei einer Multimedia-Produktion aber durchaus brauchbare Ergebnisse auch auf normalen PCs erzielt werden, allerdings nur bis zu einer gewissen Qualitätsgrenze. Hier macht sich der geringere Rauschabstand der Audio-Hardware in PCs gegenüber der Technik im Tonstudio bemerkbar. Die berühmte CD-Qualität (siehe 3.6) läßt sich in PCs, im Gegensatz zu den Beteuerungen der Hersteller, nur schwer erreichen. Für Sprachaufnahmen und Hintergrundmusik reichen die Fähigkeiten von PCs jedoch aus.

Von ganz entscheidender Bedeutung für die spätere Tonqualität ist die verwendete Samplingrate und die Bit-Tiefe beim Vorgang der Digitalisierung. Die Spanne reicht hier von 11 kHz und 8 bit in Mono bis zu 44,1 kHz und 16 bit in Stereo. Je höher Samplingrate und Bit-Tiefe, desto höher die Qualität und desto geringer der Rauschanteil. Vermieden werden sollten in jedem Fall spätere Konvertierungen der Samplingrate oder der Bit-Tiefe. Dies beeinträchtigt die Qualität deutlich.

8.2 Digitalisierung

An dieser Stelle sollen einige wichtige Fakten und Tips im Zusammenhang mit der Digitalisierung von Video-Material auf einem Mac oder PC genannt werden. Zu der auf diesem Wege erreichbaren Qualität wurde im Vorangegangenen bereits mehrfach Stellung genommen. Hier soll es mehr um den praktischen Ablauf einer "Digitalisier-Session" gehen.

Vorbereitung des Rechners

Nachdem ein leistungsfähiges Rechnermodell mit einer möglichst schnellen Festplatte gewählt wurde, muß meist eine Video-Digitalisier-Karte eingebaut werden. Es sei denn, es handelt sich um ein Rechner-Modell mit eingebauter Digitalisier-Möglichkeit, wie bei Apple's AV-Modellen.

Nach Aufspielen der passenden Treiber und einer Digitalisier-Software sollte nun das Betriebssystem optimal konfiguriert werden. Hierbei ist darauf zu achten, daß alle nicht unbedingt erforderlichen Betriebssystem-Erweiterungen, wie Netzwerk-Treiber, Hilfstools und dergleichen deaktiviert werden. Der Rechner sollte für den Zeitraum der Digitalisierung von allen anderen Aufgaben, wie Netzwerk, Faxserver, automatischem Backup, virtueller Speicherverwaltung oder ähnlichem entlastet werden. Bei IBM-Kompatiblen ist auf eine optimale Aufteilung des unteren und oberen Speichers zu achten, alle nicht benötigten Aufrufe in den System-Dateien sollten auskommentiert werden. Die Möglichkeit zur Nutzung von DCI ist zu prüfen (siehe 7.4.2). Bei Macs sollten alle INITs und CDEVs, die nicht dringend benötigt werden, deaktiviert werden. Aktiv bleiben sollten alle Erweiterungen, die für die Optimierung und Beschleunigung des Systems sowie das Handling von digitalem Video zuständig sind, also zum Beispiel AVI- oder QuickTime-Treiber.

Nun ist die entsprechende Festplatte vorzubereiten. Alle verzichtbaren Daten sollten gelöscht, die Platte möglichst schnell formattiert, oder zumindest defragmentiert werden (siehe 5.1.2). Die Verwendung des SCSI-II-Protokolls für das Handling der Platte ist sinnvoll. Ein eventuell vorhandener Volume-Cache ist auf einen Wert bei 500 kByte einzustellen. Die Performance der Platte kann nach diesen Maßnahmen mit einem Bench-Test-

Programm ermittelt werden. Der stetige Schreibstrom sollte nicht mehr unter 2,5 MByte/s liegen. Je höher dieser Wert liegt, desto weniger muß bei der späteren Digitalisierung komprimiert werden.

Es sollte möglichst viel Arbeitsspeicher zur Verfügung gestellt werden, notfalls durch Einbau weiterer Speichermodule (SIMMs). Dem Digitalisier-Programm sollte möglichst viel von diesem Speicherplatz zugewiesen werden.

Ist sehr viel Arbeitsspeicher vorhanden, so kann die Video-Digitalisierung direkt in den Arbeitsspeicher anstatt auf die Festplatte erfolgen. So lassen sich deutlich höhere Datenraten erreichen. Dies ermöglicht eine geringere Kompressionrate und damit einhergehend eine höhere Qualität.

Der Monitor sollte auf True-Colour (24 bit Farbtiefe) eingestellt werden, um das System von unnötigen Farbraum-Konversionen (Dithering) zu entlasten. Angeschlossen sein sollte der Monitor an einer Video-beschleunigten Grafikkarte. Nun werden noch die Verbindungen für Video- und Tonsignale zur entsprechenden Video-Quelle hergestellt und der Digitalisier-Vorgang kann beginnen.

Geeignete Parameter für die Digitalisierung

In Programmen wie Premiere lassen sich eine Reihe von verschiedenen Parametern und Vorgaben einstellen. Hierbei hilft das Benutzerhandbuch. Dennoch ist es sinnvoll, an dieser Stelle einige Hinweise zu geben. Letztendlich muß jeder Anwender jedoch seine eigenen Erfahrungswerte sammeln. Dazu ist es sinnvoll zunächst einige Testreihen zu fahren und die Ergebnisse auch jeweils in die gewünschte Programmumgebung einzubinden (siehe 8.4).

Folgende Vorgehensweise ist sinnvoll: zunächst die Größe des zukünftigen Videos festlegen. Diese kann aus gestalterischen Gründen schon definiert sein, oder soll vielleicht maximal groß sein. Wichtig ist, dabei darauf zu achten, daß die Kantenlängen immer in einem einfachen geradzahligen Verhältnis zueinander stehen (zum Beispiel 4/3, 2/1 oder 3/2). Dies ist nötig, weil die meisten Codecs auf solche Seitenverhältnisse optimiert sind.

Anschließend wird die Anzahl der zu digitalisierenden Frames auf 25 pro Sekunde eingestellt. Die gewünschte Qualität sollte dabei auf maximal stehen, genauso wie die gewünschte Farbtiefe (24 bit). Nun in Premiere die Option zur Meldung von ausgelassenen Bildern aktivieren (report dropped frames).

Jetzt das Videoband starten und die Digitalisierung beginnen. Nach 20 bis 30 Sekunden abbrechen und die Rückmeldung von Premiere genau studieren. Wenn keinerlei Bilder fallengelassen wurden, dann ist alles korrekt eingestellt und es erscheint keine Meldung. Wurden aber ein oder mehrere Bilder fallengelassen, so muß jetzt entweder die Bildgröße, die Farbtiefe, die Qualität oder die Frame-Rate verringert werden.

Das Verfahren sollte so lange durchgeführt werden, bis keine Meldung von Premiere mehr erscheint. Damit ist die beste Einstellung, die der verwendete Rechner mit seiner aktuellen Konfiguration zuläßt, ermittelt. Zunächst sollte dabei an der Qualität, dann an der Bildgröße, an der Frame-Rate und zuletzt an der Farbtiefe gespart werden. Dies kann aber nicht absolut gelten, sondern muß von Fall zu Fall entschieden werden. Wichtig ist es, noch möglichst hohe Qualität auf die Festplatte zu bekommen.

Vor der endgültigen Digitalisierung sollte nun noch der Kontrast, die Helligkeit und die Farbsättigung entsprechend eingestellt werden. Das Bild sollte eher ein bißchen "flach", kontrastarm und farbloser sein, ohne jedoch häßlich zu werden. Eine künstliche Flankenaufsteilung (Apertur-Korrektur oder Sharpness) sollte bereits während des Drehs an der Kamera oder später auch beim Video-Player abgeschaltet bleiben. Starke Kontraste und Flanken behindern die spätere Kompression und sollten daher vermieden werden

Nun noch die Einstellung der Tonspuren: man kann wählen zwischen 8 und 16 bit, mono oder stereo und Samplingraten von 22,05 bis zu 44,1 kHz. Eine Vorkompression, wie MACE oder ADPCM ist hier nicht zu empfehlen.

Werden hohe Qualitätsanforderungen an den Ton gestellt und folglich hohe Datenraten erzeugt (z. B. 16 bit, stereo, 44,1 kHz), so sinkt die mögliche Datenrate für das Videosignal ab und es müssen die Parameter im Bereich Video angepaßt werden

Nachdem nun alle Einstellungen vorgenommen worden sind, kann die endgültige Digitalisierung bzw. Aufzeichnung beginnen. Filmsequenz nach Filmsequenz wird nun auf die Festplatte gebracht. Das so gewonnene Material liegt jetzt in einem Zwischenformat (meist M-JPEG) vor und muß später noch einmal komprimiert werden. Zunächst kann es aber unter Premiere geschnitten, mit Effekten und Ton versehen oder auch sonstwie bearbeitet werden. Ist das Ergebnis dann zufriedenstellend ausgefallen, ist es bereit für den nächsten Schritt.

8.3 Encoding (Komprimierung)

Die digitalisierten und geschnittenen Rohdaten liegen immer noch im Zwischenformat vor (M-JPEG..). Um auf vielen, auch langsameren Rechner lauffähig zu werden, müssen sie in das endgültige Format gebracht werden, also QuickTime-Movie für Macs und PCs, oder AVI-File nur für DOS / Windows-Rechner.

Dies geschieht durch Encoding, was nichts anderes bedeutet, als Komprimierung und Ablage in einem speziellen Format. Viele Video-Schnittprogramme sind in der Lage, Encoding durchzuführen. Es werden aber auch einige Shareware-Tools angeboten.

Nach der Auswahl des gewünschten Codecs (siehe 4.3) werden nun die passenden Werte für Frame-Rate, Anzahl der Keyframes pro Sekunde, Farbtiefe, Qualität und davon abhängig die Datenrate gewählt. Hierzu ist die spätere Verwendung des Videos ein ausschlaggebendes Kriterium. Soll es nur auf schnellen Rechnern von der Festplatte ablaufen, so können Qualität und Datenrate hoch eingestellt werden. Soll es aber von CD-ROM, auch auf langsameren Rechnern ablaufen, so sollte eine niedrigere Qualität gewählt werden. Die davon abhängige Datenrate sollte für Single-Speed CD-ROM-Laufwerke nicht über 90 kByte/s und für Double-Speed-Laufwerke nicht über 120 kByte/s liegen.

Diese Werte scheinen zunächst sehr niedrig zu sein im Vergleich zu den technisch möglichen Werten der Laufwerke (siehe 5.3), beruhen aber auf Erfahrungen und Tests der Autoren. Oberhalb dieser Grenzen war ein störungsfreier Ablauf der Videos nicht immer gewährleistet.

Der Cinepak-Codec bietet den Vorteil, die gewünschte maximale Datenrate direkt eingeben zu können. Bei den meisten anderen Codecs muß dies über die Qualitätseinstellung und eine anschließende Überprüfung geschehen. Dabei kann entweder ein Software-Tool helfen, oder man bemüht eine kurze Rechnung: Dateigröße nach dem Encoding geteilt durch Länge des Videos in Sekunden gleich durchschnittliche Datenrate. Läßt sich die gewünschte Datenrate nur durch starke Absenkung der Qualität erreichen, so kann in Erwägung gezogen werden, stattdessen eher die Frame-Rate zurückzunehmen. Unter Umständen wirkt nämlich ein Video mit 15 Bildern/s und höherer Bildqualität besser, als ein Video mit voller Bildrate von 25 Bildern/s und schlechter Bildqualität. Ungünstig ist, beim Encoding die Bildgröße noch zu verringern (Scaling), um die Datenrate zu drücken. Dies sollte eher bei einer erneuten Digitalisierung geschehen.

Der Ton wird beim Encoding oft unverändert übernommen, also nicht komprimiert. Er wird vom Codec lediglich mit den Videodaten verschachtelt, so daß ein kontinuierlicher Datenstrom für Ton mit Video beim Auslesen der Datei vom Speichermedium entsteht.

Für MPEG-Encoding gelten diese Tips nur bedingt. Hier bestehen etwas andere Gegebenheiten (siehe 4.3.7 und 4.4).

Wenn von einem Autorensystem die Rede ist, so ist damit eine Programmumgebung zur Produktion von Multimedia und interaktiven Medien gemeint. Solch ein System soll dem Produzenten eine bequemere Herstellung seines multimedialen Produktes ermöglichen, ohne ihn dabei zu sehr einzuschränken.

Es sollte an dieser Stelle nicht unerwähnt bleiben, daß Multimedia-Produktionen grundsätzlich auch rein mit einer höheren Programmiersprache, wie C, Pascal oder Basic, durchgeführt werden können. Diese Arbeitsweise ist jedoch sehr anspruchsvoll und zeitaufwendig, bietet allerdings optimale Flexibilität und oft auch Vorteile beim Zeitverhalten der fertigen Applikation.

In den frühen Pioniertagen von Multimedia gab es oft nur diese Möglichkeit. Produktionen für Philips' CD-i zum Beispiel konnten lange Zeit nur über C-Programmierung realisiert werden.

Angeführt von Apples Hyper-Card, entwickelten sich dann mehr und mehr Autorensysteme für alle Computer-Plattformen, wie auch für CD-i. Heute gibt es eine Vielzahl von spezialisierten Autorensystemen für alle möglichen Anwendungsbereiche. Dabei kann man zwischen drei verschiedenen Genres unterscheiden.

Zum einen wären da die *Präsentationsprogramme*, die eine intuitive Erstellung von Multimedia für Zwecke wie Vorträge, Sitzungen, Schulungen oder Messepräsentationen ermöglichen. Sie verfügen meist nicht über eine Programmiersprache und bieten nur die wichtigsten Funktionen.

Dann gibt es *halb-professionelle Autorensysteme*, die schon erheblich mehr Funktionen anbieten. Sie haben oft eine Programmiersprache, können aber von engagierten Amateuren leicht beherrscht werden. Mit einer richtig komplexen Multimedia-Produktion wären diese Systeme aber überfordert. Zu dieser Kategorie kann zum Beispiel Apples HyperCard gezählt werden.

Als dritte Gruppe gibt es noch die voll *professionellen Systeme*. Mit diesen können Projekte jeder Größenordnung realisiert werden. Sie verfügen meist zusätzlich über eine integrierte Programmiersprache von professionellem Umfang, mit der sich auch komplexere Strukturen von Multimedia-Anwendungen in den Griff bekommen lassen. Zusätzlich ist meist die Möglichkeit gegeben, kompilierte Routinen von anderen Programmiersprachen, wie C, Pascal oder Assembler, anzubinden. Dies bietet Vorteile beim Zeitverhalten oder ermöglicht erst Funktionen, die von der internen Programmiersprache nicht geboten werden. Derartige voll professionelle Systeme haben oft auch Preise, die nur für den professionellen Nutzer in Frage kommen.

Video-Einbindung

Alle vorgestellten Autorensysteme ermöglichen die Einbindung von digitalem Video in interaktive Medien. Dabei ist die Integration in das Screen-Layout der Anwendung bei allen hier vorgestellten Programmen möglich. So können die Videos an beliebiger Stelle auf dem Bildschirm erscheinen und mit einem Hintergrundbild hinterlegt werden.

Über interaktive Schaltflächen, auch Buttons oder Hot Spots genannt, können mit Hilfe der Programmierung die Funktionen im(28) Zusammenhang mit dem Ablauf einzelner Video-Clips gesteuert werden. Diese Steuerung kann auch vom Programm direkt, ohne Beteiligung des jeweiligen Anwenders, übernommen werden. Etwa wenn nach dem Start eines interaktiven Programmes als Trailer direkt ein Video anlaufen soll.

Eine Skalierung der Video-Clips während des Programmablaufs ist meist nicht möglich und auch nicht empfehlenswert. Hierdurch würde der Rechner stärker belastet und damit in der Performance ausgebremst, was sich in einer Verringerung der Bildrate bemerkbar macht.

Formate

Während HyperCard nur mit Apples QuickTime-Movies arbeitet (siehe 7.3.2), unterstützen Toolbook, Authorware Professional und Director die AVI-Movies von Video for Windows (siehe 7.4.2), QuickTime und MPEG. CD-i arbeitet nur mit einem eigenen Format, den DYUV-Movies und mit MPEG 1 als Full-motion-Video (siehe 7.2). DVI kann in beide Rechner-Plattformen nur mit Hilfe spezieller Treiber und spezieller Hardware eingebunden werden (siehe 7.1). Dadurch verliert es heute am Markt immer mehr an Bedeutung.

Es ist abzusehen, daß auch auf den Rechnerplattformen zunehmend MPEG 1 mit Hilfe spezieller Hardware eingesetzt werden wird. Apples QuickTime 2.0 hat durch die Unterstützung von MPEG 1 dafür schon die Grundlagen gelegt (siehe 7.3.2). Man kann davon ausgehen, daß auch ein entsprechender Codec für Video for Windows demnächst angeboten werden wird. Zusatzhardware für MPEG 1 erscheint zunehmend für beide Rechnerplattformen auf dem Markt (siehe 7.3.4 und 7.4.5).

Macromedia Director 4.0

Mit diesem Programm liegt für beide Rechnerwelten, Macintosh und IBM-kompatible PCs, ein professionelles Autoren-Tool vor, das preislich im Rahmen bleibt. Darüberhinaus ist im Preis sogar eine Lizenz für beliebig viele Runtime-Versionen enthalten.

Funktionsumfang und Benutzerführung von Director 4.0 entsprechen ebenso professionellen Ansprüchen, wie die Programmiersprache Lingo, die Im- und Export-Funktionen oder die Einbindung von digitalem Video oder Ton. Lediglich bei der Bild-Ton-Synchronisation und beim Zeitverhalten bleiben manchmal Wünsche offen. Die Möglichkeit, Director-Dateien direkt zwischen den Rechnerplattformen austauschen zu können, stellt dagegen wieder ein absolutes Highlight dar. Mit diesem Programm lassen sich alle Formen von Multimedia-Produktionen, von einer einfachen Präsentation über eine interaktive CD-ROM bis hin zu aufwendigen Kiosk-Lösungen am POS/POI realisieren.

Media-Mogul für CD-i

Leider werden CD-i-Produktionen von Director oder Tool-Book nicht unterstützt, so daß eine aufwendige Konversion fällig wird. Häufig werden für CD-i-Projekte Prävisualisierungen mit Director erstellt, da so schneller ein erster Vorab-Eindruck von einer neuen Produktion entstehen kann.

Für das eigentliche Authoring von CD-i steht mit Media-Mogul in der Version 2.0 ein Autorensystem zur Verfügung, das allerdings bei speziellen Aufgaben an seine Grenzen stößt. Hier muß dann mit C-Programmierung nachgeholfen werden. Media-Mogul liegt, wie das gesamte Authoring für CD-i, allerdings preislich in derartig schwindelnden Höhen, daß sich dorthin kaum mal ein Amateur verirren dürfte. Für eine komplett ausgestattete CD-i-Entwicklungsstation müssen Kosten in der Höhe eines gehobenen Mittelklassewagens veranschlagt werden, und dies ohne MPEG-Encoding. Media-Mogul 2.0 schlägt dabei mit einer kleineren fünfstelligen Summe zu Buche.

Asymetrix Toolbook 3.0

Für Produktionen, die nur auf IBM-kompatiblen PCs laufen sollen, existiert mit Multimedia-Toolbook 3.0 von Asymetrix ein weiteres professionelles Produkt. Es besitzt mit Open-Script eine Programmiersprache mit zahlreichen Funktionen. Toolbook 3.0 bietet alle wichtigen Features, um größere Produktionen, auch für CD-ROM, durchführen zu können. Das Programm liegt preislich etwas unter Director und gilt als direkter Konkurrent.

Gegenüber Director bietet es Vorteile bei Datenbankanbindungen und beim Erstellen von CD-ROM-Titeln. Nachteile bestehen im Bereich der Animationserstellung, der Zeitdarstellung und der Übersichtlichkeit. Bei der Einbindung von digitalem Video liegen beide Konkurrenten gleichauf.

Macromedia Authorware Professional

Dieses professionelle Autorensystem verzichtet auf eine textorientierte Programmierung und arbeitet stattdessen mit Icon-orientierten Flußdiagrammen. Zusätzlich können extern compilierte Programmroutinen eingebunden werden.

Die Version 3.0 für Mac und DOS/Windows wurde gründlich überarbeitet und unterstützt alle wichtigen digitalen Video-Formate, wie AVI, QuickTime und MPEG 1. Auch dieses Programm ermöglicht den Datei-Austausch zwischen beiden großen Rechner-Plattformen. Die anfängliche Hoch-Preis-Politik wurde aufgegeben und so ist das Programm heute zu einem konkurrenzfähigen Preis am Markt zu haben. Es ist speziell dann interessant, wenn eine echte Programmierung in Textform nicht erwünscht ist. Dies könnte zum Beispiel bei einem Multimedia-Autor der Fall sein, der seine Ideen gleich selbst ausprobieren möchte, ohne dazu erst tief in die Programmierung einsteigen zu müssen.

9 Netzwerke für Multimedia

Weltweite Hochgeschwindigkeitsdatennetze, die in der Zukunft eine Übertragung von Multimediadaten ermöglichen, sind das Ziel zahlreicher Bemühungen seitens der Telekommunikationsgesellschaften und der Computerindustrie. Das schnell zunehmende Informationsvolumen und die Dezentralisierung der Informationsverarbeitung schaffen einen Bedarf für Massenkommunikationswege. Informations- und Kommunikationstechnik ist ein Zukunftsmarkt [vgl. Müller-Römer].

Die Telekommunikationsinfrastruktur der Bundesrepublik Deutschland nimmt hierbei weltweit einen Spitzenplatz ein. Die Telekom sorgte seit 1985 dafür, daß Deutschland heute sehr flächendeckend mit hochwertigen, breitbandigen Glasfasernetzen verkabelt ist. Eine derart dichte Vernetzung hat selbst die USA nicht zu bieten, dort werden die Investitionen zur Aufrüstung der Infrastruktur auf 50 Milliarden Dollar geschätzt. Die EU schlägt vor, bis 1999 insgesamt 40 Milliarden DM in die Entwicklung der europäischen Kommunikationsinfrastruktur zu investieren. Der steigende Anteil der Kommunikationsbranche am Bruttosozialprodukt, in einigen Industriestaaten bereits 3 %, und die Expertenvoraussage, daß die Kommunikationsbranche bis zum Ende des Jahrtausends den Automobilbereich als Wachstumsmotor überholt hat, rechtfertigen diese Zahlen.

"Jeder soll von jedem Ort aus und zu jeder beliebigen Zeit jede Information erhalten und weitergeben können." (Al Gore, amerikanischer Vizepräsident). Diese Überlegung bildet die Grundlage der amerikanischen Initiative für Breitbandnetze.

9.1 Breitbandnetze

„Information Superhighway"
oder „Datenautobahn" ist eine
Verbindungsmöglichkeit zur
Übertragung von mehr als 64
kbit/s duplex. Tatsächlich arbeiten digitale Übertragungssysteme analog zu Autobahnen
auch mit unterschiedlichen Ge-
schwindigkeitsebenen. Daten,
die größere Entfernungen zu-
rückzulegen haben werden auf
schnelleren Wegen transportiert, als Daten, die nur über
kurze Entfernungen transportiert werden. Schnellere Systeme können jedoch bedarfsori-
entiert arbeiten, sodaß sie Daten immer mit maximaler Geschwindigkeit übertragen.

Seit 1993 setzt die Telekom
für die Übertragung die Synchrone Digitale Hierarchie
(SDH) ein und verabschiedet
damit die veraltete Plesiochro-
ne Multiplexhierarchie. SDH
hat in der untersten Ebene eine
Datenrate von 155 Mbit/s.
Maximal können derzeit 2,5
Gbit/s über die deutschen
SDH-Superhighways übertragen werden. Die Grenze des

technisch Machbaren ist damit
jedoch noch nicht erreicht, was
den hohen technologischen
Stand der Hochleistungskom-
munikation in Deutschland
verdeutlicht.

Die neue, digitale AV-Technik gestattet eine wesentlich
effizientere Nutzung der bestehenden Übertragungssysteme.
Kompressionsverfahren wie
MPEG-2 bringen die riesigen
Datenraten des PAL-Fernsehsi-
gnals in realistische Größenordnung zur Übertragung per
Netz.

9.2 Anforderungsprofil

Die Zeit spielt bei Multimedia-
daten die entscheidende Rolle
bei deren Übertragung. Diese
zeitdiskreten Daten verdeutli-
chen die Grenzen herkömmli-
cher Netze in drastischer Weise. Ob im lokalen Bereich
(LAN) oder regional (MAN)
und sogar international
(WAN), idealerweise sollte der
Anforderung nach Echtzeit-
verarbeitung in jedem dieser
Bereiche und sogar in der Ver-

Tabelle 31:

	Studio	komprimiert
HDTV	1151 Mbit/s	30.....40 Mbit/s
PALplus	270 Mbit/s	6......8 Mbit/s
VCR	216 Mbit/s	3......4 Mbit/s

maschung der unterschiedlichen Netze nachgekommen werden. Lediglich im LAN-Bereich sind derzeit mit FDDI-2, Fast Ethernet (100Base-T) und 100VG-AnyLAN von HP Lösungen gegeben, die Datentransfer mit 100 Mbit/s erlauben. Über diesen lokalen Bereich hinaus sieht es für Multimedia am PC derzeit noch völlig düster aus. Das Problem liegt in der Vermaschung des LAN zum dem für derart hohe Datenraten notwendigen B-ISDN-Netz. Dieser Breitband-ISDN-Standard baut auf SDH und ATM. Diese Unterscheidung in LAN (Lokal Area Network) und WAN (Wide Area Network) resultiert letztendlich aus der Tatsache, daß diese nur über aufwendige Router miteinander verbunden werden können.

ATM soll in Zukunft zum einen die Systeme, bei denen höhere Leistung gefordert ist, ersetzen und zum zweiten die bestehenden Welten miteinander vereinigen. Somit könnte zum Beispiel der Übergang eines bestehendes FDDI-LAN-Netzwerks zum WAN ohne den gegenwärtigen Leistungseinbruch mit ATM realisiert werden.

An dieser Grundvoraussetzung für Europa- und weltweites Multimedia arbeiten derzeit mehrere Hundert von Unternehmen. ATM soll somit zum wesentlichen vereinheitlichenden Bestandteil aller Netze werden.

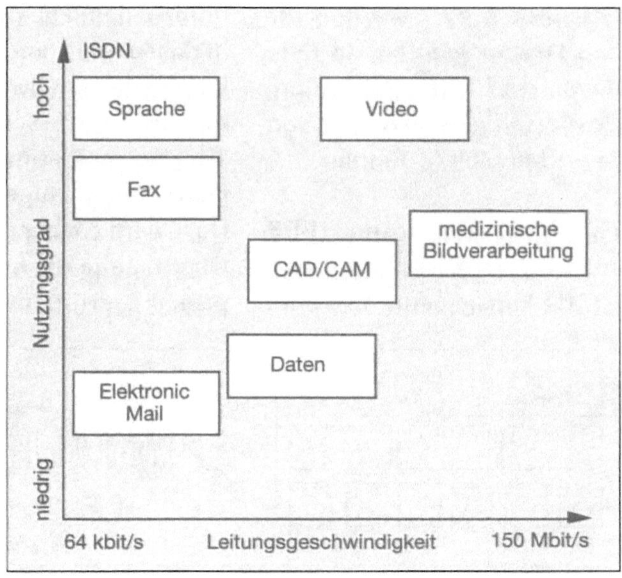

Abb. 72: verschiedene Anforderungen an Netze

Technologien

FDDI-2: stellt im LAN und MAN eine Alternative zu DQDP dar. FDDI-2 eignet sich auch für die Übertragung von AV-Daten, jedoch nicht im WAN. Leider ist FDDI sehr teuer und nicht zum weit verbreiteten Ethernet kompatibel.

Frame Relay: die am weitesten verbreitete Technik. Dieses Verfahren ist nicht für die Übertragung zeitabhängiger Daten (AV-Signale) geeignet, da die Daten mit unterschiedlichen Laufzeiten verschickt werden.

DQDB: *Distributed Queue Dual Bus*: Doppelbus, der zur Übertragung von AV-Daten geeignet ist. Die Daten werden in sogenannten Containern mit 53 Byte gesendet. 5 Byte werden für den Header genutzt, 48 Byte davon sind Nutzinformation. Geschwindigkeiten reichen von 34 bis 140 Mbit/s douplex.

Fast Ethernet: unter IEEE 802.3u als 100Base-T erarbeitet, ist die konsequente Erweiterung der bestehenden 10Base-T-Netze. Trotz hoher Übertragungsrate kann kein kontinuierlicher Datenstrom gewährleistet werden.

100VG-AnyLAN: von HP und AT&T entwickeltes High-Speed-Netz. Das unter IEEE 802.12 normierte Netz ist zu Ethernet kompatibel und erlaubt per Glasfaser Entfernungen bis zu 2500 Meter.

ATM: genau wie bei DQDB werden Daten-Container mit 53 Bytes (5 Header, 48 Nutzinformation) verwendet. Im Header befinden sich Informationen über Absender, Empfänger und Art des Inhalts. Diese ATM-Zellen werden dann asynchron im Netz übertragen. Asynchron bedeutet, daß die Zellen mit unterschiedlichen Geschwindigkeiten transportiert werden können. Je nach Bedarf kann so auf die unterschiedlichen Transferanforderungen der AV-Daten eingegangen werden. Dazu wird vor der eigentlichen Übertragung die freie Netzkapazität geprüft, um dann eine

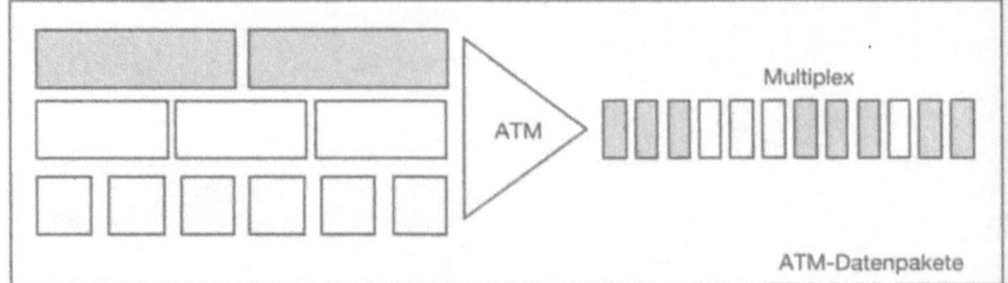

Abb. 73:
ATM-Datenstrom

Reservierung für die anstehenden Daten vorzunehmen. Grunddatenrate für ATM wurde auf 155 Mbit/s festgelegt. Unterhalb dieser Grundrate kann mit bis zu 34 Mbit/s und oberhalb kann mit 622 Mbit/s und mehr übertragen werden.

Dienste

Das deutsche ISDN ist das erfolgreichste dienstintegrierte Netz der Welt. Für High-End-Produkte bis zu Massenprodukten sind entsprechende Dienste vorhanden.

ISDN ist derzeit in der Lage, von 64 kbit/s bis zu fast 2 Mbit/s zu übertragen. Dadurch ist die Übertragung von Videokonferenz über ISDN heute schon realistisch.

B-ISDN: ein für Datenkommunikation wie zum Beispiel Multimedia und Videokonferenz entstehender Breitband-Dienst

mit Verbindung zum bestehenden Datex-P oder ISDN. Technisch ist dieser zu DQDB und ATM kompatible Dienst bereits realisiert.

Datex-M: ein Hochgeschwindigkeitsservice, der in Deutschland kommerziell angeboten wird. Er beruht auf dem SMDS-Standard (Switched Multi-Megabit Data Service). Aus diesem Grund sind auch internationale Verbindungen problemlos möglich. Datenraten von 2 bis 140 Mbit/s werden unterstützt.

Abb. 74: Datex-M

Tab. 32: B-ISDN Preise

ATM Pilotprojekt-Preise im B-ISDN

Übertragungsrate	Installation (ca. DM, einmalig)	Grundgebühr* (ca. DM, monatlich)	Ortszone (ca. DM/h)	Nahzone > 250 km < Fernzone (ca. DM/h)	(ca. DM/h)
2 Mbit/s	800	2500	9	120	270
34 Mbit/s	16000	25000	78	1400	2600
155 Mbit/s	24000	32000	120	2600	4700

*3 km Anschlußleitung innerhalb der bestehenden Ortsnetze: Berlin, Bonn, Darmstadt, Hamburg, Hannover, Heidelberg, Karlsruhe, Köln, Leipzig, München, Nürnberg, Stuttgart, Ulm und Wiesbaden.

10 Sinn und Stil

10.1 Mediendidaktische
Ansätze

Didaktische Überlegungen zum Einsatz von digitalem Video innerhalb interaktiver Medien:

These: Digitales Video im didaktischen Zusammenhang eines interaktiven Mediums steigert den Stellenwert des Dialogs zwischen Rezipient und Medium.

Untersuchungen haben ergeben, daß ein Mensch von dem, was er hört, 25 % im Gedächtnis behält, 45 % von dem, was er sieht und 70 % von dem, was er zusätzlich noch selbst beeinflußt.

Eine Videosequenz, die digital in ein interaktives Programm eingebunden ist, kann beliebig oft und ohne zeitaufwendiges Zurückspulen eines Bandes wiederholt werden. Dadurch wird es besonders im Bereich der Bildungsmedien möglich, sehr gezielt auf Sachverhalte einzugehen, die sonst zu leicht übergangen werden. Unser selektives Wahrnehmungsverhalten kann dadurch gezielt beeinflußt werden.

Eine wichtige Aufgabe für den Produzenten ist es, sich mit dieser "nicht-linearen" Umgebung für Video vertraut zu machen. Neue und ungewohnte Möglichkeiten bei Konzeption und Realisation müssen erkannt und dem Medium entsprechend umgesetzt werden.

Qualität

Der subjektive Qualitätseindruck von digitalem Video auf dem PC sowie auf CD-i, nach dem heutigen Stand der Technik, ist sehr gut. Die Fachpresse spricht von S-VHS-Qualität. Man kann sagen, daß, vorausgesetzt es wurde professionell produziert, uneingeschränkt positive Assoziationen gebildet werden können. PR (Publik Relations)-Beauftragte werden mit diesem Medium arbeiten.

Emotionen

Wesentlich besser als mit Standbildern oder gar Texten lassen sich mit bewegten Bildern und dramaturgischen Mitteln Emotionen vermitteln.

Je persönlicher ein interaktives Medium angelegt ist, desto größer ist seine Akzeptanz und somit der Erfolg. Video kann mit kurzen Geschichten betroffen machen. Video-Clips lenken die Blicke auf den Monitor. Aktion erregt Aufmerksamkeit und weckt Interesse.

Generationen

Die Nutzer-Akzeptanz von interaktiven Medien ist auch eine Generationsfrage. Jugendliche, die mit Computern aufgewachsen sind, haben in der Regel keine Probleme, mit interaktiven Medien umzugehen. Dagegen fällt es der älteren Generation schwer, das Kommunikationssystem Computer anzunehmen.

Präsentation

Neue Formen im Bereich der Präsentation sind denkbar, portable CD-i-Player von Philips sind am Markt erhältlich. Der Anschluß des Ausgangssignals an einen Monitor oder Großbildschirm ist vorgesehen, so daß die interaktive Applikation als Präsentationsgrundlage dienen kann.

10.1.1 POS/POI

POS: Point of Sale
POI: Point of Information
Interaktive Terminals können direkt am Verkaufsort (POS) oder auch auf Verbraucher- und Fachmessen (POI) sowie an allen Orten, an denen Information benötigt wird, eingesetzt werden. Praktikable Techniklösungen dazu sind auf PC basierende Systeme (Apple und IBM-Kompatible) und auch Philips CD-i. Die Präsentationseinheit wird dabei der jeweiligen Situation angepaßt. Diesbezügliche Überlegungen sollten schon in der Konzeptionsphase gemacht werden.

Interesse wecken

Eine entscheidende Aufgabe für den Erfolg des Medieneinsatzes vor Ort ist es, beim Kunden Interesse für das Medium zu wecken. Große Anstrengungen werden in die Gestaltung der Präsentationsterminals verwandt. Ein ansprechendes Design des Terminals spielt eine wichtige Rolle. Die Corporate Identity einer Firma sollte als Fernwirkung in die Terminalgestaltung integriert sein. Wichtig ist es auch, das Umfeld des Terminals in die Gestaltung mit einzubeziehen. Eine gewisse Zielgruppenselektion ist zu berücksichtigen.

Screen-Design

Eine neue Herausforderung an Gestalter und Designer ist das Bildschirmdesign. In seiner Bedeutung oft vernachlässigt, ist die Gestaltung des Bildschirmaufbaus von elementarer Bedeutung für das interaktive Multimedia-Terminal. Eine durchgängige, der Corporate Identity entsprechende Gestaltungslinie ist dabei genauso wichtig wie eine ansprechende Benutzerführung (siehe 10.2).

Videoeinsatz

Ein zusätzliche, sehr erfolgversprechende Möglichkeit, die Aufmerksamkeit des Rezipienten zu gewinnen, ist der Einsatz von digitalem Video. Die Aktionen in Wort und Bild locken geradezu die Blicke auf sich. Wer kennt nicht die "magische" Anziehungskraft eines eingeschalteten Fernsehgerätes. Der Rezipient wird neugierig, er will mehr sehen. Die wichtigste Anforderung an werbende Botschaften kann damit erfüllt werden.

Immer mehr Hersteller werben mit interaktiven POS-Systemen für ihre Produkte. Dazu hat sicherlich die zuverlässige CD-i-Technologie, im besonderen seit der Erweiterung um die Digital-Video-Cartridge, beigetragen. Die Firma Bose, zum Beispiel hat mit CD-i einen idealen Partner gefunden. Bose, schon lange mit Raumakustik-Lautsprechersystemen auf dem Markt, präsentiert diese mit der Dolby-Surround-Technik, die CD-i durch MPEG-Audio ermöglicht. Dazu werden Videosequenzen aus einem bekannten Fliegerfilm gezeigt - die stechend scharfen Bilder, kombiniert mit beeindruckender Triebwerksakustik, machen daraus eine imposante POS-Präsentation.

Zielgruppe

Durch didaktisch- und gestalterisch-kreative Ausarbeitung der Inhalte kann sehr bewußt auf unterschiedliche Bedürfnisse hin produziert werden. Eine bewußte Steuerung auf eine bestimmte Zielgruppe läßt sich auf diese Weise realisieren.

Beratung

Eine Multimedia-Applikation kann auch eine individuelle Beratung unterstützen. Werbeprospekte können bei weitem nicht die Informationsdichte von interaktiven Applikationen beinhalten. Der Unterhaltungswert von interaktiven Medien ist höher. Mit einem Multimedia-Laptop mit CD-ROM-Laufwerk entsteht eine neue Art der Verkaufshilfe.

10.1.2 CBT

CBT: *Computer based Training*
Im multimedialen Verbund der Medien stellt digitales Video eine überzeugende und ausdruckstarke Medienform dar. Addiert man hierzu die interaktiven Fähigkeiten der Computertechnologie und die Vorteile der Präsentationssysteme, dann hat man die Basisformel für die vielfältigen Variationsmöglichkeiten der neuen Lehr- und Lernapplikationen.

Die Fähigkeit von Video, große Mengen visueller Information zu präsentieren, macht es zu einem mächtigen Kommunikationswerkzeug. Gerade im Bereich des Lernens kann mit filmischen Mitteln Konkurrenzloses geleistet werden. Ob erste Kontakte zu fremden Kulturen, Einblicke in die Tierwelt oder Nachrichten aus aller Welt: Einen beachtlichen Teil unseres Wissens beziehen wir vom Fernsehen. Die Formen sind dabei sehr vielfältig, ob real (-dokumentarisch), spielend (-konstruiert) oder virtuell (-animiert).

Erfolg und Nutzen von Video sind im Bildungsbereich schon seit langem bekannt. Der Gedanke liegt nahe, Video auch auf dem Computer innerhalb bestehender Präsentationen zu nutzen. Das Ziel war damit vorgegeben, Video sollte sich möglichst gut in den Ablauf der Programme eingliedern. Diese Integration konnte bis vor kurzem nicht zufriedenstellend gelöst werden. Es gab Ansätze, Videorecorder und Bildplattenspieler über die Rechnerlogik anzusteuern. Diese Lösungen fanden jedoch wegen der komplexen Programmierung, des großen Aufwands und der hohen Kosten keine breitere Akzeptanz. Der Umgang mit Video war eine technische und umständliche Sache. Die Lösung, Bildplattenspieler mit Hilfe von Apples HyperCard in Lernprozesse mit einzubeziehen, brachte einige entscheidende Verbesserungen. Erstens war es einfacher, mit HyperCard selbst Zugriffe zu programmieren, und zweitens war ein wahlfreier Zugriff auf Video-Sequenzen möglich – CLV-Modus (siehe Kapitel 5). Der Durchbruch gelang jedoch auch damit nicht.

Vorangetrieben von Intels DVI-Technologie hat man heute die Möglichkeit, MPEG-1-, Indeo-, Quick-Time-...komprimiertes, digitales Video in Anwendungen einzubinden. Die notwendigen Werkzeuge dazu sind immer einfacher und sicherer zu bedienen. Multimedia war hierbei das treibende Element, das gerade aus der Integration der verschiedenen Medien einen Nährboden für die Wirtschaft schuf. Mit steigender Qualität der Darstellung steigen auch die Erfolgschancen für digitales Video am Personal Computer. Einige Vorteile, die digitales Video im Bezug auf das CBT mit sich bringt, sollen erörtert werden.

*Welche grundsätzlichen **Vorteile** bieten die neuen interaktiven Medien im Umgang mit digitalem Video?*

Der Lernende kann selber auf das Geschehen auf dem Monitor eingreifen, er übernimmt eine aktive Rolle. Video kann in dieser interaktiven Umgebung funktionieren. Video bekommt eine völlig neue Dimension, die mit dem konventionellen Video-Sehen nicht viel zu tun hat. Anders als bei der bisher üblichen linearen Nutzung von Video, kann der Lernende in Interaktion mit der Technik treten.

These: *Interaktives Video erweitert das Spektrum des individuellen Lernens.*

Durch Wiederholung, Vor- und Rückgriffe auf Informationen können Lerninhalte vertieft und nachvollzogen werden. Komplexere Zusammenhänge können durch selbst bestimm-

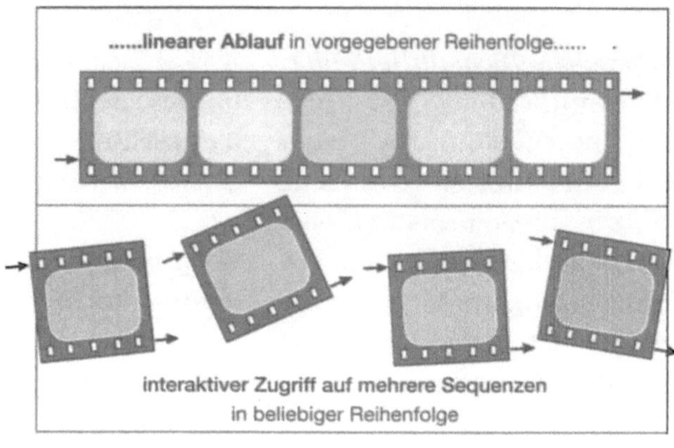

Abb. 75: Nichtlinearer Zugriff bei interaktiven Anwendungen

te Reihenfolge der Einzelerklärungen besser verstanden werden, da jeder Anwender unterschiedliche Vorgehensweisen beim Lernen hat. Der Anwender kann beliebig lange über ein Problem nachdenken, er bestimmt den zeitlichen Rahmen. Bei zeitabhängigen Daten besteht immer die Möglichkeit des Wiederholens.

Auf unterschiedliche Grundlagenkenntnisse kann mehr Rücksicht genommen werden, vorausgesetzt die Inhalte wurden didaktisch sinnvoll aufbereitet. Die Gefahr, daß Anwender mit hohen Grundkenntnissen gelangweilt werden, besteht dabei nicht wie beim linearen Videofilm.

Lernprozeß

Der Ablauf des Lernens an einem interaktiven Multimedia-PC kann mit 4 Phasen beschrieben werden:

Motivation/Sensibilisierung: Die Motivationsphase führt den Lernenden in das Thema ein. Die Dimension und der Nutzen der Information werden in geeigneten Zusammenhängen dargestellt. Erklärungen und Orientierungshinweise sind integriert.

Information: Vermittlung des zum Thema notwendigen Wissens. Unterschiedliche Komplexitätsebenen sind vorgesehen. Eine übersichtliche und intuitive Benutzerführung ist wichtig. Eine Inhaltsübersicht muß zu jedem Zeitpunkt erreichbar sein. Die Interaktivität muß die Erwartung des Benutzers berücksichtigen.

Übung/Anwendung: Das neue Wissen soll aktiv angewendet werden. Unterhaltendes Üben steigert den Lernerfolg. Eine Verwertung der Prüfungsergebnisse kann vorgesehen werden.

Wiederholung/Lernkontrolle: Die gewonnenen Erkenntnisse können noch einmal in ihren Zusammenhängen grafisch dargestellt werden. Praktisch Beispiele helfen das Gelernte zu kontrollieren.

Zwei wesentliche Verhaltensweisen bestimmen diesen Lernprozeß. Bei der Definition der Lernziele müssen diese berücksichtigt werden:

Kognitives, durch den Verstand bestimmtes Verhalten:

- *Wissen*
- *Denken*
- *Verstehen*

Affektives, durch Emotionen bestimmtes Verhalten:

- *Motivation*
- *Einstellung*
- *Betroffenheit*

Unterstützung der Lernphasen durch digitales Video

Der Einsatz von interaktivem Video wird innerhalb der didaktischen Konzeption eines multimedialen Lernprogrammes untersucht und in das Konzept eingegliedert.

In der ersten Phase kann gerade zur *Motivation* des Lernenden eine Video-Sequenz eingesetzt werden. Gefühle können motivieren und lebendiges Video kann, wie kein anderes Medium, Gefühle vermitteln. Diese Vorzüge der audiovisuellen Medien hat man sich auch schon in der Werbung zunutze gemacht. Eine Filmsequenz, die zu lernende Information teilweise voraussetzt und daher das Interesse weckt, wäre für diese Aufgabe denkbar. Über eine Filmsequenz ließe sich in vielen Fällen auch die zweite Forderung, die Klärung des Nutzens der Information, lösen.

Da auf digitalisiertes Video interaktiv zugegriffen werden kann, läßt es sich auch bei der reinen *Wissensvermittlung* unterstützend einsetzen. Von besonderer Relevanz ist die heuristische bzw. erklärende Funktion. Die Vorstellungskraft des Rezipienten wird gefördert. Dieser kognitive Prozeß kann dadurch wesentlich unterstützt werden. Auch können manche reale Vorgänge mit Video kostengünstiger visualisiert werden als zum Beispiel durch Computeranimation.

Bei der *Übung* und *Anwendung* des Gelernten werden unmittelbar die Vorzüge von interaktivem Multimedia sichtbar. Interaktiv bedeutet auch entdeckendes Lernen. Das Lernen am Computer wird um unterhaltende Elemente ergänzt. Edutainment beschreibt diese Kombination aus Lernen und Unterhaltung. Der Lernerfolg kann unter Umständen durch diese emotionale Komponente gesteigert werden. Für diese vorwiegend affektiven Anliegen ist Video-Unterstützung prädestiniert.

In der Phase der *Wiederholung* und *Kontrolle* haben Bilder oder Videosequenzen mit praktischen Beispielen eine gedächtnisstützende Funktion. Sie dienen zur Organisation und Rekonstruktion von Gedächtnisinhalten und erleichtern das Assoziieren und Erinneren [vgl. Issing].

Anmerkung: Das Lernen am Computer ersetzt das Lernen in einer sozialen Gruppe nicht. Es sollte lediglich als unterstützendes Medium angesehen werden. Zu viele reale, natürliche Begebenheiten können in diesem Medium nicht berücksichtigt werden. Die Interaktion mit den Programmen versucht zwar, die Kommunikation zwischen Mensch und Computer aufzuwerten, jedoch läßt sich dadurch bei weitem keine interpersonelle Kommunikation ersetzen. Lernen am Computer ist individuelles Lernen. Den Grad der Interaktivität bestimmt dabei das Programm.

10.2 Gestalterische Aspekte

Die Integration des Mediums Video in den multimedialen Medienverbund auf dem Bildschirm erfordert die Beachtung von grundlegenden Gestaltungsrichtlinien. Video muß als ein sehr ausdrucksstarkes Medium betrachtet werden. Im Bereich der Produktpräsentation ist Video auch mit einem Negativimage belastet, was nicht außer Acht gelassen werden sollte. Eine Unterschreitung eines bestimmten Qualitätsniveaus könnte einen negativen Eindruck beim Rezipienten hinterlassen.

In der Planung einer interaktiven Applikation entscheidet man sich für ein Grundlayout. Dieses bildet die Design-Grundlage der Anwendung. In dieses Grundlayout können Anforderungen der Corporate Identity mit einfließen. Bewußte Wiedererkennungsmerkmale lassen Zuordnungen und damit Schlußfolgerungen des Benutzers zu [vgl. Wand].

Räumliche Aufteilung

Der Benutzer tastet die Bildschirmoberfläche unbewußt nach einem bestimmten Schema ab. Je nach Erfahrung und momentaner Situation ändert sich dabei die Bewertung des Gesehenen und damit auch die Geschwindigkeit der Rezeption. Gemäß der Leserichtung einer Buchseite ergibt sich die Bildschirmaufteilung (siehe Abb. 76).

Integration

Hierbei handelt es sich nicht um zwingende Richtlinien. Ein bewußtes Negieren dieser kann auch bestimmte Ziele verfolgen. Gänzlich mißachten sollte man traditionelle Verhaltensmuster auf keinen Fall.

Das Auge des Betrachters befindet sich fortwährend auf der Suche nach neuer Information, nach Dingen, die es nicht erwartet. Dabei hängt die Aufmerksamkeit direkt von der Informationsdichte ab. Je mehr Bekanntes, desto schneller sinkt die Konzentration. Texte und stehende Bilder werden daher

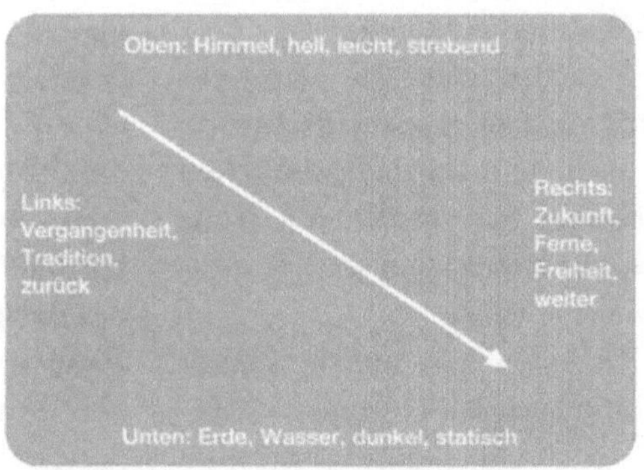

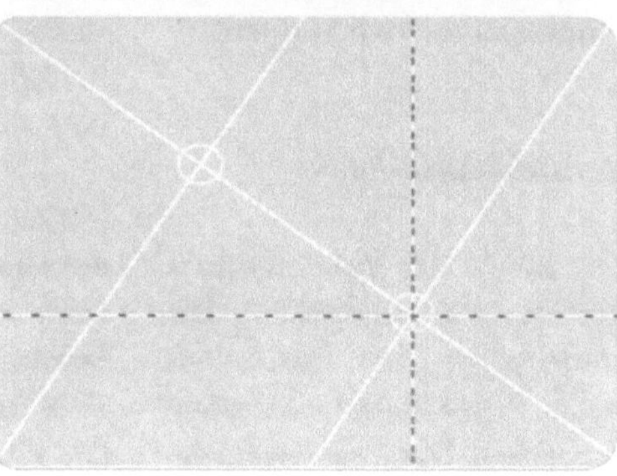

Abb. 76 :

Bildaufbau als

Gestaltungsgrundlage

Primäre Bildorte sind

links oben, Mitte und

rechts unten. Sekundäre

Bildorte sind rechts

oben und links unten.

Die bevorzugte

Leserichtung geht von

links oben nach rechts

unten (Pfeil).

Goldener Schnitt =

subjektiv- harmonischer

Bildschnitt

sehr schnell als langweilig empfunden. Video bietet hierfür ausreichend Abwechslung, um den Betrachter zu fesseln und ihn "bei der Stange zu halten". Daraus ergeben sich wichtige Aspekte für die grafische Integration von Video in ein Gesamtkonzept.

Video ist ein sehr ausdrucksstarkes Medium, daher muß die Botschaft des Videos in der inhaltlichen Konzeption genau bedacht und dann bewußt eingesetzt werden.

Zusätzliche grafische Elemente wie Bilder oder Animationen müssen auf das Video abgestimmt werden - Koordination der gestalterischen und inhaltlichen Momente.

Video lenkt die Aufmerksamkeit in dessen Richtung. Die Bedeutung der räumlichen Bezüge der einzelnen Screens sollte durchdacht und koordiniert werden.

Video kann aus der Handlung heraus Richtungen vorgeben, die als Gestaltungsmittel eingesetzt werden können.

Zeitliche Ausdehnung

Die Länge der Video-Sequenzen, die einen ausschließlichen informellen Charakter haben, sollte 30 Sekunden nicht überschreiten. Die Passivität, ge-paart mit einer Reizüberflutung, kann die Konzentration des Betrachters stören. Von großer Bedeutung ist die Häufigkeit der Informationswechsel. MTV-Spots können den Betrachter locken, jedoch kaum informieren.

Formen des Videoeinsatzes

-*Variable Fenstergröße*
-*Bildschirmfüllendes Video*
-*Freigestelltes Video*

Eine variable Fenstergröße eignet sich im besonderen für kurze Videoeinspielungen. Sinnvoll ist eine knappe und informative Form - alle denkbaren Formate sind realisierbar, wobei für die bessere Berechnung der Kompressions-Algorithmen von geradzahlig teilbaren Formaten ausgegangen wird. Als Beispiel für die Unterstützung der Benutzerführung könnte ein kommentierender Sprecher in einem kleinen Fenster gezeigt werden, wie es in der Xplora-1-CD-ROM von Peter Gabriel verwirklicht wird.

Bildschirmfüllendes Video eignet sich besonders für die Anwendung im Bereich CBT. Der Betrachter kann sich stärker mit dem Inhalt auseinandersetzen. Die Positionierung der Steuerfunktionen muß hierfür sorgfältig bedacht werden [vgl. Wand].

Unzählige Gestaltungsvariationen ergeben sich durch den Einsatz von Video in freigestellten Flächen. Trickeffekte, bei denen Video mit Animation, Text, Bild und Grafik kombiniert wird, sind realisierbar. Per Blue-Box vorproduzierte Szenen können dazu vor den bestehenden Hintergründen abgespielt werden.

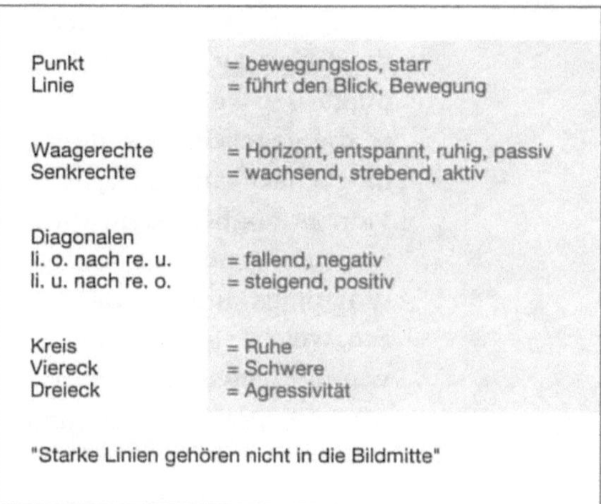

Tabelle 33:

Gestaltungselemente

Räumliche Komponente

Figur-Grund-Beziehung: Objekte, die sich durch höheren Kontrast vom Übrigen abheben, werden als dem Vordergrund zugehörend definiert.

Bildräume und Bildgründe müssen gestaltet werden - definierte Bezüge der räumlichen Mitte zu Vorder- und Hintergrund.

Dichte: Bildelemente und Objekte müssen gestaltend geordnet werden. Viele kleine Bildelemente bewirken Unruhe, wenige, große bewirken Ruhe. Eng aneinanderliegende Objekte gehören zusammen.

Folgende Gestaltungsklischees sind zu beachten (Tabelle 33).

Video-Material

Kurze Anmerkung zur Produktion des Videomaterials für interaktives Multimedia:

Wenn nach Drehbuch produziert wird, kann auf die notwendigen gestalterischen Anforderungen direkt eingegangen werden. Video, das in kleineren Fenstern oder gar in unkonventionellen Formaten gezeigt werden soll, muß dementsprechend gedreht und bearbeitet werden. Um Material vom Hintergrund freizustellen, wird dieses entsprechend mit genügend Kontrast vor einem blauen Hintergrund gedreht (Blue-Box). Empfehlenswert ist es, das Material schon in der Produktionsphase auf geeignetem Bildschirm (Computermonitor, oder TV-Bildschirm für CD-i) unter den gegebenen Bedingungen zu betrachten – zumindest so weit realistisch, wie es die gegebene Simulationsmöglichkeit zuläßt. Dieses Preview ermöglicht dem Produzenten, sich mit den neuen Bedingungen auseinanderzusetzen, welche sich mitunter sehr von den gewohnten Fernsehproduktionserfahrungen unterscheiden.

Grundsätzlich gelten die gleichen Ansprüche, die man von der professionellen Videoproduktion erwartet.

Mit Rücksicht auf die später angewandten Kompressionsverfahren sollte als Vorbereitung für das Videomaterial folgendes beachtet werden:

Rotationen um die z-Achse sollten vermieden werden, da die Vektorcodierung ausschließlich x- und y- Koordinaten verwendet.

Hoher Kontrast sollte vermieden werden, Apperturkorrektur ausschalten, weiches Licht verwenden – bringt unnötige HF-Anteile, die der Codierer verarbeiten muß.

Totale Einstellungen mit vielen Details sollten vermieden werden, und im besonderen sind Strukturen, die im PAL-Composite-Signal einen Moiré-Effekt verursachen, zu

vermeiden – Komponenten-Verarbeitung sollte einer Composite-Verarbeitung vorgezogen werden.

Bandrauschen sollte nach Möglichkeit minimiert werden.

Die Felddominanz sollte auf dem ersten Halbbild liegen und darf auf keinen Fall wechseln, wenn das Ausgangsmaterial von einem Filmabtaster kommt.

Alternative: Als kostengünstige Alternative hierzu besteht die Möglichkeit, auf vorhandenes Video-Material zurückzugreifen. Oben genannte technische Restriktionen sollten dabei auf jeden Fall beachtet werden. Wird das Material auf unkonventionelle Formate gewandelt, muß dies nach gestalterischen Gesichtspunkten bedacht werden. Eine in voller Größe auf dem Studio- oder TV-Monitor funktionierende Szene kann, wird sie auf ein Viertel ihrer Größe verkleinert, völlig verändert wirken. Im Einzelfall kann man hier nur durch Ausprobieren zu einem zufriedenstellenden Ziel gelangen.

10.3 Marktperspektiven

These: Digitales, interaktives Video wird mit all den parallel entwickelten Techniken, wie zum Beispiel der Datenkompression, einen entscheidenden Einfluß auf Multimedia und im weiteren Sinne auf die Medienlandschaft haben. Was mit Multimedia am Personal Computer entstanden ist, das kann vielleicht schon in ein paar Jahren als Modellversuch für ein internationales Dienstleistungsnetzwerk gesehen werden.

Alle, die Innovationen suchen, sprechen nur von dem Einen - von Multimedia. Verstehen tun es nicht alle. Das Andere darf dabei neuerdings nicht mehr fehlen - digitales Video. Einige haben sich nun wieder etwas mehr am Bedarf der Verbraucher orientiert und daraus Neues erdacht - Daten-Highway oder Datenautobahn. Und wenn wir jetzt feststellen, daß das Eine mit dem Anderen über das Neue erst so richtig interessant wird, dann haben wir Multimedia verstanden.

Netzwerke werden in der Zukunft von Multimedia eine entscheidende Rolle spielen. In der USA haben bereits heute Kommunikations-Dienstleister ATM-Netze, die in der Lage sind, Datenraten von bis zu 20 Megabyte pro Sekunde zu übertragen, installiert und verdienen damit Geld. Bereits 1995 soll eine direkte Vernetzung von Desktop-PCs durch ATM-Netze wirtschaftlich interessant werden. Multimedia hat mit digitalem Video neue Anforderungen an die bestehenden Netzwerkkonzepte gestellt, über die gegenwärtig angestrengt nachgedacht wird.

Prognose: Das Meinungsforschungsinstitut Dataquest sagt dem amerikanischen Endverbrauchermarkt für digitales Video auf CD-ROM und CD-i in den nächsten fünf Jahren eine Steigerung um mehr als das Fünfzehnfache voraus. In Deutschland dürfte diese Entwicklung mit der üblichen Verzögerung von zwei Jahren entsprechend später stattfinden (siehe Abb. 77).

Tatsache ist, daß Philips' CD-i mit die Erweiterung um digitales Video per MPEG-Cartridge ein starkes Zugpferd bekommen hat. Die Philips Professional Partner, allen voran die Valkieser Group in Holland, bezeichnen digitales Video als einen Erfolgsgaranten für CD-i. Wahrlich muß man die Ergebnisse des Philips' CD-i-Digital-Video mit Hochachtung betrachten, die Qualität ist bei voller Bildschirmgröße beacht-

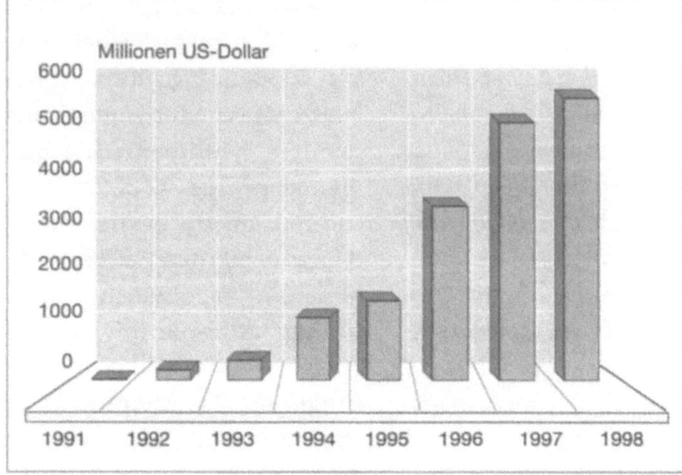

Abb. 77:
Marktprognose für
digitales Video bei CD-i
und CD-ROM des
Marktforschungsinstitut
Dataquest.

lich. Bleibt abzuwarten, ob sich CD-i über den professionellen POI/POS-Markt hinaus beim Verbraucher durchsetzen kann.

Ein digitales Consumer-Video-Fomat wird kommen. Ein Prototyp, der vier Stunden komprimiertes digitales HDTV mit Datenraten von ungefähr 2,5 MByte/s aufzeichnen kann, ist bereits fertig. ATV, Advanced TeleVision, heißt die neue Technik, welche aus bestehender Videotechnik in Hitachis Labors in Amerika entwickelt wurde. VHS-Bandformat und die Größe der Kopftrommel wurden aus Kostengründen übernommen. Inwieweit eine Kompatibilität zu PC-Schnittstellen bestehen wird, ist noch offen [vgl. Okamoto].

11 Fallstudie ZF

Die ZF ist ein weltweit agierendes Unternehmen mit Stammsitz in Friedrichshafen am Bodensee. Sie ist einer der weltgrößten Hersteller von Getrieben, Lenkungen, Achsen und Fahrwerktechnik. Etwa 95 % der Fahrzeuge auf Europas Straßen haben ZF-Teile eingebaut, so eine Aussage des Unternehmens (siehe Anhang).

11.1 Situation

Zur Information über die ZF und ihre Produkte wurde ein interaktives Programm für ein Messeterminal produziert, das erstmals im September 1994 auf der IAA, der internationalen Automobilausstellung für Nutzfahrzeuge in Hannover, zur Anwendung kam. Hierbei wurde auch digitales Video eingesetzt.

Die Produktion und Konzeption wurden von der informedia GmbH in Stuttgart (siehe Anhang) ausgeführt, einer Firma, die sich auf die Herstellung und Verbreitung von interaktiven Medien spezialisiert hat.

Es wurde dabei so oft wie möglich auf vorhandenes Material der ZF, das von der betreuenden Werbe-Agentur zur Verfügung gestellt wurde, zurückgegriffen. So mußte nur der Ton komplett neu produziert werden, an Bildmaterial konnte vieles übernommen werden. Dies gilt auch für das Videomaterial, das von früheren Industriefilm-Produktionen in größerer Menge zur Verfügung stand. Dieses Material wurde durch Video-Libraries an einigen Stellen ergänzt. Das gesamte Screen-Design, die Aufbereitung und Erstellung von Grafiken, das Drehbuch, die Programmierung und Einbindung, die Ton-Produktion inklusive Sprecher-Aufnahmen sowie die Digitalisierung,

Schnittbearbeitung, Kompression und interaktive Einbindung von digitalem Video wurde durch die informedia GmbH realisiert.

Als Zielgruppe wurden die Fachbesucher und das normale Laufpublikum auf einer Automobil-Messe anvisiert. Sie sollen auf die ZF als bedeutender Zulieferer aufmerksam gemacht werden. Während die großen Autohersteller allgemein bekannt sind, kennt kaum jemand die Zulieferer. Das Terminal ist zweisprachig in Englisch und Deutsch angelegt, um auch internationales Publikum ansprechen zu können.

Das Ziel war eine Steigerung des Bekanntheitsgrades und damit ein Image-Gewinn.

Die Einkäufer der Automobil-Firmen werden mit diesem Projekt weniger angesprochen. Sie sind ohnehin meist gut informiert und haben eher individuellen Beratungsbedarf.

Es handelte sich um ein Pilotprojekt, das auf seine Akzeptanz und Wirkung untersucht werden sollte. Später wurde es auf weiteren Messen eingesetzt. Außerdem entstand eine Version auf CD-ROM zum Einsatz in den Filialen der ZF auf der ganzen Welt sowie zur Verteilung an die Kunden. Dies wurde bei der Produktion bereits berücksichtigt. So sind die Datenraten des digitalen Videos speziell im Hinblick auf CD-ROM niedrig gewählt.

11.2 Intention für den Einsatz von digitalem Video

In den Briefing-Gesprächen zu diesem Projekt zwischen Vertretern von ZF und informedia wurde herausgearbeitet, daß der Einsatz von Video erwünscht sei. Er wurde aber nicht als unbedingtes Muß definiert. Die ZF-Vertreter waren daran interessiert, das Produkt durch Video aufzuwerten und das Prestige der Arbeit damit zu steigern. Letztendlich entschied man sich aufgrund konzeptioneller Überlegungen von informedia.

Für die Form des digitalen Videos sprach hierbei, im Gegensatz zu einer auch möglichen analogen Form, der geringere technische Aufwand für das Terminal sowie die optimale Verwendbarkeit für die spätere CD-ROM-Version.

Bei der Entwicklung der Konzeption ging informedia davon aus, daß Video als Realbild einen hohen Wahrheits-Gehalt besitzt. Dennoch sollte

Video im Rahmen dieses Projektes nicht zur reinen Wissensvermittlung im Sinne von CBT (siehe 10.1.2) eingesetzt werden. Es wurde angestrebt, mit Hilfe von Video die affektive Ebene des Betrachters zu erreichen und hier eine positive Botschaft zu plazieren. Insofern erinnert der Video-Einsatz hier mehr an Werbung denn an Schulung.

Auf diese Weise soll hier Video das Zielpublikum affektiv ansprechen und dazu bewegen, sich mit dem POI-Terminal zu befassen. Ist ein Anwender dann an das Terminal herangetreten, um sich zu informieren, so sollen eingestreute Video-Clips helfen, das Interesse aufrechtzuerhalten und gegebenenfalls aufzufrischen. Es lassen sich in diesem Projekt also zwei verschiedene Aufgabenbereiche für Video ausmachen:

- Zum einen dient Video im Haupt-Trailer dazu Menschen für das Terminal zu interessieren. Der Haupt-Trailer läuft automatisch an, wenn längere Zeit niemand das Terminal bedient. Durch viel Bewegung, ansprechende Musik und eine entsprechende Gestaltung wird die affektive Wirkung unterstützt.

- Zum anderen erscheint Video in den einleitenden Neben-Trailern zu jedem Kapitel. Hier dient es dazu, eine Hinführung auf den Inhalt des jeweiligen Kapitels zu geben und eine praktische Anwendung vorzustellen. Es wird sowohl die affektive als auch die kognitive Bewußtseinsebene des Anwenders angesprochen. Edutainment wäre hier das richtige Stichwort.

In den tieferen Verzweigungs-Ebenen des Programms wurde kein Video mehr verwendet (Abb. 78).

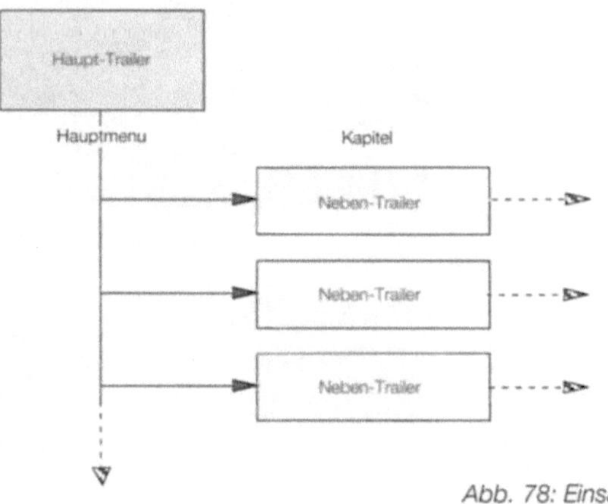

Abb. 78: Einsatz von digitalem Video im ZF-Messeterminal

Haupt-Trailer

Ausgehend von den zwei Auf-
gabenbereichen wurden auch
zwei verschiedene Formen der
Gestaltung für den Einsatz von
Video gewählt.

So wurde im Haupt-Trailer auf
Video in ungewöhnlichen Seitenverhältnissen gesetzt. Die
Video-Clips tauchen als horizontale oder vertikale Streifen
im Bild auf. Durch die hiermit
verbundene Abdeckung eines
großen Teils des ursprünglichen Video-Formates ensteht

Abb. 79 und 80:
Video-Streifen im
Haupt-Trailer (horizontal)

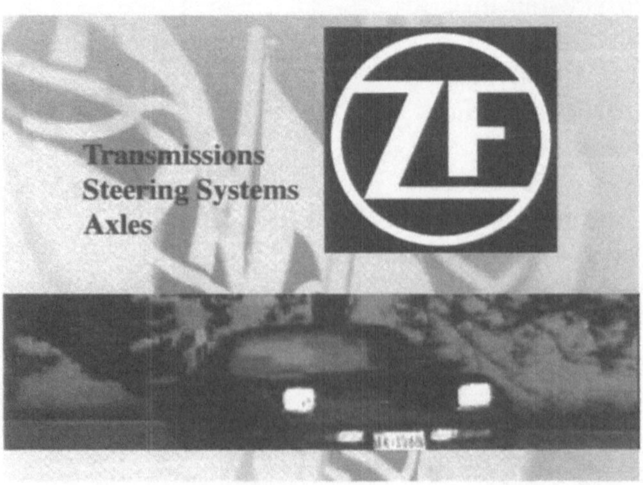

eine Form von Verhüllung. Dies erweckt die Neugier des Betrachters. Man kann von einem Schlüsselloch-Effekt reden, der stark auf die affektive Ebene des Betrachters wirkt. Der neugierig machende Charakter dieser Gestaltungsform ist ganz im Sinne der Funktion des Haupt-Trailers. Hier soll, wie schon erwähnt, der Betrachter ja dazu aufgefordert werden, sich mit dem Terminal näher zu befassen (Abb. 79 bis 82).

Dies wird auch durch häufige, aber nicht zu hektisch wirkende Schnitte sowie von einer stark rhythmischen Musik unterstützt.

Abb. 81 und 82:
Video-Streifen im
Haupt-Trailer (vertikal)

Neben-Trailer

In den Neben-Trailern wurde dagegen Video im gewohnten Fernseh-Seitenverhältnis von 4:3 eingesetzt. Dabei setzte die Firma informedia die Videos jeweils in ein Passepartout, um eine Einbettung in den Hintergrund zu erreichen. Das nüchternere Format und der inhaltliche Zusammenhang zum jeweiligen Kapitel sorgen dabei für eine mehr kognitive Aufnahme der Inhalte.

Die hinführende Wirkung der jeweiligen Video-Sequenz wird hier durch die Assoziation mit bekannten Situationen erreicht. In diesen Situationen erscheint dann meist ein Produkt, das ZF-Technik beinhaltet. Hiermit wird organisch auf den jeweiligen Kapitelinhalt vorbereitet und hingeleitet.

Die maximale Bildgröße des Video-Fensters beläuft sich dabei auf 320 x 240 Pixel, was einem Viertel der Gesamtfläche des Monitors entspricht, die bei diesem Projekt auf 640 x 480 festgelegt wurde. Das Hintergrundbild wurde hier in seiner Aussagekraft recht deutlich zurückgenommen, wie auch im Falle des Haupt-Trailers. Erreicht wird dieses Zurücknehmen durch eine gezielt eingesetzte Unschärfe sowie durch die betont blaße Farbgebung.

Abb. 83:
Video-Fenster in
den Neben-Trailern

Im Gegensatz dazu steht dann das jeweilige Video. Hier wird bewußt mit viel Farbe gearbeitet, was den Blick des Betrachters automatisch auf das Video lenkt (siehe 10.2). Dadurch wird hier auch die geringe Größe der Videos, im Vergleich zur Gesamtfläche des Bildschirms, nicht als störend empfunden (Abb. 83 bis 85).

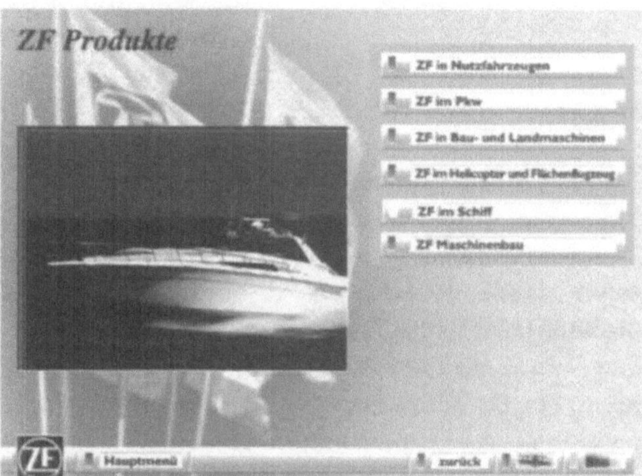

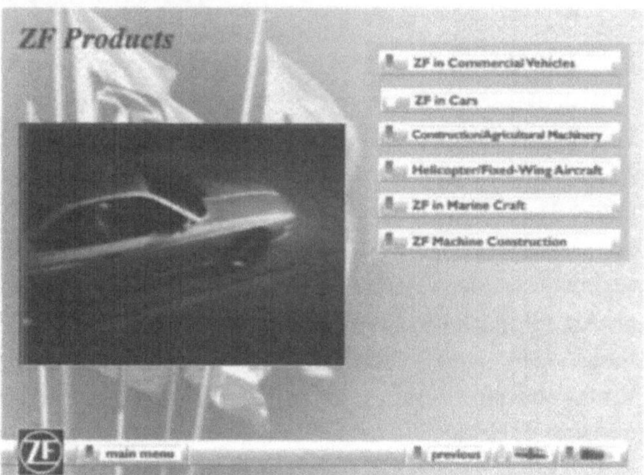

Abb. 84 und 85:
Video-Fenster in
den Neben-Trailern

11.4 Technik

Die Firma informedia hat das Projekt des ZF-Infoterminals für den Apple Macintosh PC produziert. Daher wurde auch die gesamte Produktion auf diesem System realisiert.

Software

An Programmen kamen dabei hauptsächlich Macromedias Director 4.0 als Autorensystem sowie Adobes Photoshop für die Bildbearbeitung und Erzeugung von Grafiken zur Anwendung. Für die Tonbearbeitung wurde teilweise Macromedias Sound-Edit Pro verwendet.

Runtime-Version

Das fertige Programm läuft als selbständige Runtime-Version. Dies bedeutet, daß das Mutterprogramm Macromedia Director nicht auf dem Rechner, der als Abspielplattform dient, vorhanden sein muß. Solche Runtime-Versionen kommen auch auf der Hybrid-CD für DOS und Windows zur Anwendung. Sie müssen für beide Welten jeweils getrennt erstellt werden. Die digitalen Video-Files im QuickTime-Format können allerdings für beide Welten genutzt werden und müssen somit auf der CD nur einmal vorliegen.

Systemkonfiguration

Als Systemvoraussetzungen sind Apples System 7.1 und QuickTime 2.0 zu nennen sowie ein Macintosh mit einem Motorola 68040er-Prozessor und einer 500 MByte Festplatte. Die Graphik-Hardware des Rechners sollte dabei einen 13"-Monitor mit 15 bit Farbtiefe unterstützen.

Voreingestellt wurde 15 bit Farbtiefe, also 32786 Farben. Die Bildschirmgröße beträgt 640 x 480 Pixel.

Als Rechner für den Einbau in das Kiosk-Terminal wurde ein Macintosh 840 AV gewählt. Dieser Rechner kann als der derzeit schnellste Macintosh mit einer Motorola 68040 CPU gelten. Er arbeitet an einem *Touch-screen-Monitor*. Damit braucht der Anwender auf der Messe keine Maus zu bedienen, sondern kann durch einfaches Antippen des Bildschirms mit dem Finger die interaktiven Funktionen des ZF-Informations-Programms bedienen.

11.5 Digitales Video

Die Video-Sequenzen wurden bei informedia von S-VHS Bändern mit der Radius VideoVision-Studio Karte (siehe 7.3.3) direkt auf die Festplatte digitalisiert. Die VideoVision arbeitet dabei mit M-JPEG (siehe 4.3.6).

Anschließend wurden diese Video-Sequenzen mithilfe des Cinepak-Codecs (siehe 4.3.4) zu QuickTime-Movies komprimiert. Dieser Vorgang ist sehr zeitaufwendig, da der Cinepak-Codec extrem asymmetrisch arbeitet. Der darauffolgende Hart-Schnitt erfolgte mit dem Movie-Player 1.1 von Apple, einem QuickTime Tool. Danach mußten die geschnittenen Movies nicht neu gerechnet werden.

Es wurde eine maximale Bildgröße der Videos von 320 x 240 Bildpunkten realisiert. Die Streifen-Formate der Videos im Haupt-Trailer mußten in ganzzahligen Seitenverhältnissen gewählt werden (480 x 160 und 640 x 120). Wird dies nicht beachtet, führen aufwendige Interpolationen während der Darstellung zu unnötig langen Rechenzeiten, die die darstellbare Frame-Rate deutlich herabsetzen. Dies liegt daran, daß die meisten Codecs auf geradzahlige Seitenverhältnisse optimiert sind.

Um möglichst flüssige Bewegungsabläufe zu erreichen wählte man eine Bildrate von 25 Bildern pro Sekunde.

Die Farbtiefe der Videos liegt bei 24 bit (Cinepak arbeitet ausschließlich mit 24 bit). Daher wird zur Darstellung auf dem 15-Bit-Monitor ein Dithering notwendig. Apples QuickTime stellt hierfür optimierte Routinen zur Verfügung. Dadurch läuft dieser Vorgang ohne Verzögerung problemlos ab. Diese Reduktion der Farbtiefe kann optisch kaum wahrgenommen werden.

Die Datenrate für digitales Video wurde für die Festplattenversion auf ca. 300 kByte/s und für die CD-ROM-Version auf maximal 120 kByte/s festgelegt. Die erzeugten Videosequenzen können nach subjektiver Beurteilung als VHS-nahe beschrieben werden.

11.6 Resümee

Das ZF Projekt führt eindrucksvoll vor, daß digitales Video in interaktiven Medien aus den Kinderschuhen herausgewachsen ist. Ohne den Einsatz von teurer Zusatz-Hardware gelingt es, auf einer Teilfläche des Bildschirms voll bewegtes Video in ansprechender Qualität zum Einsatz zu bringen.

Zunächst auf einen speziellen, im Kiosk-Terminal integrierten Rechnertyp ausgelegt, wird das ZF-Programm über die CD-ROM-Version auch eine breitere Basis von Apple-Macintosh-Rechnern erreichen können. Dabei muß es nicht auf sein digitales Video verzichten.

Auch die DOS/Windows-Plattform kann erreicht werden. Das verwendete Autorensystem Macromedia Director ermöglicht neuerdings relativ problemlos den Übergang auf IBM-kompatible PCs. Die verwendete QuickTime-Technologie der digitalen Videos stellt hier ebenfalls kein Hindernis dar, da QuickTime plattformübergreifend verfügbar ist.

Das ZF-Messe-Terminal war zunächst ein Pilotprojekt. Man wollte herausfinden, wie Besucher einer Messe auf solch ein modernes Medium reagieren. Der Einsatz von digitalem Video spielt dabei eine wichtige Rolle, da es hier auf die affektive Ebene des Betrachters zielt, und somit hilft eine Brücke zwischen ihm und dem Terminal zu schlagen.

Der Video-Einsatz kann als gelungen bezeichnet werden. Das Video ist nicht bloßer Selbstzweck wie in manchen Produktionen zu sehen. Es ist klar aus dem Kontext heraus motiviert und dient einer konzeptionell wohlüberlegten Aufgabe innerhalb des Projekts. Reine Effekthascherei, wie man sie auf manchen CD-ROM-Produktionen beobachten kann, war hier nicht erwünscht.

Die digitalen Videosequenzen des ZF-Projekts fügen sich organisch in den Gesamtrahmen ein. Sie erscheinen zum richtigen Zeitpunkt an der richtigen Stelle. Motivwahl und Farbgebung unterstützen die jeweilige Aussage des Kontextes, der sich um die Videos herum abspielt. Auf eine gestalterisch durchdachte und technisch saubere Einbindung wurde Wert gelegt.

12 Glossar

ACIRC *Adaptive Cross Interleave Reed-Solomon-Code*
Fehlerkorrektursystem der MiniDisc.

ADPCM *Adaptive Differential Pulse Code Modulation*
Standard zur Audiokompression.

Aliasing Pixelmuster an Kanten bei Kontrastübergängen.

Asynchron Signale, die nicht mittels einem gemeinsamen
Taktsignal, synchronisiert werden.

AT *Advanced Technologie*
Bezeichnung für Intels 80286-Rechner.

ATM *Asynchronous Transfer Mode*
Übertragungsstandard für asynchrone Datenübertragung mit 34-155 Mbit/s (später bis
622 Mbit/s) mittels kleiner Datenblöcke von
gleichbleibender Größe.

ATRAC Komprimierungsalgorithmus von Sony.
Findet Anwendung bei der Audio-MD.

AVI *Audio Video Interleave*
Dateiformat in Video für Windows.

Base-Case Serienmäßiges CD-i-Konsumenten-Abspielgerät.

BetacamSP Professinelles Video-MAZ-Format;
Das Helligkeitssignal (Y) und die Farbsignale (U,V)
werden auf getrennten Spuren aufgezeichnet;
Auflösung ca. 700 Linien.

Bitstream Binärer, serieller Datenstrom einer CD.

Bridge Disc Applikation im XA-Format, die sowohl auf CD-i
als auch auf PC (IBM, MAC) läuft;
NEXT bietet Bridge-Disc-Software für Entwickler
an. (Bsp.: Photo-CD)

CAV *Constant Angular Velocity*
Aufzeichnungsverfahren mit konstanter Drehzahl
des Mediums. Es kann weniger Information als
beim CLV-Verfahren gespeichert werden, jedoch
ist ein schnellerer Informationszugriff möglich.
(Bsp.: Festplatte)

CD-DA *Compact Disc-Digital Audio*
[nach dem Red Book]
Standard für Digital Audio auf CD;
16 bit bei 44,1 kHz durch PCM.

CCITT *Comité Consultativ International de
Télégraphique et Téléphonique*
Ehemaliges, weltweites Standardisierungsgremi-
um der Telekommunikation; jetzt ITU.

CD-i *Compact Disc-interaktiv*
[nach dem Green Book]
Abgeschlossenes, interaktives System zum Abspielen von Multimedia-Applikationen;
Hardware: CD-i-Player von Philips im XA-Format
mit integriertem Betriebssystem zum Anschluß an
ein TV-Gerät;
Mit entsprechender Hardwareerweiterung auch
auf dem PC abspielbar.

CD-i Digital *Movie-CD*
Video [nach dem Green Book]
CD zum Abspielen von nach MPEG-1 komprimier-
tem Video (Spielfilme).

CD-Mixed Audio nach Red Book und Daten nach Yellow Book
Mode auf unterschiedlichen Sektoren.

CD-ROM *Compact Disc- Read only Memory*
[nach dem Yellow Book]
Zusätzliche Fehlerkorrekturdaten, da Daten
empfindlicher als Audio-Signal;
AV-Daten sind nicht gemeinsam gespeichert;
kein kontinuierlicher Ton möglich;
ISO-9660-kompatibel.

CD-ROM/XA *Compact Disc- Read only Memory/*
extended Architecture
[nach dem Yellow Book]
Erweiterung des CD-ROM Standards von Philips,
Sony und Microsoft zur Anpassung an Multimedia; Die Daten werden verschachtelt abgelegt,
was eine kontinuierliche Wiedergabe ermöglicht.

CD-V *Compact Disc-Video*
[nach dem Blue Book]
Bildplatte; analoges Bild, digitaler Ton.

CD-WORM *Compact Disc-Write once, read more*
Einmalig beschreibbare CD durch optisches
Verfahren – CD-Brenner.

CDDI *Copper Distributed Network*
Hochleistungsnetzwerk (LAN) mit 100 Mbit/s.

CIF *Common Interchange Forma = SIF*
mit Auflösungen 352 x 240 bzw. 352 x 288 Pixel;
Aufteilbar in 16 x 16 Blöcke zur MPEG-Codierung.

CLUT *Color Look Up Table*
Farbenindexierungssystem, zur Auswahl von
Farben aus einer 24 bit Palette für Computer oder
Programme mit niederer Bit-Tiefe (8 oder 16 bit).

CLV *Constant Linear Velocity*
Konstante Geschwindigkeit des Abtasters zum
abzutastenden Medium;
Medium rotiert, abhängig von der radialen
Position des Abtasters, mit unterschiedlicher
Geschwindigkeit;
Konstante Datendichte auf dem Medium;
Vorteil: hohe Speicherdichte 600 MByte;
Nachteil: schlechter Zugriff ca. 500 ms.
(Bsp. CD-ROM, Bildplatte)

Controller Einheit mit Steuerfunktion; (Bsp.: für MIDI oder
Festplatte)

DAVIC *Digital Audio Video Council*
Zusammenschluß von 98 Firmen aus 17 Ländern,
zur Vereinheitlichung der interaktiven AV-Technik
in Netzwerken.

Datex-M Hochgeschwindigkeitsnetz für Industriekunden;
Datentransferrate zwischen2 und 140 Mbit/s.

Datex-P Netz der Telekom zur paketweisen Übertragung
von Daten.

DCC *Digital Compact Cassette*
Digitale Compact Cassette von Philips mit
stationärem Tonkopf;
24 kByte/s (Reduktionsfaktor 4 gegenüber der
CD-DA), PASC-Datenreduktion.

DCI *Display Control Interface*
Beschleunigung der Software-Wiedergabe von
Video für Windows um 50%, unterstützt Indeo
und VDI.

DCT *Diskrete Cosinus-Transformation*
Verfahren zur Daten-Kompression.

Desktop Videonachbearbeitung am Personal-Computer.
Video

DMA- *Direct Memory Access*
Channel Durch einen zweiten Datenzugriff neben dem der
CPU kann direkt auf dem Hauptspeicher zugegrif-
fen werden. (Bsp.: Grafikbeschleunigung)

Dolby AC-3 Audio-Kompressionsverfahren der Dolby
Laboratories.

DSK *Digital-Serielle Komponententechnik*
Datenstrom für digitale Audio- und Videodaten
in der professionellen Nachbearbeitung;
Wird im Englischen oft auch als DSC oder SDI
bezeichnet.

DSP *Digital Signal Prozessor*
Prozessor zur Aufbereitung von AV- sowie auch
Meßsignalen.

DVD *Digital Video Disc*
Zukünftiges HD-CD-Format für digitales Video
auf dem MPEG 2-Vorschlag basierend;
Datentransferraten von ca. 4 Mbit/s ermöglichen
durchaus professionelle Videoqualität.

D-VHS Von JVC für Ende 1996 angekündigtes VHS-Band-
Format zur Speicherung von digitalen Videodaten; Kapazitäten von 30 bis 40 GByte sind
realistisch.

DYUV- Differenziell- (Lauflängen-) codiertes YUV-Bild-
Format format der CD-i.

E1 In Europa und International ist E1 mit
2,048 Mbit/s die Basisdatenrate.

EAV	*End of Active Video* Bezeichnet das Ende des aktiven Bildsignalanteils einer digitalen Zeile in der digitalen Komponententechnik (4 Datenworte).
Edutainment	Kunstwort aus Education = Lernen und Entertainment = Unterhalten.
EFM	*Eight to Fourteen Modulation* Codierungsvereinbarung der Compact Disc.
FBAS-Signal	*Farb-, Bild-, Austast-, Synchron-Signal* Durch PAL-Codierung entstehendes Signal.
FDDI	*Fibre Distributed Network* Hochleistungsnetzwerk (LAN) mit 100 Mbit/s.
Fibre Channel	Serielle Peripherie-Schnittstelle von Seagate, Quantum und HP.
FireWire	Serielle Peripherie-Schnittstelle von Apple.
Full-screen/ Full-motion	Vollbilddarstellung bei einer Auflösung von 352 x 288 Bildpunkten mit 25 Bildern pro Sekunde.
General Magic	Fujitsu, Toshiba, Sony, Matsushita, Philips, Apple, Motorola, NTT und AT&T.
HD-CD	*High Density- CD* [nach dem Golden Book] Vorschlag von Philips und Sony für ein neues CD-Format mit ca. 7,4 MByte Speicherkapazität.
HD-MAC	*High Definition-Multiplexed Analog Components* Bewegungsabhängige Umwandlung der 1250 Zeilen zu 625 Zeilen zur Übertragung.

HDTV   *High Definition Television*
Fernsehsystem mit erhöhter Zeilenzahl (1250) und
mit einem Bildseiten-Verhältnis von 16:9.

HFS   *Hierarchical File System*
Dateisystem von Apple Macintosh.

Hi-8   MAZ-Format der Consumer-Technik;
Gegenüber Video-8 erhöhte Auflösung durch
Colour-Under-Verfahren – zeitliche Trennung der
Chromainformation von der Luminanzinforma-
tion (Y/C);
Auflösung ca. 420 Linien pro Zeile.

H.261   CCITT-Standard für digitale Kompression und
Dekompression von analogen Videosignalen;
zur Videokonferenz.

IEEE   *Institute of Electrical and Electronical Engineers*

IEC   *International Electrotechnical Commission*

Interlaced   Darstellung eines Bildes durch zwei Halbbilder.

ISDN   *Integrated Services Digital Network*
Netz der Telekom zur Übertragung von Text, Ton
und Bild; Grunddatentransferrate beträgt 64 kbit/s.

ISO   *Internationale Standardisierungsorganisation*
Organisation zur weltweiten Festlegung von
Normen unter Beteiligung nationaler Normungs-
organisationen, wie z.B.: DIN [vgl. Ziemer];
Zusammen mit der IEC wurde die Entwicklung
des digitalen Fernsehens geprägt, was zur weltweiten Anerkennung führte.

ISO 9660   Festlegung der Verzeichnisstruktur auf der CD-
ROM für IBM-Kompatible, Macintosh-PC und
UNIX-Workstation.

Isochronous Data Transfer Netzmodus, der kontinuierliche Datenübertragung sicherstellt. Multimediadaten setzen isochrone Übertragung voraus.

ITU *International Communication Union*
Vormals CCITT, Standardisierungsgremium.

Joint Stereo Modus *Musicam*
Reduktion von irrelevanten und redundanten Daten, die aus der Stereo-Information resultieren.

JPEG *Joint Photographic Expert Group*
Kompressionsverfahren für digitale, farbige Einzelbilder.

LAN *Local Area Network*
Computernetzwerk innerhalb eines Gebäudes oder eines Gebäudekomplexes.

LSB *Least Significant Bit*
Das am wenigsten wichtige Bit eines Datenwortes.

MAN (Metropolitan Network
Netzwerk zwischen Unternehmen in Ballungsgebieten über den Telekom-Dienst Datex-M.

MAC *Multiplexed Analoge Components*
Übertragungsstandard analoger Komponenten.

MACE *Macintosh Audio Compressing and Encoding*
Software-Kompressions- und Dekompressionsverfahren von Macintosh.

MCI *Media Control Interface*
Herstellerunabhängige und systemübergreifende Software-Schnittstelle zur Nutzung multimedialer Hardware; entwickelt von Microsoft und Intel.

MD *MiniDisc (Sony)*
Magneto-optisches Prinzip;
Datenträger für ATRAC-komprimierte
Audiodaten.

MD-Data *MiniDisc-Data (Sony)*
Wechselmedium zur Datenaufzeichnung;
Magneto-optisches Prinzip;
beliebig oft wiederbeschreibbar;
140 MByte auf 2,5 Zoll.

MFM *Magnetfeld Modulations-System*
Technik magnetischer Aufzeichnung.

MIDI *Musical Instrument Digital Interface*
Schnittstelle für Steuerdaten von elektronischen
Musikinstrumenten.

Movie-CD *Movie-Compact Disc*
Spielfilm-CD auf der Basis von CD-i.

MPEG *Moving Pictures Expert Group*
Arbeitsgruppe zur Festlegung der ISO/IEC-
Normierung.

MPEG-1- Kompressionsverfahren für digitale, farbige
Standard Bewegtbilder; speziell für CD-ROM als Speichermedium (1,5 Mbit/s) und für PC-Systeme
entwickelt; mit 2 Audiokanälen.

MPEG-2- Für TV-Anwendung (10 Mbit/s) entwickelt;
Standard unterstützt das Zeilensprungverfahren (Interlaced), HDTV, 6 Audiokanäle und Dolby-Surround.

MPEG-4- Zukünftiger Standard für die Übertragung von
Standard Bildern via Telefonleitung (Video-Telefon).

MPC	Multimedia PC (386SX16/2, VGA, CD-ROM)
MPC 2	Multimedia PC (486, Double-Speed-CD-ROM)
MSB	*Most Significant Bit* Wichtigstes Bit eines Datenwortes.
Musicam	*Masking Pattern Universal Integrated Coding and Multiplexing* Kompressionsverfahren für Audiodaten, integriert in MPEG 1.
Overlay-Technik	Darstellung von analogem Video auf dem Computermonitor.
PCT	*Phase Change Technologie* Technik, die das Beschreiben von Magneto-optischen Medien während nur einer Umdrehung der Platte ermöglicht.
PAL	*Phase Alternating Line* Europäischer Fernseh-Standard mit 625 Zeilen und 25 Hz.
PASC	*Precision Adaptive Subband Coding* Komprimierungsalgorithmus von Philips (DCC).
PCM	*Pulse Code Modulation* Audiocodierung auf der CD-Audio.
PCM-Hierarchie	*Plesiochrone Multiplexhierarchie* Übertragungsfestlegung für DSK-Signal.
Pentium	Name des derzeit aktuellen Prozessormodells der Fa. Intel; wird oft zusätzlich mit der entsprechenden Taktfrequenz angegben. (Bsp.: Pentium-90) Typenreihe: ...80286, 80386, 80486, Pentium....

Photo-CD   *Photo-Compact Disc*
[nach dem Orange Book]
Base/16, Base/4 (Layout), Base Image (512 x 768 Pixel), 4 Base (HDTV), 16 Base, 64 Base (Pro Photo Master CD), 256 Base (Medical CD).

Photo-CD Portfolio   Präsentations-CD mit hoher Bildqualität;
Auf Photo-CD,CD-i und über Software auch auf Apple- und Windows-PC abspielbar;
Bildaufbau 2-4 Sekunden.

Plane   Bildebene auf der CD-i.

PLV   *Production Level Video*
Echtzeitdigitalisierungsverfahren mit einer Auflösung von 256 x 240 Pixel; innerhalb DVI.

Public relations   Öffentlichkeitsarbeit: Kommunikation für das Unternehmen, positive Darstellung nach außen zur Imagebildung.

QCIF   *Quarter-Common Interchange Forma*
Halbe CIF-Auflösung.

QuickTime   Version 1.5 (320 x 240 bei 15 Bildern/s)
Version 2.0 (320 x 240 bei 25 Bildern/s)
Timecode-Spur wird implementiert (SMPTE);
Midi, MPEG-Unterstützung, Interaktives TV, Video on demand; Mindestdatenraten der neuen Media-Server sind erfüllt.

Raid   *Redundant Array of Inexpensive Disks*
Technik zur Verwendung mehrerer kleiner und kostengünstiger Festplatten, statt einer großen und damit teuren.

RAM   *Random Access Memory*
Arbeitsspeicher

Rosa Rauschen	Rauschen mit gleichem Pegel über das gesamte Wahrnehmungsspektrum (Audio oder Video), als Test- und Meßsignal.
Rotoscoping	Frameweise Nachbearbeitung von Videomaterial mit einem Programm zur digitalen Bildverarbeitung.
RS	*Reed-Solomon-Code* Blockcode für Fehlerkorrektursystem.
RGB-Signal	*Rot-Grün-Blau-Signal* Ausgangssignal einer Studiokamera mit gleichwertigen Farbanteilen und separatem Synchronsignal.
RLE	*Run Length Encoding* Lauflängencodierung - Kompressionsverfahren.
RTOS	*Real Time Operating System* Betriebssystem von CD-i.
RTV	*Real Time Video* Echtzeit-Digitalisierungsverfahren von Intel mit einer maximalen Auflösung von 128 x 120 Pixeln. Bestandteil von DVI.
Runtime-Version	Version eines interaktiven Programmes, die ohne das Autorensystem als Mutterprogramm auskommt.
SAV	*Start of Active Video* Bezeichnet den Beginn des aktiven Bildsignalanteils am Anfang einer digitalen Zeile (4 Datenworte).
SCSI	*Small Computer System Interface* Peripheriegeräte-Schnittstelle für Personal Computer.

SD   *Super Density Disc*
Vorschlag von Toshiba, Time Warner u. a. für ein
neues CD-Format mit einer Kapazität von bis zu
10 GByte.

SDH   *Synchronous Digital Hierarchy*
Standard für synchrone Datenübertragung über
optische Verbindungsstrecken;
Festlegung der ATM-Zellen;
Übertragungsraten sind 155 bis 622 Mbit/s.

SIF-Format   *Source Input Format = CIF*
Luminanz = 352 x 288 Pixel
Chroma = 176 x 144 durch Colour-Subsampling
(4:2:2)

SMPTE   *Society of Motion Picture and Television
Engineers*
Verband amerikanischer Film- und Fernseh-
Ingenieure.

SONET   *Synchronous Optical Network*
Nordamerikanisches Pendant zu SDH.

SSA   Serielle Peripherie-Schnittstelle von IBM.

S-VHS   Consumer-Video-MAZ-Format
Gegenüber VHS erhöhte Auflösung durch
Colour-Under-Verfahren – zeitliche Trennung der
Chromainformation von der Luminanzinforma-
tion (YC);
Auflösung ca. 400 Linien pro Zeile.

T1   In Nordamerika wird gemäß T1 mit einer Basisdatenrate von 1,544 Mbit/s übertragen.

TOC   *Table of Contents*
Internes Inhaltsverzeichnis der Compact Disc.

VBN	*Vermitteltes Breitband-Netz* Breitbandnetz der Telekom
VDI	*Video Display Interface von Intel*
VHS	*Video Home System* Das am weitesten verbreitete Consumer-MAZ-Format mit einer Auflösung von ca. 250 Linien pro Zeile.
Video-8	MAZ-Format der Consumertechnik; Auflösung ca. 270 Linien pro Zeile.
Video-CD	*Video-Compact Disc* [nach dem White Book] Abwandlung des XA-Formats; statt der ersten zwei Layer muß bei White Book CD auch der dritte Layer gelesen werden; MPEG-1-komprimierte Videosequenzen machen Double-speed-CD-ROM erforderlich sowie MPEG-Hardware.
VLSI	*Very Large Scale Integration* Integrierte Schaltung höchster Dichte.
VMC	*Vesa Media Channel* Schneller Video-Bus mit SCSI-Eigenschaften; Datentransfer über 100 MByte/s.
WAN	*Wide Area Network* Internationales Computernetzwerk.
YUV	Bezeichnung eines in die Komponenten Helligkeit [Y] und Farbdifferenzen [U=(B-Y), V=(R-Y)] aufgeteilten Videosignals.

Literatur-
verzeichnis

Anonym: "Der Giga-DSP ist da !".: Design & Elektronik 1994: 6.

Anonym (2): "Neues Bus - System PCI, schneller und preiswerter". Hamburg: MacUp-Verlag. MacUp 1994: 7, 18.

Behr, Bernd: "Fremdes Terrain". Hannover: Heise-Verlag. c't 1993: 7, 130.

Bernstein, Herbert: PC-Speichermedien, Einkaufsführer und Benutzerleitfaden. Haar bei München: Markt und Technik Verlag, 1993.

Bertuch, Manfred: "Living Bits on Disc" Hannover: Heise-Verlag. c't 1993: 7, 118.

Börner, Wolfgang: "Fenster auf-Film ab". München: Ziff-Verlag. PC Professionell Spezial Multimedia, Sound & Video 1993: 124.

Buck, Jürgen: "Komprimierte Bewegung, das MPEG-Verfahren. Computer erobern Video". München: Franzis Verlag GmbH. mc 1994: 4, 120.

Ehrmann, Stephan: "Medien-Potpourri". Hannover: Heise-Verlag. c't 1993: 12, 117.

Frater, Harald u. Paulißen, Dirk: Das große Buch zu Multimedia. 1. Auflage. Düsseldorf: Data Becker GmbH, 1994.

Graf, Joachim: "Alles inklusive". München: Vogel Verlag und Druck KG. chip Multimedia 1993: 1, Seite 10.

Grell, Detlef: "Konstanter Trend, Festplattenentwicklung ohne Sprünge". Hannover: Heise Verlag. c't 1994: 5, 82ff.

Hartwig, S. u. Endemann, W.: Digitale Bildcodierung, Teil 1-12; Sonderdruck aus "Fernseh & Kino Technik"1/92-1/93. Heidelberg: Dr. Alfred Hüthig Verlag GmbH, 1993.

Huber, Bernhard; Schnurer, Georg: "SCSI 1-2-3, Pfade durch den SCSI-Dschungel". Hannover: Heise-Verlag. c't 1993: 11, 106ff.

IEEE Multimedia (1).: 1994: Spring, 53ff.

Issing, Ludwig Prof. Dr.: "Mediendidaktische Aspekte der Entwicklung und Implementierung von Lernsoftware". Interaktive Medien für die Aus- und Weiterbildung, Band 1. Nürnberg: BW Bildung und Wissen Verlag und Software GmbH, 1990.

Kesy, Oliver: "Bilder schrumpfen". Hannover: Heise-Verlag. c't 1993: 11, 120.

Kim, et al.: "A Real-Time MPEG Encoder using a programmable Processor".: IEEE 1994.

Klaes, Gerhard: QuickStart CD-ROM. 1. Auflage. Düsseldorf: SYBEX-Verlag GmbH, 1991.

Klein, André: "Mehr Performance für Videos". Eschwege: Tronic-Verlag. Inside Multimedia 1994: 7, 46.

Klein, André (2): "Pixelhighway, Videotechnik".: Inside Multimedia 1994: 7, 50ff.

Kroll, Joachim: "Scheibchenweise Plattenspeicher, Die aktuellen Wechselplattentechnologien im Vergleich".: Elektronik 1994: 16.

Lehmann, Rolf G.: Corporate Media: Handbuch der audiovisuellen und multimedialen Lösungen und Instrumente. Landsberg/Lech: Verlag Moderne Industrie, 1993.

Mäusl, Rudolf: Digitale Modulationsverfahren. 2. Auflage. Heidelberg: Dr. Alfred Hüthig Verlag GmbH, 1988.

Müller-Römer, Frank Dipl. -Ing.: Digitales Fernsehen - Auswirkungen auf die Medienlandschaft. "Fernseh & Kino Technik" 48. Jahrgang Nr. 6. Heidelberg: Dr. Alfred Hüthig Verlag GmbH, 1993.

Moritz, Peter: "Autobahn-Baustelle. Die Daten-Highways der Telekom". Hannover: Heise-Verlag. c´t 1994: 10, 10ff.

Neubauer, Ruodlieb: "Die Reduktion der Daten von digitalen Audio-Signalen".: Professional Production 1994: 6.

Neubauer, Ruodlieb (2): "Das Desktop-Video-Studio am PC". München: Digi Media 1994: 1/2, 14.

Neues Haus-Lexikon: Bibliographisches Institut AG Mannheim, 1981.

Okamoto, et al.: "A Consumer Digital VCR for Advanced Television".: IEEE 1993: 6.

Rabbani, Majid; Jones, Paul W.: Digital Image Compression Techniques. Bellingham, Washington: SPIE-The International Society for Optical Engineering, 1991.

Reinhard, Ulrike Hrsg.: Interaktives Fernsehen, Dokumentationsband. Heidelberg: PRO5 Ulrike Reinhard, 1994.

Schmidt, Ottfried: "Videos für alle". Eschwege: Tronic-Verlag. Inside Multimedia 1994: 7, 56ff.

Steinbrink, Bernd: Multimedia, Einstieg in eine neue Technologie. Haar bei München: Markt-und-Technik-Verlag, 1992.

Steinbrink, Bernd (2): "Compact mit Format. Entwirrung der diversen CD-ROM-Formate". Hannover: Heise Verlag. c´t 1993: 2, 178ff.

Steinbrink, Bernd (3): "CDreh im Rollenspiel, Die echte Video-CD und ihr Aufzeichnugsformat". Hannover: Heise Verlag. c´t 1994: 9, 259ff.

Steinbrink, Bernd (4): "Liebling, wie krieg ich die Daten geschrumpft ?". Hamburg: McUp-Verlag, screen Multimedia 1993: 9, 56.

Steinmetz, Ralf: Multimedia-Technologie, Einführung und Grundlagen. Berlin Heidelberg: Springer-Verlag, 1993.

Tegtmeier, Jan: "Ja, wie schnell laufen sie denn?, CD-ROM-Laufwerke". Hamburg: McUp-Verlag. screen Multimedia 1994: 7, 72ff.

Du Val, Jordan u. Guthardt, Oskar: "Bilder in der Datenmangel".: Elektronik 1994: 14, 51.

Vieths, Uwe: "In Reih und Glied. Hardware des Monats. Disk Arrays". Hamburg: McUp-Verlag. MacUp 1994: 7.

Von Gramm, Christoph; Ungerer, Bert: Baustein der Zukunft. ATM wird LAN und WAN vereinen: c´t 1994: 10.

Wand, Eku: "Quickies stimulieren, Videos sind oft das Salz in der Suppe".: screen Multimedia 1994: 8.

Wassermann, Prof. Dr. Jakob: Fraktale Bildkompression. Stuttgart: Fachhochschule für Druck, 1994.

Watkinson, John: The Art of Digital Video. London und Boston: Focal Press, 1990.

Ziemer, Albrecht: Digitales Fernsehen. Heidelberg: R. v. Decker´s Verlag, G. Schenk GmbH, 1994.

Anhang

ZF Friedrichshafen AG
Abteilung MZM-K
Jürgen Dickomeit
D-88038 Friedrichshafen

informedia
Gesellschaft für interaktive
audiovisuelle Medien mbH
Alexander Rau
Kienestraße 37
D-70174 Stuttgart
Telefon 0711 / 226 46 05

Mürner u. Richter
Ralf Richter
Mollerestraße 5
74582 Gerabronn
Telefon 07952 / 62 19

Sachverzeichnis

Springer-Verlag und Umwelt

Als internationaler wissenschaftlicher Verlag sind wir uns unserer besonderen Verpflichtung der Umwelt gegenüber bewußt und beziehen umweltorientierte Grundsätze in Unternehmensentscheidungen mit ein.

Von unseren Geschäftspartnern (Druckereien, Papierfabriken, Verpackungsherstellern usw.) verlangen wir, daß sie sowohl beim Herstellungsprozeß selbst als auch beim Einsatz der zur Verwendung kommenden Materialien ökologische Gesichtspunkte berücksichtigen.

Das für dieses Buch verwendete Papier ist aus chlorfrei bzw. chlorarm hergestelltem Zellstoff gefertigt und im pH-Wert neutral.